普通高等教育"十二五"规划教材

电工基础实践教程

主　编　丁守成
副主编　黄　瑞
编　写　杨世洲　刘　婕
主　审　罗映红

U0347523

中国电力出版社
CHINA ELECTRIC POWER PRESS

内 容 提 要

本书为普通高等教育"十二五"规划教材。

本书从 21 世纪人才培养的要求出发,结合多年教学改革与实践的经验和成果编写而成,是一本集基础性、应用性、综合性于一体的实践教材。全书分 6 章,主要内容包括常用电工仪表、直流电路实验、交流电路实验、PLC 实验、电工技能训练和电子技术实验。书后还附有电工技能测试题及参考答案。

本书可作为普通高等学校理工科院校电类、非电类专业的电路实验、电工学实验及相关电工实训等的教学用书,也可作为高等职业技术学校相关工科专业的实践教学用书,对于相关工程技术人员也是一本实用的参考书。

图书在版编目(CIP)数据

电工基础实践教程/丁守成主编. —北京:中国电力出版社,2015.2(2015.8 重印)

普通高等教育"十二五"规划教材

ISBN 978-7-5123-6876-7

Ⅰ.①电… Ⅱ.①丁… Ⅲ.①电工学-高等学校-教材
Ⅳ.①TM1

中国版本图书馆 CIP 数据核字(2015)第 010561 号

中国电力出版社出版、发行

(北京市东城区北京站西街 19 号 100005 http://www.cepp.sgcc.com.cn)

北京市同江印刷厂印刷

各地新华书店经售

*

2015 年 2 月第一版 2015 年 8 月北京第二次印刷

787 毫米×1092 毫米 16 开本 12 印张 290 千字

定价 **24.00** 元

前　言

从 21 世纪人才培养的总体要求出发，知识的重新组织和分配势在必行。本书在分析了当前教学的现状和社会需要的基础上，为贯彻和适应素质教育和创新教育的精神，根据普通高等院校电工基础实践教学大纲的基本要求，确定以加强基础、重视工程应用、更新内容体系作为本书编写的基本依据和主要特点。

本书是高等院校理工科专业电工基础实践性教材，目的在于培养学生掌握理论指导下的实验方法、掌握常用电工仪表的正确使用方法、锻炼学生的实际操作能力和创新能力，以实现提高学生的基础实践能力和综合素质的教育目标。在这里力图搭建一个充满活力的、基础扎实的集基础性、综合性、设计性实验及电工技能培训于一体的电工基础实践教学大平台。

本书在以往编写的电工电子系列实践讲义的基础上，结合兰州理工大学电工电子实践教学改革成果，参考了大量的文献资料，吸取各家之长，不断修改、充实、凝练讲义中的内容，并按照学生实践课程的设置顺序重新加以编排，分为常用电工仪表、直流电路实验、交流电路实验、PLC 实验、电工技能训练和电子技术实验六大部分。内容既有基本理论的验证，又有综合设计训练的提高；既有科研能力的培养，又有职业技能基础的教育；同时为强化工程应用能力的培养，增加部分工程性实例。附录是电工技能测试题及参考答案。

本修订版在甘肃省电子电气实验教学中心资助下出版，主要将原先第四章的 PLC 实验项目进行了调整和完善。本书可作为高等学校本科生电工基础实践、电气控制训练等的教材，还可作为中级维修电工职业技能培训的教材。

本书由丁守成担任主编，负责全书的统稿和校阅，黄瑞担任副主编。第 2～4 章由丁守成编写，第 1、5 章和附录由黄瑞编写，第 6 章由杨世洲和刘婕编写。本书实验内容丰富，不同院校教师可根据学生专业、水平等实际情况选用。

本书由兰州交通大学罗映红教授主审，提出了不少宝贵的意见和建议，在此谨致以诚挚的谢意。

本书在编写过程中，参考了大量的国内外著作和资料，在此向这些著作和资料作者表示衷心的感谢！

由于编者水平有限，错误和不足在所难免，敬请各位读者批评指正。

编　者

2015 年 7 月于兰州理工大学

目　　录

第1章 常用电工仪表

电工仪表是电气工程技术人员的基本工具，他们在工作中经常涉及仪器仪表的使用、维修和校准。通过本章的学习，读者能掌握各种仪器的基本线路和工作原理，熟悉测量信号的处理过程，了解现代仪表的新动向、新技术、新器件和新工艺，并对仪器仪表的智能化、自动测量系统的发展及技术有所了解，以便于充分开发其功能，而且能正确使用、维护常用仪表，提高工程识图能力和工程应用能力。

1-1 电工仪表分类与误差

在电能的生产、输送、分配和应用的各个环节中，都离不开电工仪表。电工仪表是保证电气设备安全、经济运行和系统电能质量的重要计量设备。

1-1-1 电工仪表的分类

电工仪表按工作原理分，有磁电系仪表、电动系仪表、电磁系仪表、磁铁电动系仪表、整流系仪表、感应系仪表、磁电系比率表等。

按工作电流分，有直流电工仪表、交流电工仪表和交直流两用电工仪表等。

按测量对象分，有电流表、电压表、欧姆表、兆欧表、接地电阻测量仪、功率表、功率因数表（相位表）、频率表、电能表等。

按使用方式分，有指示仪表和安装式仪表。指示仪表指固定安装在开关板、控制屏及电气设备面板上使用的仪表。安装式仪表可用来测量交直流电路中的各种电气量。

按照外形还可分为圆形仪表（Ⅰ型）、矩形仪表（Ⅱ型）、方形仪表（Ⅲ型）、槽型仪表（Ⅳ型）和广角度仪表（Ⅴ型）。

实验室仪表，指实验室用精密仪表，可用作精密测量和校准较低精度电能表的标准表。

携带式仪表，指便于携带到生产现场进行各种电工测量的仪表，如兆欧表、按地电阻测量仪，万用电能表、钳形电流表等。

按电工仪表测量的准确度不同，可分为 0.1、0.2、0.5、1.0、1.5、2.5、5.0 七级。其中，0.1、0.2 级用作标准表，用以校验准确度较低级的仪表；0.5、1.0 级仪表一般用于实验室；1.5、2.5、5.0 级仪表一般安装在现场，用作开关板指示仪表。

此外，有功电能表还有 2.0 级，无功电能表还有 2.0、3.0 级。对于 320kVA 以下变压器低压计费用户和非计费的计量，有功电能表可为 2.0 级，无功电能表为 3.0 级。

1-1-2 误差与准确度

1. 误差

不论仪表制造得多么精确，测量时仪表的读数和实际值之间总会有差异，这些差异称为仪表的误差。

（1）误差根据产生的原因分为以下两种：

1）基本误差：仪表结构和制作工艺方面的原因引起的误差。

2）附加误差：仪表在非规定条件下使用而引起的误差。

（2）误差的表达形式。

1）绝对误差 Δ：指仪表测量指示值 Δ_X 与被测量的实际值 A_0 之间的差值。（绝对误差 Δ 有正、负之分，Δ 正时，测量值偏大，Δ 负时，测量值偏小。）

$$\Delta = A_X - A_0$$

2）相对误差 γ：指绝对误差 Δ 与被测量实际值 A_0 之比的百分数。

$$\gamma = \Delta / A_0 \times 100\%$$

3）引用误差 γ_m：是仪表的绝对误差 Δ 与该仪表的最大量程值 A_m 之比的百分数。

$$\gamma_m = \Delta / A_m \times 100\%$$

【例 1-1-1】 用一只电压表测量电压，读数为 201V，而标准表（可认为是实际值）读数为 200V。用另一只电压表测量实际电压值为 20V 的电压时，读数为 20V，试求每只电压表测量的绝对误差和相对误差。

解 绝对误差为

$$\Delta_1 = A_{X1} - A_{01} = 201 - 200 = +1(\text{V})$$
$$\Delta_2 = A_{X2} - A_{02} = 20.5 - 20 = +0.5(\text{V})$$

相对误差为

$$\gamma_1 = \frac{\Delta_1}{A_{01}} = \frac{+1}{200} = +0.5\%$$

$$\gamma_2 = \frac{\Delta_2}{A_{02}} = \frac{+0.5}{20} = +2.5\%$$

虽然第一只表的绝对误差大，但其对测量结果的影响比第二只表小一些。

2. 准确度

用引用误差来反映仪表的基本误差，用最大引用误差表示仪表的准确度。通常采用正常工作条件下出现的最大引用误差来表示仪表的准确度等级。

$$\pm K = \Delta_m / A_m \times 100\%$$

式中，K 为仪表的准确度等级；Δ_m 为仪表在量程限度内可能产生的最大绝对误差（对同一仪表，其最大绝对误差是固定不变的）；A_m 为仪表的最大量限。

仪表的准确度等级是指仪表的最大绝对误差与仪表最大量限比值的百分数。仪表的准确度等级是由其基本误差大小决定的，根据国家标准 GB 776 的规定分为七个等级，见表 1-1-1。

表 1-1-1 　　　　　　　　　　　　　　　**仪表的准确度等级**

准确度等级 K	0.1 级	0.2 级	0.5 级	1.0 级	1.5 级	2.5 级	5.0 级
基本误差（%）	±0.1	±0.2	±0.5	±1.0	±1.5	±2.5	±5.0

【例 1-1-2】 用准确度等级分别为 0.2 级和 1.0 级、量程都为 300V 的两只电压表，分别测量 220V 的电压，求每只表的最大绝对误差。

解 0.2 级表可能产生的最大绝对误差为

$$\Delta_m = A_m \times (\pm K) = 300 \times (\pm 0.2\%) = \pm 0.6(\text{V})$$

1.0 级表可能产生的最大绝对误差为

$$\Delta_m = A_m \times (\pm K) = 300 \times (\pm 1.0\%) = \pm 3(\text{V})$$

因此，测量 220V 电压时，0.2 级表测得为（220±0.6）V，1.0 级表测得为（220±3）V。

【例 1-1-3】 用准确度等级为 1.0 级、上限为 10A 的电流表测量 4A 电流时，可能出现的最大相对误差是多少？

解　该表的最大绝对误差为

$$\Delta_m = A_m \times (\pm K) = 10 \times (\pm 1.0\%) = \pm 0.1(A)$$

测量 4A 电流时可能出现的最大相对误差为

$$\gamma = \frac{\Delta_m}{A_0} \times 100\% = \frac{\pm 0.1}{4} \times 100\% = \pm 2.5\%$$

由上例可知，在一般情况下，测量结果的准确度（即最大相对误差）并不等于仪表的准确度，两者不可混为一谈。

【例 1-1-4】　用一只准确度等级为 2.5 级、上限为 250V 的电压表分别测量 220V 和 110V 电压，试分别计算最大相对误差。

解　该仪表的最大绝对误差为 $\Delta_m = A_m \times (\pm K) = 250 \times (\pm 2.5\%) = \pm 6.25$ （V）

测量 220V 时，可能出现的最大相对误差为

$$\gamma = \frac{\Delta_m}{A_0} \times 100\% = \frac{\pm 6.25}{220} \times 100\% = \pm 2.84\%$$

测量 110V 时，可能出现的最大相对误差为

$$\gamma = \frac{\Delta_m}{A_0} \times 100\% = \frac{\pm 6.25}{110} \times 100\% = \pm 5.68\%$$

由 ［例 1-1-4］ 可知，用同一只电压表测量不同数值的电压，仪表的准确度虽未变，但被测量远离上量限时测得结果的相对误差较大。所以，在选用仪表时不要片面追求仪表的准确度等级，而应该根据被测量的大小，选择适当的量程。被测量越接近上限值，测量的相对误差越小，测量的准确度越高，一般要求被测量在仪表满刻度的 1/2～2/3 之间。还应指出，当不在规定的正常条件下使用仪表时，应考虑附加误差的影响。

使用仪表前，应按仪表规定的位置（垂直、水平等）放置好，要远离外磁场、电场；应调节表壳上的调零器，使指针在"零"的位置。测量时，应注意正确读数，使视线与仪表刻度尺的平面垂直。如果仪表刻度尺带有镜子，在读数时，应使指针盖住镜子中指针的影子，这样可减小和消除读数误差。

3. 减小误差的方法

减小因仪表内阻而引起的测量误差有不同量程两次测量计算法和同一量程两次测量计算法两种方法。

（1）不同量程两次测量计算法。当电压表的内阻不够高或电流表的内阻太大时，可利用多量程仪表对同一被测量用不同量程进行两次测量，所得读数经计算后可得到准确的结果。

1）电压表不同量程两次测量计算法。电压表不同量程测量电路如图 1-1-1 所示，欲测量具有较大内阻 R_0 的电源 U_S 的开路电压 U_0 时，如果所用电压表的内阻 R_V 与 R_0 相差不大，将会生产很大的测量误差。

设电压表有两挡量程，U_1、U_2 分别为在这两个不同量程下测得的电压值，令 R_{V1} 和 R_{V2} 分别为这两个相应量程的内阻，则由图 1-1-1 可得出

$$U_1 = \frac{R_{V1}}{R_0 + R_{V1}} U_S, \quad U_2 = \frac{R_{V2}}{R_0 + R_{V2}} U_S$$

对上述两式进行整理，消去电源内阻 R_0，化简得

$$U_S = \frac{U_1 U_2 (R_{V2} - R_{V1})}{U_1 R_{V2} - U_2 R_{V1}} = U_0$$

　　由该式可知：通过上述的两次测量结果 U_1、U_2，可准确地计算出开路电压 U_0 的大小（已知电压表两个量程的内阻分别为 R_{V1} 和 R_{V2}），而与电源内阻 R_0 的大小无关。

　　2）电流表不同量程两次测量计算法。对于电流表，当其内阻较大时，也可用类似的方法测得准确的结果。图 1-1-2 所示为电流表不同量程测量电路，设电流表有两挡量程，I_1、I_2 分别为在这两个不同量程下测得的电流值，令 R_{A1} 和 R_{A2} 分别为这两个相应量程的内阻，则由图 1-1-2 可得出

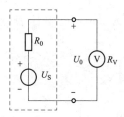 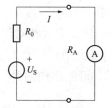

图 1-1-1　电压表不同量程测量电路　　　　图 1-1-2　电流表不同量程测量电路

$$I_1 = \frac{U_S}{R_0 + R_{A1}}, \quad I_2 = \frac{U_S}{R_0 + R_{A2}}$$

解得

$$I = \frac{U_S}{R} = \frac{I_1 I_2 (R_{A1} - R_{A2})}{I_2 R_{A1} - I_2 R_{A2}}$$

　　由该式可知：通过上述的两次测量结果 I_1、I_2，可准确地计算出被测电流 I 的大小（已知电流表两个量程的内阻分别为 R_{A1} 和 R_{A2}）。

　　（2）同一量程两次测量计算法。如果电压表（或电流表）只有一挡量程，且电压表的内阻较小（或电流表的内阻较大）时，可用同一量程进行两次测量法减小测量误差。其中，第一次测量与一般的测量并无两样，只是在进行第二次测量时必须在电路中串入一个已知阻值的附加电阻。

　　1）电压测量。同一量程电压测量电路如图 1-1-3 所示。第一次测量时，电压表的读数为 U_1（设电压表的内阻为 R_V），第二次测量时应与电压表串接一个已知阻值的电阻 R，电压表的读数为 U_2。由图 1-1-3 可知

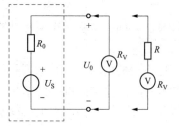

$$U_1 = \frac{R_V}{R_0 + R_V} U_S, \quad U_2 = \frac{R_V}{R_0 + R_V + R} U_S$$

解得

图 1-1-3　同一量程电压测量电路

$$U_S = U_0 = \frac{R U_1 U_2}{R_V (U_1 - U_2)}$$

　　2）电流测量。同一量程电流测量电路量如图 1-1-4 所示。第一次测量时，电流表的读数为 I_1（设电压表的内阻为 R_A），第二次测量时应与电流表串接一个已知阻值的电阻 R，电流表读数为 I_2。由图 1-1-4 可知

$$I_1 = \frac{U_S}{R_0 + R_A}, \quad I_2 = \frac{U_S}{R_0 + R_A + R}$$

解得

$$I = \frac{U_S}{R_0} = \frac{I_1 I_2 R}{I_2 (R_A + R) - I_2 R_A}$$

由上面分析可知：采用不同量程两次测量计算法或同一量程两次测量计算法，不管电表内阻如何总可以通过两次测量和计算得到比单次测量准确得多的结果。

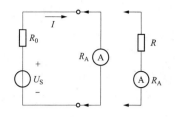

图 1-1-4 同一量程电流测量电路

1-1-3 使用仪表的基本要求

（1）选择仪表的类型：根据被测量的性质选择仪表的类型（交流或直流，测交流时是工频还是高频）。

（2）选择仪表内阻：根据测量线路及被测量电路的阻抗大小选择仪表的内阻（电压表的内阻越大越好）。

（3）选择仪表的准确度等级：根据实际工程的要求和合理的经济性，合理地选择仪表的准确度等级（一般要求交流电流表、电压表、功率表的准确度等级为 0.5～2.5 级；直流电流表、电压表的准确度等级为 1.5 级；互感器的准确度等级至少应为 1.0 级）。

（4）选择仪表的量程：根据被测量的大小，选择适当的量程，应使被测量的大小为仪表测量上限的 1/2～2/3 之间。

（5）选择仪表的工作条件：对应不同的使用场合、工作条件选择适当组别的仪表。

（6）正确接线：不同的仪表，接线也不同，不能乱接和接错。直流表要注意＋、－端子。电动系仪表要注意端子的极性符号。互感器二次绕组的准确度等级有两种，应把仪表接在准确度等级较高一级的端子上，而将继电保护接在准确度等级较低一级的端子上。

1-2 电压表、电流表和功率表

1. 磁电系直流电流表、电压表

（1）构造。直流电流表和电压表的测量机构属于磁电式，其基本构造由固定部分和可动部分组成。固定部分包括永久磁铁、极掌和圆柱铁芯，它们组成一个均匀的空气隙，具有较强磁场的磁路。可动部分包括转动线圈、指针和反作用弹簧，它们固定在同一轴上，是测量电路部分。

（2）工作原理。当电流通入转动线圈后，线圈在磁场中受到电磁力的作用，力的方向按左手定则确定，可知产生顺时针方向的转动力矩，其大小与通电线圈的电流成正比。在转动力矩的作用下，线圈和转轴上的指针一起转动，当转动力矩与反作用弹簧的反抗力矩平衡时，可动部分即停留在某一位置。指针偏转的角度与通过线圈电流的大小成正比，因此可以制成电流表。

由于线圈的电阻值是固定的，则通过线圈的电流与加在线圈两端的电压成正比。因此只要把刻度盘的电流刻度值改成对应的电压值，就构成磁电系电压表。

（3）测量方法。电流表必须串联在被测电路中，正极接在"＋"端，负极接在"－"端。即被测电流必须从电流表的正极进入，否则指针将要反转（由于是串联在电路中，电流表的内阻都越小越好）。

电压表必须与被测电路并联，并要注意正、负极性和量程。由于电压表支路通过电流，减小了负载上的电压降，因此电压表的内阻越大越好。同一个磁电式测量机构串联不同数值的附加电阻，可以制成不同量程的电压表。

2. 电磁系交流电流表、电压表

（1）构造及工作原理。交流电压表和电流表通常采用电磁式仪表，它与磁电式的区别在于它产生的磁场不是由永久磁铁产生，而是由线圈通过电流产生的。

它的测量机构有吸入式和推斥式两种。①吸入式（扁线圈式）测量机构：当固定线圈通入电流后产生磁场，并对可动铁片产生吸力，可动铁片是偏心地装在轴上，铁片带动转轴和指针偏转。当通入电流的方向改变时，线圈磁场的极性及被磁化铁片的极性同时改变，因此磁场对铁片的吸引力方向不改变。②推斥式（圆线圈式）测量机构：当固定线圈通入电流后产生磁场，使固定铁片和可动铁片同时被磁化，为同性磁极，因此它们将互相排斥，而带动转轴和指针偏转。如果电流改变方向，则它们同时改变极性，因此可动部分的转动方向不变。

不论是吸入式测量机构还是推斥式测量机构，它们的转动力矩的大小都与通入线圈电流的平方成正比，当转动力矩与弹簧扭紧而产生反抗力矩达到平衡时，指针停止在某一位置，其偏转弧度即可表示电流和电压的大小。

（2）交流电流、电压的测量。

1）低压电路中的测量方法与直流电路中的测量方法一样。

2）高电压电流或大电流的测量：必须通过电压互感器或电流互感器将大电压或大电流变为低电压或小电流，从而扩大电压表或电流表的量程。经过电压或电流互感器接入电压表或电流表，使工作人员与高压隔离，确保安全。

3）在不断电情况下电流的测量：用钳形电流表可以在不断电的情况下测量电流。

（3）电磁系仪表的主要特征。

1）电磁系仪表可制成交直流两用表，结构简单，成本低，应用较广。

2）由于被测电流不经过可动部分，直接进入固定线圈，因而过载能力强。

3）刻度特性不均匀，经过对铁芯形状、尺寸精心设计制作后，可适当改善一些刻度特性。

4）线圈磁场虽经屏蔽，但可动部分的电磁力仍易受外磁场的影响，使仪表产生误差。

5）电磁系电流表的内阻较大，电磁系电压表的内阻较小，内阻对被测量电路产生较大的影响，产生一定的误差。

6）电磁系仪表受温度和频率的影响较大。

3．电动系电流表、电压表和功率表

（1）测量机构和工作原理。电动系仪表的测量机构由建立磁场的固定线圈和在此磁场中偏转的可动线圈组成。其工作原理是：当固定线圈上加入电流时，线圈中产生磁场强度，其方向可由右手定则确定；当可动线圈通入电流时，磁场中会受到电磁力的作用，方向可根据左手定则确定，该力产生的力矩可使转轴发生偏转。转动力矩的大小与固定线圈、可动线圈中的电流的乘积成正比，当两个电流同时改变时，其转矩方向不变。仪表的反作用力矩由游丝或张丝产生。

（2）测量。

1）电流表测试时，其量限与固定线圈和可动线圈的连接方法有关。串联时被测电流小，并联时被测电流大。

2）电压表的测量电路较简单，一般是将固定线圈和可动线圈相串联后，再接入适当的附加电阻。

3）功率表测量机构的固定线圈和可动线圈彼此独立，通常把固定线圈作为电流线圈与负载串联。

可动线圈与附加电阻串联后，构成电压回路。由于电动式功率表是单向偏转，偏转方向与电流线圈和电压线圈中的电流方向有关。为了使指针不反向偏转，通常把两个线圈的始端都标有"＊"或"±"符号，习惯上称之为"同名端"，接线时必须将有相同符号的端钮接在同一根电源线上。当弄不清电源线在负载哪一边时,针指可能反转,这时只需将电压线圈端钮的接线对调一下,或将装在电压线圈中改换极性的开关转换一下即可。

图 1-2-1 (a)、(b) 的两种接线方式,都包含功率表本身的一部分损耗。在图 1-2-1 (a) 的电流线圈中流过的电流显然是负载电流,但电压线圈两端电压却等于负载电压加上电流线圈的电压降,即在功率表的读数中多出了电流线圈的损耗。因此,这种接法比较适用于负载电阻远大于电流线圈电阻(即电流小、电压高、功率小的负载)的测量。如在日光灯实验中镇流器功率的测量,其电流线圈的损耗就要比负载的功率小得多,功率表的读数就基本上等于负载功率。在图 1-2-1 (b) 中,电压线圈上的电压虽然等于负载电压,但电流线圈中的电流却等于负载电流加上电压线圈的电流,即功率表的读数中多出了电压线圈的损耗。因此,这种接法比较适用于负载电阻远小于电压线圈电阻及大电流、大功率负载的测量。

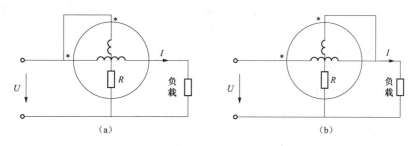

图 1-2-1　功率表的两种接线方式

(a) 接线方式一;(b) 接线方式二

使用功率表时,不仅要求被测功率数值在仪表量限内,而且要求被测电路的电压和电流值也不超过仪表电压线圈和电流线圈的额定量限值,否则会烧坏仪表的线圈。因此,选择功率表量限,就是选择其电压和电流的量限。

电动系电流表、电压表测量时,通入固定线圈和可动线圈的电流要相同且相位相同,仪表的偏转角与线圈中的电流的平方成正比。

(3) 电动系仪表的特性。

1) 可用于直流电路和交流电路的测量。

2) 可制成电流表、电压表和功率表,用于对交直流电流、电压和功率的测量。

3) 电流表、电压表的刻度不均匀,功率表上的刻度均匀。

4) 电动系仪表的功率消耗较大,常用于短时间测量。

5) 结构比较复杂。

6) 测量机构的附加误差主要由温度、频率和角误差三方面引起。

(4) 数字电压表的技术指标。数字电压表按测量功能可分为直流数字电压表和交流数字电压表两种。数字电压表一般由模拟部分和数字部分组成,模拟部分的主要功能是获取电压并将其转换为相应的数字量,数字部分完成逻辑控制、译码和显示等功能。数字电压表的核心是 A/D 转换器,由 A/D 转换器工作原理的不同,数字电压表又可分为逐次比较型和双积分型两种。

电压表的主要技术指标有:

1) 测量范围。数字电压表的测量范围通常以基本量程为基础,借助于衰减器扩展量程。

2) 输入阻抗。数字电压表的输入阻抗主要由衰减器的阻抗决定。

3) 显示位数。数字电压表的显示位数是指完整显示位,即能够显示 0~9 十个数字的那些位。

4）测量速度。测量速度是指每秒对被测电压的测量次数，或一次测量过程所需的时间，它主要取决于 A/D 转换器的转换速率。

5）分辨率。分辨率是数字电压表能够显示被测电压的最小变化值，即显示器末位跳一个数字所需的最小输入电压值。

（5）仪表使用注意事项。

1）在搬运和拆装电能表时应小心，轻拿轻放，不能有强烈的振动或撞击，以防损坏电能表的零部件，特别是电能表的轴承和游丝。

2）安装和拆卸电能表时，应先切断电源，以免发生人身事故或损坏测量机构。

3）电能表接入电路之前，应先估计电路上要测量的电流、电压等是否在电能表最大量程内，以免电能表过载而损坏。选择电能表最大量程时，以被测量的 1.5～2 倍为宜。

4）测量电流时，电流表应与被测电路串联。测量电压时，电压表应与被测电路并联。测量直流电流或直流电压时，应特别注意电能表的"＋"极接线端钮与电源"＋"极相连接，电表的"－"极接线端钮与电源"－"极相连接。测量交流电流或交流电压时，无须注意极性。

5）电能表的引线必须适当，要能负担测量时的负载而不致过热，并且不致产生很大的电压降而影响电能表的读数。如电能表带有专用导线时，在使用时应与专用导线连接。连接的部分要干净、牢靠，以免接触不良而影响测量结果。

6）电能表的指针须经常注意作零位调整。平时指针应指在零位上，如略有差距，可调整电能表上的零位校正螺钉，使指针恢复到零点的位置。

7）电能表应定期用干软布擦拭，以保持清洁。

8）使用时仪表应放置水平，并尽可能远离强电流导线或强磁场地点，以免使仪表产生附加误差。

9）仪表指针如不在零位时，可利用表盖上的零位调整器进行调整。

10）测量时如遇仪表指针反方向偏转时，改变换向开关的极性，即可使指针顺方向偏转。切忌互换电压接线，以免使仪表产生误差。

1-3　万　用　表

在实验室或现场检修工作中常要用万用表来检查电工设备或仪表的工作状态。万用表的形式多种多样，具有测量项目多、量程宽、操作简单、携带方便等特点，已作为一种测量工具在工作中被广泛、频繁地使用着。万用表是一种多功能、多量程的仪表，是电工最常使用的仪表之一。万用表有指针式和数字式两个基本类型，两者的功能和使用方法大体相同，但测量原理、结构和线路却有很大差别，在性能上也各有特点。

万用表一般用于测量直流电流、直流电压、交流电压及电阻等量值。

1．万用表的组成

以 MF-10 型万用表为例，指针式万用表由磁电系测量机构（表头）、测量线路及转换开关三部分组成。

（1）表头。表头用来指示被测量的数值。通常万用表采用具有高灵敏度的磁电系仪表作表头。表头的满刻度偏转电流较小，一般仅为几微安到几百微安。万用表表头的表盘上有多条标度尺并刻有各种测量所需要的符号，其符号及意义见表 1-3-1。

（2）测量线路。万用表的测量线路分别由多量限的直流电流表、多量限的直流电压表、多量限的交流电压表及多量限的欧姆表等线路组合而成。测量线路中大部分是各种类型、各种数值的电阻元件，分别起分流、降压作用。其中，可变电阻 R_2、R_3、R_4、R_5 为调整电阻，二极管 VD1、VD2 作整流用，电容 C 是滤波电容，S1、S2 为联动转换开关。干电池有两组，9V 电池用于 ×10kΩ 挡的测量，1.5V 电池用于 ×1kΩ、×100Ω、×10Ω、×1Ω 挡的测量。

（3）转换开关。万用表中各种测量量限的选择靠转换开关来实现。转换开关绕轴作圆周旋转定点步进。旋转支架上装有活动金属接触片（常称为"刀"），当活动金属接触片与对应的空心绝缘圆片上的固定接触点接触时，就接通了测量电路。

表 1-3-1　　　万用表表盘符号及意义

序号	符号	意义
1	A-V-Ω 或 A-V-0	万用表（三用表）
2		交直流两用
3	一或 DC	直流
4	一或 AC	交流（单相）
5		磁电系整流式仪表
10		水平放置使用
12	2.5—	测交流时以指示值的百分数表示的准确度等级。2.5 表示误差不超过 2.5%
13	2.5	以标度尺长度百分数表示的准确度等级。2.5 表示 2.5 级
14	45～1500Hz	工作频率范围
15	20kΩ/V	直流电压灵敏度
16	5kΩ/V 或 5000Ω/V	交流电压灵敏度
17	0dB=1mW，600Ω	规定零电平为 600Ω 负载上获得 1mW 的功率，以此作为参考电平

由于万用表测量量限及功能较多，因此，常用二～三层绝缘圆片的数十个固定接触点构成转换电路，然后通过转换开关来完成转换工作。

2. 万用表的技术特性

万用表的技术特性主要包括测量功能、测量范围、测量准确度、测量灵敏度以及内用的电池电压等。以 MF 系列万用表技术特性为例，其主要技术指标见表 1-3-2。

表 1-3-2　　　　　　　MF 系列万用表主要技术指标

测量分类	测量范围	灵敏度或电压降	准确度等级	基本误差表示方法
直流电流	0～0.05～1～10～100mA	0.75V	2.5	以上量限的百分数表示
直流电压	0～2～10～50～250～500V	20 000Ω/V	2.5	
交流电压	0～10～50～250～500V	4000Ω/V	4.0	
电阻	0～4kΩ～40kΩ～400kΩ～4kΩ～40kΩ～（以 24Ω；240Ω；24kΩ。240kΩ 为中心值）		2.5	以标度尺长度百分数表示
音频输出	0dB=1MV，600Ω 时 10V，−10dB～+22dB 50V，+4dB～+36dB 520V，+18dB～+50dB		4.0	

由表 1-3-2 可见，交流电压的测量范围是 0～500V，测量挡位共分 10、50、250、500V 四挡，电压测量灵敏度为 4000Ω/V，在 45～55Hz 频率范围内保证 4.0% 的测量准确度。其余测量功能也可从此表中看出。

3. 万用表的使用

（1）正确选择测量种类、量程。

1）测量种类、测量范围的选择要慎重，每一次拿起表棒准备测量时，都要复查一下选择开关的位置是否恰当。

2）将红色表棒和黑色表棒分别与"＋"端和"－"端连接。这样在测量时，通过色标可使红色表棒总与被测对象的正极、高电位接触，避免指针反指。

（2）正确读数。

1）表盘刻度尺分格对应的量值要分清。

2）标度尺与量限开关的示值要对应。

3）应使万用表的指针指示在 1/2～2/3 标度尺之间，否则应改变测量量程，使被测量有一最准确的读数。

（3）测量电阻。

1）每次测量前必须调零，换欧姆挡后也要调零。

2）测电阻不能带电，如电路有电容器，应先将电容器放电。

3）测大电阻时，不能用手接触导电部分，否则会给测量结果带来严重误差。

4）万用表的电流是从"－"端流出的，即"－"端为内附电池的正极，"＋"端为内附电池的负极。

5）测晶体管电阻时应将测量量限放在 $R×100Ω$、$R×1kΩ$ 挡。若用 $R×1Ω$、$R×10Ω$ 挡测量可能会烧坏晶体管，若用 $R×10kΩ$ 挡测量，则有可能会击穿晶体管。

6）不允许用万用表 $R×1Ω$、$R×10Ω$ 挡测量微安表、检流计、标准电池等的内阻。

7）测量间歇中，应防止两根表棒短路，浪费电池能量。

（4）测量电流与电压。

1）测量电流时，万用表串入电路，红色试棒接被测对象正极，黑色试棒接被测对象负极。

2）测量电压时，万用表并入电路，红色试棒接被测对象高电位，黑色试棒接至低电位。

3）测试中需转换量程转换开关时，应将试棒离开测试点，以免量程转换开关接触点打火，烧毁量程转换开关。

4）若不知被测对象数值大小，应先将万用表放置在最大测量量限，视指针偏转情况再逐步减小测量量限。

5）在高电压测试时，宜单手操作，先将黑色试棒置零电位处，再用单手将红色试棒接触被测端。

6）若被测量波形为方波、矩齿波、三角波等时，测量结果偏差较大。

7）测量完毕，应将万用表的量程转换开关放至交流电压最高挡。

电阻器、电容器、电感器、半导体器件等是电子系统的常用元器件。掌握常用元器件的性能、用途及测试方法，对提高电子装置的装配质量和可靠性起到重要的作用。

4．电阻器的识别与型号

电阻器是一种耗能元件。在电子电路中，电阻器作为负载、限流、分流、降压、分压、取样等器件而被大量使用。选用电阻器时应考虑电阻器的类型、阻值、精度和额定功率。

（1）电阻器的分类。电阻器一般可分为固定电阻器、可变电阻器和敏感电阻器三大类；按电阻体材料的不同，又分为膜式电阻器、实芯式电阻器、绕线式电阻器和特殊电阻器四种类型。常用的电阻器有金属膜电阻器和碳膜电阻器。

（2）电阻器的指标。

1）额定功率。电阻器的额定功率分为 0.05、0.125、0.25、0.5、1、2、5、7、10、20W 等 19 个等级。电阻器的额定功率与体积的大小有关，电阻器的体积越大，额定功率数值越大。实际应用中，电阻器的额定功率应大于电路中耗散功率的 2 倍。在电路图上，用图形符号表示电阻的额定功率，如图 1-3-1 所示。

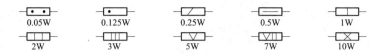

图 1-3-1　电阻额定功率的图形符号

2）标称阻值。标称阻值是按一定的科学规律设计的阻值数列。任何固定电阻的阻值都符合表中所列数值乘以 10^n，其中 n 为整数，单位为欧（Ω）、千欧（kΩ）、兆欧（MΩ）等。

3）允许误差。允许误差是指电阻器实际阻值对于标称值的最大偏差范围，它表示产品的精度。电阻器部分允许误差等级如表 1-3-3 所示。

表 1-3-3　　　　　　　　　　　　电阻器部分允许误差等级

级别	005（D）	01（F）	02（G）	Ⅰ（J）	Ⅱ（K）	Ⅲ（M）
允许误差	±0.5%	±1%	±2%	±5%	±10%	±20%

（3）电阻器主要指标标注方法。电阻器主要指标标注方法有直标法、文字符号法和色标法三种。

1）直标法：是指在元件表面直接标注它的主要参数和技术性能的一种方法，阻值用阿拉伯数字，允许误差用百分数表示，如（2±5%）kΩ。

2）文字符号法：是用数字与文字组合在一起表示元件的主要参数和技术性能的方法。一种组合规律是文字符号 Ω、kΩ、MΩ 前面的数字表示整数阻值，文字符号后面的数字表示小数点后面的小数阻值，允许误差用字母符号，例如 5ΩⅠ（J）表示（5.1±5%）Ω。另一种组合规律是前两位是有效数值，第三位是 0 的个数，第四位是误差，如 51kΩⅡ（K）表示（51±10%）kΩ。

3）色标法：小型电阻一般采用色标法，是用标在电阻体上不同颜色的色环或色点作为标称阻值和允许误差，颜色代表的数字和允许偏差见表 1-3-4。

表 1-3-4　　　　　　　　　　色标法颜色代表的数字和允许偏差

颜色	银色	金色	黑色	棕色	红色	橙色	黄色	绿色	蓝色	紫色	灰色	白色	无色
有效数字	—	—	0	1	2	3	4	5	6	7	8	9	—
乘数	10^{-2}	10^{-1}	10^0	10^1	10^2	10^3	10^4	10^5	10^6	10^7	10^8	10^9	—
误差（%）	±10	±5	—	±1	±2	—	—	±0.5	±0.2	±0.1	—	+50	±20

电阻器的色环标准有两种：普通精度的电阻器用四环表示，第一、二环是有效数字，第三环是 10 的 n 次方（10^n），第四环是允许误差；精密电阻器用五环表示，前三环是有效数字，第四环是 10 的 n 次方（10^n），第五环是允许误差。电阻器色环标注实例如图 1-3-2 所示。

（4）电阻器的简单测试。测量电阻的方法有直接测量法和间接测量法。直接测量法是用欧姆表、电桥和数字欧姆表直接测量阻值。间接测量法是根据欧姆定律 $R=U/I$，通过测量流过电阻的电流、电阻上的压降来间接测量电阻值。当测量精度要求较高时，采用电桥来测量电阻值。

一般用万用表测试电阻值。图 1-3-3（a）给出了 MF-10 型万用表的外形图。注意：指

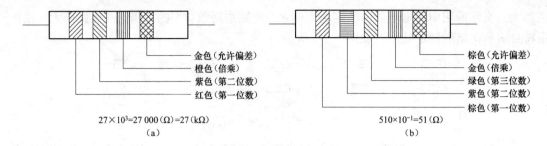

27×10³=27 000（Ω）=27（kΩ）
（a）

510×10⁻¹=51（Ω）
（b）

图 1-3-2　电阻器色环标注实例
（a）四环电阻器；（b）五环电阻器

针式万用表的电阻挡，黑表笔接表内电池的正极，红表笔接表内电池的负极，其电阻挡等效电路如图 1-3-3（b）所示。而在数字式万用表的电阻挡，红表笔接表内电池的正极，黑表笔接表内电池的负极。

　　测量电阻的方法：首先将万用表的两只表笔接到"Ω"和"＊"位置，再将选择开关置电阻挡，量程适当；将两只表笔短接，表头指针应在刻度线零点，若不在零点，则要调节万用表的电阻微调旋钮，使表针回零（调零）；然后把被测电阻串接于两只表笔之间，此时表头指针偏转，待稳定后可从刻度盘上直接读出数字，再乘上事先所选择的量程，即可得到被测电阻的阻值，每换一次量程，需重新调零。

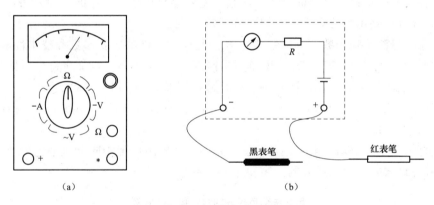

（a）　　　　　　　　　　　　　　　　（b）

图 1-3-3　MF-10 型万用表和电阻挡等效电路
（a）万用表的外形示意图；（b）欧姆挡等效电路

　　5. 常用半导体分立器件的识别与测试
　　半导体分立器件是指半导体二极管、三极管、场效应管、晶闸管和单结晶体管等，其功能是在电路中起整流、检波、开关、放大等作用。由于半导体材料的特殊性能及 PN 结的单向导电性，使半导体器件在电路中得到广泛的应用。
　　（1）半导体分立器件的分类。半导体二极管按材料可分为锗二极管、硅二极管和砷化钾二极管等；按结构可分为点接触型和面接触型二极管；按用途可分为整流二极管、检波二极管、开关二极管、稳压二极管、变容二极管、发光二极管等。常用二极管外形及图形符号如图 1-3-4 所示。其中稳压管由玻璃、塑料和金属封装，玻璃、塑料封装的外形与普通二极管相似，金属封装的双稳压二极管外形与小功率三极管相似。
　　半导体三极管按材料分为锗管和硅管；按结构分为点接触型和面接触型；按工作频率分为低频管、高频管和开关管；按导电性能分为 NPN、PNP 管等。常用三极管外形及图形符号如图 1-3-5 所示。场效应管分为结型场效应管（简称 JEFT）、绝缘栅型场效应管（简称

IGFET）、金属氧化物半导体场效应管（简称 MOS-FET）三种，另外还有 N 沟道、P 沟道之分。

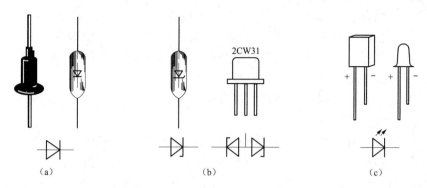

图 1-3-4 常用二极管外形及图形符号

(a) 普通二极管；(b) 稳压二极管；(c) 发光二极管

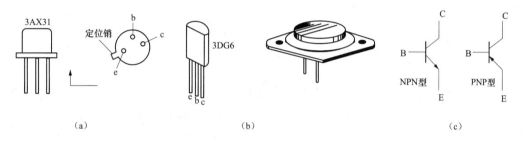

图 1-3-5 常用三极管外形及图形符号

(a) 小功率三极管；(b) 大功率三极管；(c) 三极管符号

（2）普通二极管。普通二极管的主要参数：①最大整流电流 I_F，是指管子长期运行时，允许通过的最大正向平均电流；②反向击穿电压 U_{BR}，最高反向工作电压是击穿电压的一半；③还有反向电流、极间电容等。选用二极管时，不能超过上述参数的极限值，并根据设计原则要留有一定的余量。

根据二极管的单向导电特性，可以用指针式万用表判别二极管的好坏与极性。在测试时，需将万用表选择开关置于电阻挡的 $R\times100\Omega$ 或 $R\times1\mathrm{k}\Omega$ 位置，用红、黑表笔分别接二极管的两个极，观察指针的偏转情况，然后交换红、黑表笔再测一次。若两次测量呈现的电阻值一大一小，说明二极管是好的。在测量中，呈现电阻较小（指针偏转较大）时，黑表笔接触的引脚是二极管的正极，如图 1-3-6 所示。一般二极管的正向电阻为几十欧到几千欧，反向电阻是几百千欧以上，正、反向电阻差值应在几百倍以上。测试时若正、反向电阻都为零，则管子内部短路；若正、反向电阻都为∞，则管子内部开路；若正、反向电阻接近，则管子性能差。如采用数字万用表测量二极管的正、反向电阻时，注

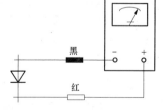

图 1-3-6 二极管极性判别

意红、黑表笔分别接在万用表内部电源的正极和负极（与指针式万用表相反），即呈现电阻较小时，红表笔所接引脚为正极。也可直接用数字万用表的二极管挡进行测量。

用万用表测量二极管的方法如下：

1）选用 $R\times1\mathrm{k}$ 挡。

2）因为二极管的核心是一个 PN 结，所以把二极管当做一个被测元件放在万用表两表

笔之间。若红表笔（电源负极）接在二极管 N 极，黑表笔（电源正极）接在二极管 P 极，则二极管正向导通，这时，测量回路里电流较大，指示的电阻较小。

3）反之，若红表笔（电源负极）接在二极管 P 极，黑表笔（电源正极）接在二极管 N 极，则二极管反向不导通，这时，测量回路里电流较小，指示的电阻很大。

4）若正反向测量时，二极管所呈现电阻都很小，则这只二极管是被击穿通路的（坏）。

5）若正反向测量时，二极管所呈现电阻都很大，则这只二极管是断路的（坏）。

6）若正向测量二极管时，表针指示在满刻度的 $80\% \sim 90\%$（这时参考直流 $0 \sim 10$ 刻度），则这只二极管为锗管。

7）若正向测量二极管时，表针指示在满刻度的 60% 左右，则这只二极管为硅管。

（3）稳压二极管。稳压二极管的主要参数：稳压二极管工作在反向击穿区，其反向击穿电压即稳压管的稳定电压值 U_Z；稳定电流 I_Z 和最大稳定电流 I_{ZM}；还有耗散功率、动态电阻等。

稳压二极管极性的判别与普通二极管极性的判别类似。稳压值 U_Z 的测试可按图 1-3-7 连接电路，使直流电源电压缓慢增加，用直流电压表观察稳压管两端电压变化情况，当电源

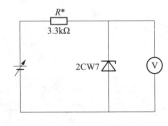

图 1-3-7　稳压二极管稳压值
测试电路

电压上升、稳压管两端电压不再变化时，电压表所指示的电压值即稳压二极管的稳压值。

（4）发光二极管（LED）。

1）发光二极管的功能。发光二极管的功能是将电信号变为光信号，与普通二极管一样具有单向导电性，并在正向导通时才能发光。发光二极管的发光颜色有红、绿、黄、蓝、白等，形状有圆形、长方形等。其正向工作电压一般为 $1.5 \sim 3V$，允许通过的电流为 $2 \sim 20mA$，电流的大小决定发光的亮度。电压和电流的大小，依器件型号不同而稍有差异。当与 TTL 组件相连接使用时，一般需串接一个降压电阻（根据发光二极管的参数定，一般取 470Ω），以防止器件的损坏。

2）发光二极管（LED）极性的判别。发光二极管在出厂时，一根引线做得比另一根引线长，通常较长的引线表示正极，另一根表示负极，如图 1-3-4 所示。若辨别不出引线的长短，则可以用判别普通二极管极性的方法来判断发光二极管的正极或负极。

（5）晶体三极管。

晶体三极管的主要参数：电流放大系数 β 表示三极管的电流放大能力，集电极最大允许电流 I_{CM}、集电极最大耗散功率 P_{CM} 和反向击穿电压规定了三极管的安全使用范围。

晶体三极管的简易测试：在电子装配中经常需要知道三极管的类型、极性和好坏，最简单的方法就是通过万用表测量来判断。

1）判断基极和管子类型。三极管可以等效为两个串接的二极管，如图 1-3-8（a）所示。先按测量二极管的方法确定基极，同时也就确定了三极管的好坏和类型（NPN、PNP）。

2）判断集电极和发射极。用指针式万用表判断三极管发射极和集电极的方法，利用了三极管的电流放大特性，测试原理如图 1-3-8（b）所示。如果被测三极管是 NPN 型管，先假设一个电极为集电极，接万用表的黑表笔，用红表笔接另一个电极，然后用人体电阻代替图中的电阻 R，即用手指捏住 C 极和 B 极（C 极和 B 极不要碰在一起），观察指针的偏转角度。再假设另一个电极为集电极，重复上述的测试，比较指针偏转角度的大小，指针偏转角度大的一次，黑表笔接的是三极管的集电极。若指针偏转角度太小，可将手指湿润后重测。PNP 型管的判别方法与 NPN 管相同，但极性相反。注：由于晶体三极管的集电区的掺杂浓

度低于发射区的掺杂浓度，故 C 极和 E 极不能互换。

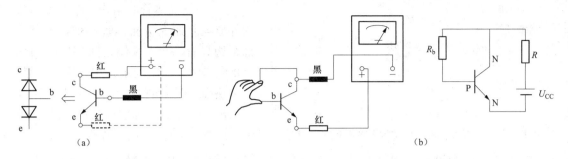

图 1-3-8　判别晶体三极管引脚极性

(a) 判断基极；(b) 判断集电极和发射极

(6) 晶闸管（可控硅）。晶闸管是在晶体管基础上发展起来的一种大功率半导体器件，主要用于整流、逆变、调压、开关等方面。

1) 晶闸管结构。它是具有三个 PN 结的四层结构，如图 1-3-9 所示。它与具有一个 PN 结的二极管相比，差别在于晶闸管正向导通受控制极电流的控制；与具有两个 PN 结的晶体管相比，差别在于晶闸管对控制极电流没有放大作用，仅相当于可控的单向导电开关。

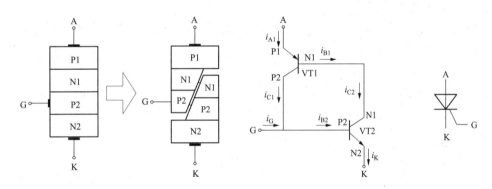

图 1-3-9　晶闸管结构及符号

2) 晶闸管电原理。导通条件：晶闸管 VT2 处于正向偏置，产生控制极电流 i_G，i_G 就是晶体管 VT2 的基极电流 i_{B2}，VT2 的集电极电流 $i_{C2}=\beta_2 i_G$，而 i_{C2} 又是晶体管 VT1 的基极电流，VT1 的集电极电流 $i_{C1}=\beta_1 i_{C2}=\beta_1 \beta_2 i_G=i_A$（$\beta_1$ 和 β_2 分别为晶体管 VT1 和 VT2 的电流放大系数）。此电流又流入 VT2 的基极，再一次放大，这样循环下去，形成了强烈的正反馈，使两个晶体管很快达到饱和导通 $i_K=i_{E2}$。导通后，其压降很小，电源电压几乎全部加在负载上，晶闸管中流过负载电流。

关断条件：晶闸管导通之后，它的导通状态依靠管子本身的正反馈作用来维持，控制极失去控制作用，要想关断晶闸管，必须将阳极电流减小到使之不能维持正反馈过程，或者在晶闸管的阳极 A 和阴极 K 之间加一个反向电压。

3) 晶闸管极性判别。将万用表选择开关置于 $R\times 1\text{k}\Omega$ 挡，用红、黑表笔分别接晶闸管任意两个极，指针偏转较大的一次，黑表笔接触的引脚是控制极 G，红表笔接触的引脚是阴极 K，余下的引脚是阳极 A；再用黑表笔接触阳极，红表笔接触阴极，当用控制极引脚碰黑表笔时指针偏转，当控制极引脚离开黑表笔时指针维持偏转，说明该管性能良好。

(7) 单结晶体管。单结晶体管称为双基极晶体管，因为它有一个发射极和两个基极，常用来构成输出尖脉冲信号的触发电路，可以给晶闸管的控制极提供一个触发信号，使晶闸管

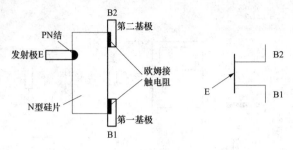

导通。

1）单结晶体管的结构。单结晶体管的外形与普通三极晶体管相似，但其内部结构只有一个 PN 结，图 1-3-10 所示为单结晶体管的结构示意图和表示符号。在一块高电阻率的 N 型硅片一侧的两端各引出一个电极，分别称为第一基极 B1 和第二基极 B2。而在硅片的另一侧较靠

图 1-3-10　单结晶体管的结构示意图和表示符号

近 B2 处掺入 P 型杂质，形成 PN 结，并引出一个铝质电极，称为发射极 E。它的两个基极之间的电阻称为 R_{BB}，在 2～15kΩ 之间。$R_{BB} = R_{B1} + R_{B2}$，其中 $R_{B1} = R_{EB1}$、$R_{B2} = R_{EB2}$，分别为两个基极至发射极之间的电阻。

2）单结晶体管的极性判别。将万用表的黑表笔接单结晶体管的假定发射极，用红表笔分别接触另外两个极，观察指针的偏转情况。对调两只表笔重复上述测量。表针偏转一大一小的一次，黑表笔接的是单结晶体管的发射极 E；表针偏转较大一次（电阻值小），红表笔接触是第二基极极 B2；表针偏转较小的一次（电阻值大），红表笔接触是第一基极极 B1。

6. 万用表常见故障

万用表使用比较频繁，且使用的场合经常变化，流动性较大，常常会由于测量上或操作上的失误发生一些故障。这些故障主要表现为指针不回零、可动部分机械平衡差、指针卡住、无指示、各挡示值超差等。

对于表壳和表芯机械部分的故障，一般都通过调换零部件和修理零部件的方法进行修复。一般万用表电工部分的故障情况比较复杂，需要根据故障原因按测量电路分块分层次地逐点检查，找出故障点对症下药，排除故障。

7. 万用表使用注意事项

（1）在使用万用表之前，应先进行"机械调零"，即在没有被测电量时，使万用表指针指在零电压或零电流的位置上。

（2）在使用万用表过程中，不能用手去接触表笔的金属部分，这样一方面可以保证测量的准确，另一方面也可以保证人身安全。

（3）在测量某一电量时，不能在测量的同时换挡，尤其是在测量高电压或大电流时更应注意，否则，会使万用表毁坏。如需换挡，应先断开表笔，换挡后再去测量。

（4）万用表在使用时，必须水平放置，以免造成误差。同时，还要注意避免外界磁场对万用表的影响。

（5）万用表使用完毕，应将转换开关置于交流电压的最大挡。如果长期不使用，还应将万用表内部的电池取出来，以免电池腐蚀表内其他器件。

1-4　钳形电流表

通常用交流电流表测量线路中的电流时，需要切断电路才能将电流表或电流互感器的一次绕组串接到被测电路中，若使用钳形电流表对被测电路进行电流测量时，就可在不切断电路的情况下进行。钳形电流表有便携、操作简单、测量无需断负荷等几个优点，是目前常用的电工仪表之一。

1. 钳形电流表的组成

钳形电流表主要由电流互感器、磁电系电流表、量程转换开关及测量电路组成，如图 1-4-1 所示。其互感器的铁芯有一活动部分在钳形表的上端，并与手柄相连，使用时按动手柄使活动铁芯张开，将被测电流的导线放入钳口中，然后松开手柄使铁芯闭合，此时载流导线相当于互感器的一次绕组，铁芯中的磁通在二次绕组中产生感应电流，这一电流通过取样电阻 R_1，得到正比于一次电流值的电压 U，该电压经测量电路整流后，使电流表指示出被测电流的数值。

目前新颖的钳形表种类繁多，其中大部分带有其他测量功能，测量电路由此变得复杂了。

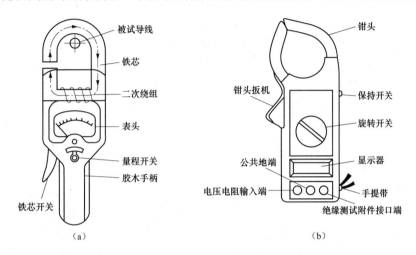

被试导线
铁芯
二次绕组
表头
量程开关
胶木手柄
铁芯开关
（a）

钳头
钳头扳机
公共地端
电压电阻输入端
保持开关
旋转开关
显示器
手提带
绝缘测试附件接口端
（b）

图 1-4-1　钳形电流表

2. 钳形表的技术特性

钳形表通过钳口上的互感器，很方便地测得被测导线的电流。但它的测量准确度不高，常用于对测量要求不高的场合。其技术特性主要是电流的测量范围及准确度等级。由于钳形表多用于带电测量，故对其绝缘耐压水平有一定的要求。有些钳形表还有交流电压测量功能。几种常用钳形电流表的主要技术数据列于表 1-4-1 中。

表 1-4-1　　　　　　　　　　常用钳形电流表的主要技术数据

名称	型号	准确度等级	测量范围	耐压（V）
钳形交流电流表	T-301 （T-301-T） 为热带型	2.5	0～10～25～50～100～250A 0～10～25～100～300～600A 0～10～30～100～300～1000A	2000
钳形交流电流电压表	T-302 （T-302-T） 为热带型	2.5	电流 0～10～50～250～1000A 电压 0～250～500V 0～300～600V	2000
钳形交流电流电压表	MG4-AV	2.5	电流 0～10～30～100～300～1000A 电压 0～150～300～600V	2000
钳形交直流电流表	MG20 MG21	5	0～100～200～300～400～500～600A 0～750～1000～1500	2000
袖珍型钳形表	MG24	2.5	电流 0～5～25～250A 电压 0～300～600V 电流 0～5～50～250A 电压 0～300～600V	2000

续表

名称	型号	准确度等级	测量范围	耐压（V）
袖珍型三用钳形表	MG25	2.5	交流电压 5～25～100A 5～50～250A 交流电压 300～600V 直流电阻 0～50kΩ	2000

3. 钳形表的使用注意事项

（1）测量前，应先检查钳形铁芯的橡胶绝缘是否完好无损。钳口应清洁、无锈，闭合后无明显的缝隙。

（2）测量时，应先估计被测电流大小，选择适当量程。若无法估计，可先选较大量程，然后逐挡减少，转换到合适的挡位。转换量程挡位时，必须在不带电情况下或者在钳口张开情况下进行。因为在测量过程中切换挡位，会在切换瞬间使二次侧开路，造成仪表损坏甚至危及人身安全。

（3）应在无雷雨和干燥的天气下使用钳形表进行测量，可由两人进行，一人操作一人监护。测量时应注意佩戴个人防护用品，注意人体与带电部分保持足够的安全距离。

（4）测量时，被测导线应尽量放在钳口中部，钳口的结合面如有杂声，应重新开合一次，仍有杂声，应处理结合面，以使读数准确。另外，不可同时钳住两根导线。

（5）测量 5A 以下电流时，为得到较为准确的读数，在条件许可时，可将导线多绕几圈，放进钳口测量，其实际电流值应为仪表读数除以放进钳口内的导线根数。

（6）如果测量大电流后立即测小电流，应开合铁芯数次，以消除铁芯中的剩磁，减小误差。

（7）每次测量前后，要把调节电流量程的切换开关放在最高挡位，以免下次使用时，因未经选择量程就进行测量而损坏仪表。

（8）钳形电流表与普通电流表不同，它由电流互感器和电流表组成。它可在不断开电路的情况下测量负荷电流，但只限于在被测线路电压不超过 500V 的情况下使用。

1-5　兆　欧　表

兆欧表就是用来测量电工线路和各种用电器的绝缘电阻值的仪表。由于兆欧表在使用中要用手去转摇把，因此习惯上称为绝缘摇表。在对电工线路和用电器作预防性试验和进行检修时，都需要测量绝缘电阻，所以，兆欧表也是电工经常使用的仪表之一。兆欧表是一种简便、常用的测量高电阻的便携式直读仪表，一般用来测量电路、电机绕组、电缆、电工设备等的绝缘电阻。

1. 兆欧表的组成

兆欧表主要由磁电系比率型测量机构、直流电源和接线端组成。接线端有线路（L）、接地（E）和屏蔽（G）端。

2. 兆欧表的主要技术特征

兆欧表的主要技术特性一般指输出电压值、测量范围及测量准确度等级。常用的国产兆欧表主要技术特性如表 1-5-1 所示。

表 1-5-1　常用国产兆欧表主要技术特性

型号	发电机电压（V）	测量范围	最小分度	准确度等级
ZC11-1	100（±10%）	0～500	0.05	1.0
ZC11-2	250（±10%）	0～1000	0.1	1.0
ZC11-3	500（±10%）	0～2000	0.2	1.0
ZC11-4	1000（±10%）	0～5000		1.0
ZC11-5	2500（±10%）	0～10 000	1	1.0
ZC11-6	100（±10%）	0～20	0.01	1.0
ZC11-7	250（±10%）	0～50		1.0
ZC11-8	500（±10%）	0～100	0.05	1.0
ZC11-9	50（±10%）	0～200		1.0
ZC11-10	2500（±10%）	0～2500		1.0
ZC25-1	100（±10%）	0～100	0.05	1.0
ZC25-2	250（±10%）	0～2500	0.1	1.0
ZC25-3	500（±10%）	0～500	0.1	1.0
ZC25-4	1000（±10%）	0～1000	0.2	1.0

3. 兆欧表的使用

（1）选择兆欧表。根据被测对象及其额定工作电压来选择兆欧表的额定电压和量程。

一般被测设备的额定电压低于 500V，可选择 500V 或 1000V 的兆欧表；高于 500V 的可选用 1000V 或 2500V 的兆欧表。

有些兆欧表的下限不是从零开始，而是从 1MΩ 或 2MΩ 开始，这样就不能用来测量低值绝缘电阻和潮湿环境中的低电压电工设备的绝缘电阻。表 1-5-2 列出了按被测对象选择兆欧表的具体参数。

表 1-5-2　按被测对象选择兆欧表的参数

被测对象的绝缘电阻	被测设备额定电压（V）	宜选兆欧表额定电压（V）	被测对象	被测设备额定电压（V）	宜选兆欧表额定电压（V）
线圈	500 及以下	500	高压电瓷母线	1200 以上	2500 或 5000
	500 以上	1000			
发电机线圈	500 及以下	1000	低压线路	500 及以下	500～1000
电力变压器电机线圈	500 及以下	500～1000	高压线路	1200 以上	2500
	500 以上	1000～2500			
低压电器	500 及以下	500～1000	高压电器	1200 以上	2500

（2）检查兆欧表。

开路试验：将 E、L 间开路，转动发电机至额定转速，指针应指"∞"。

短路试验：将 L、E 短接，慢慢转动发电机，指针应指"0"。

数字式兆欧表试验时只需按下试验按钮。晶体管兆欧表不做短路试验。

（3）准备被测设备：断开被测设备的电源；对电容设备进行放电；清洁被测试设备。

（4）放置兆欧表，并接线。兆欧表应水平放置，位置应便于操作、读数。

兆欧表在使用时须将测量端钮 L 接被测设备的电工回路，端钮 E 接设备的接地端，端钮 G 接电工回路的外壳。此外，各测量线应单独引线，并应具有良好的绝缘。测量时，引线不能绞在一起，否则导线之间的绝缘电阻与被测对象的绝缘电阻相当于并联，会影响测量结果，如图 1-5-1 所示。

（5）测量。

1）转动发电机至额定转速，接通线路（L）端钮与被测设备。

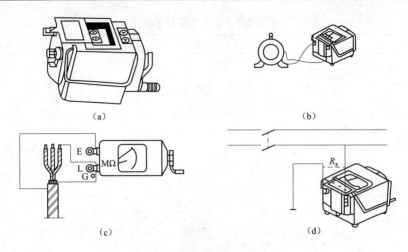

（a）　　　　　　　　　　　　　　　　　　（b）

（c）　　　　　　　　　　　　　　　　　　（d）

图 1-5-1　兆欧表的接线与测量

2）待指针（或显示数字）稳定后，读取测量值。

3）断开兆欧表线路（L）端钮与被测设备的连接。

4）如果被测设备具有较大的电容，则进行放电、挂地线操作。

（6）记录测量结果、温度、湿度，并判断。

4. 注意事项

（1）使用兆欧表测量设备的绝缘电阻时，应由两人操作。

（2）被测设备必须切断电源，禁止带电测量。对具有较大电容的设备（如供电线路、大电容器、大变压器等），必须先进行放电，然后再进行测量。

（3）在带电设备附近测量绝缘电阻时，测量人员和兆欧表的位置必须选择适当，保持安全距离，以免兆欧表引线或引线支持物碰触带电部分。移动引线时，必须注意监护，防止工作人员触电。

（4）测量电容器、电缆、大容量变压器和电机的绝缘电阻时，兆欧表必须在额定转速状态下，方可用测试笔接触被测设备。测得读数后也必须在额定转速状态下将测电笔离开被测设备后，才能停止转动。

（5）测量电容器、电缆、大容量变压器和电机的绝缘电阻时，因被测对象有一定的充电时间，故手摇发电机转动为额定转速 1min 后，才可进行读数。

（6）测量过程中，不能用手去触及被测对象，也不能进行拆接导线等工作。测量完毕后，对具有大电容的设备，必须将被测物体对地短路放电，然后停止手摇发电机转动，以防损坏兆欧表。

（7）在测量绝缘电阻时，应保持兆欧表发电机的额定转速为 120r/min。当被测设备电容较大时，为避免指针摆动，转速可提高到 130r/min，但速度不能忽快忽慢，也不能先快后慢，否则会造成读数误差。

（8）测量中，当指针已指"0"时，不要再继续用力摇发电机，以免损坏测量机构线圈。

（9）测量不能全部停电的双回架空线路和母线的绝缘电阻时，在被测回路的感应电压超过 12V 或当雷雨发生时，禁止对架空线路及与架空线路相连接的电工设备进行测量。

1-6　交流毫伏表

常用的单通道晶体管毫伏表，具有测量交流电压、电平测试、监视输出等三大功能。交流测量范围是 1mV～300V、5Hz～2MHz，共分 1、3、10、30、100、300mV，1、3、10、30、100、300V 共 12 挡。电平 dB 刻度范围是－60～＋50dB。

1. 工作原理

晶体管毫伏表由输入保护电路、前置放大器、衰减放大器、放大器、表头指示放大电路、整流器、监视输出及电源组成。

输入保护电路用来保护该电路的场效应管。衰减控制器用来控制各挡衰减的接通，使仪器在整个量程均能高精度地工作。整流器是将放大了的交流信号进行整流，整流后的直流电流再送到表头。

监视输出的功能主要用来检测仪器本身的技术指标是否符合出厂时的要求，同时也可作放大器使用。

2. 使用方法

(1) 开机前的准备工作。

1) 将通道输入端测试探头上的红、黑色鳄鱼夹短接。

2) 将量程开关选最高量程（300V）。

(2) 操作步骤。

1) 接通 220V 电源，按下电源开关，电源指示灯亮，仪器立刻工作。为了保证仪器稳定性，需预热 10s 后使用，开机后 10s 内指针无规则摆动属正常。

2) 将输入测试探头上的红、黑鳄鱼夹断开后与被测电路并联（红鳄鱼夹接被测电路的正端，黑鳄鱼夹接地端），观察表头指针在刻度盘上所指的位置，若指针在起始点位置基本没动，说明被测电路中的电压甚小，且毫伏表量程选得过高，此时用递减法由高量程向低量程变换，直到表头指针指到满刻度的 2/3 左右即可。

3) 准确读数。表头刻度盘上共刻有四条刻度。第一条刻度和第二条刻度为测量交流电压有效值的专用刻度，第三条和第四条为测量分贝值的刻度。当量程开关分别选 1、10、100mV 及 1、10、100V 挡时，就从第一条刻度读数；当量程开关分别选 3、30、300mV 及 3、30、300V 时，应从第二条刻度读数（逢 1 就从第一条刻度读数，逢 3 从第二刻度读数）。

例如：将量程开关置"1V"挡，就从第一条刻度读数，若指针指的数字是在第一条刻度的"0.7"处，其实际测量值为 0.7V；若量程开关置"3V"挡，就从第二条刻度读数，若指针指在第二条刻度的"2"处，其实际测量值为 2V。以上举例说明，当量程开关选在哪个挡位，比如，1V 挡位，此时毫伏表可以测量外电路中电压的范围是 0～1V，满刻度的最大值也就是 1V。

当用该仪表去测量外电路中的电平值时，就从第三、四条刻度读数，读数方法是：量程数加上指针指示值，等于实际测量值。

3. 注意事项

(1) 仪器在通电之前，一定要将输入电缆的红黑鳄鱼夹相互短接。防止仪器在通电时因外界干扰信号通过输入电缆进入电路放大后，再进入表头将表针打弯。

(2) 当不知被测电路中电压值大小时，必须首先将毫伏表的量程开关置最高量程，然后根据表针所指的范围，采用递减法合理选挡。

(3) 若要测量高电压，输入端黑色鳄鱼夹必须接在"地"端。

(4) 测量前应短路调零。打开电源开关，将测试线（也称开路电缆）的红黑夹子夹在一起，将量程旋钮旋到 1mV 量程，指针应指在零位（有的毫伏表可通过面板上的调零电位器进行调零，凡面板无调零电位器的，内部设置的调零电位器已调好）。若指针不指在零位，应检查测试线是否断路或接触不良，及时更换测试线。

（5）交流毫伏表灵敏度较高，打开电源后，在较低量程时由于干扰信号（感应信号）的作用，指针会发生偏转，称为自起现象。所以在不测试信号时应将量程旋钮旋到较高量程挡，以防打弯指针。

（6）交流毫伏表接入被测电路时，其地端（黑夹子）应始终接在电路的地上（成为公共接地），以防干扰。

（7）交流毫伏表表盘刻度分为0～1和0～3两种刻度，量程旋钮切换量程分为逢一量程（1mV、10mV、0.1V…）和逢三量程（3mV、30mV、0.3V…），凡逢一的量程直接在0～1刻度线上读取数据，凡逢三的量程直接在0～3刻度线上读取数据，单位为该量程的单位，无需换算。

（8）使用前应先检查量程旋钮与量程标记是否一致，若错位会产生读数错误。

（9）交流毫伏表只能用来测量正弦交流信号的有效值，若测量非正弦交流信号要经过换算。

（10）注意：不可用万用表的交流电压挡代替交流毫伏表测量交流电压（万用表内阻较低，用于测量50Hz左右的工频电压）。

1-7　直流单臂电桥

一般用万用表测中值电阻，但测量值不够精确。在工程上要较准确测量中值电阻时，常用直流单臂电桥（也称惠斯登电桥）。该仪表适用于测量$1\sim10^6\,\Omega$的电阻值，其主要特点是灵敏度和测试精度都很高，而且使用方便。

1. 直流单臂电桥的结构和工作原理

直流单臂电桥由四个桥臂R_1、R_2、R_3、R_4，直流电源E，可调电阻R_0及检流计G组成，其中R_1为被测电阻R_X，R_2、R_3和R_4均为可调的已知电阻。调整这些可调的桥臂电阻使电桥平衡，此时$I_g=0$。则R_X可由下式求得

$$R_X = \frac{R_2}{R_3} \times R_4$$

式中，R_2、R_3为电桥的比例臂电阻，在电桥结构中，R_2和R_3之间的比例关系的改变是通过同轴波段开关来实现的；R_4为电桥的比较臂电阻，因为当比例臂被确定后，被测电阻R_X是与已知的可调标准电阻R_4进行比较而确定阻值的。

仪表的测试精度较高，主要是由已知的比例臂电阻和比较臂电阻的准确度所决定，其次是采用高灵敏度检流计作指零仪。

2. 直流单臂电桥的使用

以QJ型直流单臂电桥为例来说明它的使用。

（1）把电桥放平稳，断开电源和检流计按钮，进行机械调零，使检流计指针和零线重合。

（2）用万用表电流挡粗测被测电阻值，选取合理的比例臂，使电桥比较臂的4个读数盘都利用起来，以得到4个有效数值，保证测量精度。

（3）按选取的比例臂，调好比较臂电阻。

（4）将被测电阻R_X接入X1、X2接线柱，先按下电源按钮B，再按检流计按钮G，若检流计指针摆向"+"端，需增大比较臂电阻，若指针摆向"−"端，需减小比较臂电阻。

反复调节，直到指针指到零位为止。

（5）读出比较臂的电阻值再乘以倍率，即为被测电阻值。

（6）测量完毕后，先断开 G 钮，再断开 B 钮，拆除测量接线。

3. 注意事项

（1）正确选择比例臂，使比较臂的第一盘（×1000）上的读数不为 0，才能保证测量的准确度。

（2）为减少引线电阻带来的误差，被测电阻与测量端的连接导线要短而粗。还应注意各端钮是否拧紧，以避免接触不良引起电桥的不稳定。

（3）当电池电压不足时应立即更换，采用外接电源时应注意极性与电压额定值。

（4）被测物不能带电，对含有电容的元件应先放电 1min 后再进行测量。

1-8 示 波 器

示波器的种类、型号很多，功能也不同。数字电路实验中使用较多的是 20MHz 或者 40MHz 的双踪示波器。这些示波器的用法大同小异。本节不针对某一型号的示波器，只是从概念上介绍示波器在数字电路实验中的常用功能。图 1-8-1 所示为示波器面板。

1. 荧光屏

荧光屏是示波管的显示部分。屏上水平方向和垂直方向各有多条刻度线，指示出信号波形的电压和时间之间的关系。水平方向指示时间，垂直方向指示电压。水平方向分为 10 格，垂直方向分为 8 格，每格又分为 5 份。垂直方向标有 0%、10%、90%、100% 等标志，水平方向标有 10%、90% 标志，供测直流电平、交流信号幅度、延迟时间等参数使用。根据被测信号在屏幕上占的格数乘以适当的比例常数（V/div、TIME/div）能得出电压值与时间值。

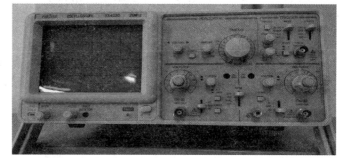

图 1-8-1 示波器面板

2. 示波管和电源系统

（1）电源（Power）：示波器主电源开关。当此开关按下时，电源指示灯亮，表示电源接通。

（2）辉度（Intensity）：旋转此旋钮能改变光点和扫描线的亮度。观察低频信号时辉度可小些，高频信号时可大些。一般光点和扫描线不应太亮，以保护荧光屏。

（3）聚焦（Focus）：聚焦旋钮调节电子束截面大小，将扫描线聚焦成最清晰状态。

（4）标尺亮度（Illuminance）：此旋钮调节荧光屏后面的照明灯亮度。正常室内光线下，照明灯暗一些好。室内光线不足的环境中，可适当调亮照明灯。

3. 垂直偏转因数和水平偏转因数

（1）垂直偏转因数选择（VOLTS/div）和微调。在单位输入信号作用下，光点在屏幕上偏移的距离称为偏移灵敏度，这一定义对 X 轴和 Y 轴都适用。灵敏度的倒数称为偏转因数。垂直灵敏度的单位是为 cm/V、cm/mV 或者 div/mV、div/V，垂直偏转因数的单位是 V/cm、mV/cm 或者 V/div、mV/div。实际上因习惯用法和测量电压读数的方便，有时也把偏转因数当灵敏度。

示波器中每个通道各有一个垂直偏转因数选择波段开关。一般按 1、2、5 方式从 5mV/div 到 5V/div 分为 10 挡。波段开关指示的值代表荧光屏上垂直方向一格的电压值。例如，波段开关置于 1V/div 挡时，如果屏幕上信号光点移动一格，则代表输入信号电压变化 1V。

每个波段开关上往往还有一个小旋钮，微调每挡垂直偏转因数。将它沿顺时针方向旋到底，处于"校准"位置，此时垂直偏转因数值与波段开关所指示的值一致；逆时针旋转此旋钮，能够微调垂直偏转因数。垂直偏转因数微调后，会造成与波段开关的指示值不一致，这点应引起注意。许多示波器具有垂直扩展功能，当微调旋钮被拉出时，垂直灵敏度扩大若干倍（偏转因数缩小若干倍）。例如，如果波段开关指示的偏转因数是 1V/div，采用 ×5 扩展状态时，垂直偏转因数是 0.2V/div。

在做数字电路实验时，在屏幕上被测信号的垂直移动距离与 +5V 信号的垂直移动距离之比常被用于判断被测信号的电压值。

（2）时基选择（TIME/div）和微调。时基选择和微调的使用方法与垂直偏转因数选择和微调类似。时基选择也通过一个波段开关实现，按 1、2、5 方式把时基分为若干挡。波段开关的指示值代表光点在水平方向移动一个格的时间值。例如在 1μS/div 挡，光点在屏上移动一格代表时间值 1μs。

"微调"旋钮用于时基校准和微调。沿顺时针方向旋到底处于校准位置时，屏幕上显示的时基值与波段开关所示的标称值一致；逆时针旋转旋钮，则对时基微调；旋钮拔出后处于扫描扩展状态，通常为 ×10 扩展，即水平灵敏度扩大 10 倍，时基缩小到 1/10。例如在 2μs/div 挡，扫描扩展状态下荧光屏上水平一格代表的时间值等于 2μs× (1/10) =0.2μs。TDS 实验台上有 10MHz、1MHz、500kHz、100kHz 的时钟信号，由石英晶体振荡器和分频器产生，准确度很高，可用来校准示波器的时基。

示波器的标准信号源 CAL，专门用于校准示波器的时基和垂直偏转因数。例如 YX4320 型示波器标准信号源提供一个 $V_{p-p}=2V$、$f=1kHz$ 的方波信号。

示波器前面板上的位移（Position）旋钮调节信号波形在荧光屏上的位置。旋转水平位移旋钮（标有水平双向箭头）左右移动信号波形，旋转垂直位移旋钮（标有垂直双向箭头）上下移动信号波形。

4. 输入通道和输入耦合选择

（1）输入通道选择。输入通道至少有通道 1（CH1）、通道 2（CH2）和双通道（DUAL）三种选择方式。选择通道 1 时，示波器仅显示通道 1 的信号。选择通道 2 时，示波器仅显示通道 2 的信号。选择双通道时，示波器同时显示通道 1 信号和通道 2 信号。测试信号时，首先要将示波器的地与被测电路的地连接在一起。根据输入通道的选择，将示波器探头插到相应通道插座上，示波器探头上的地与被测电路的地连接在一起，示波器探头接触被测点。示波器探头上有一双位开关：此开关拨到"×1"位置时，被测信号无衰减送到示波器，从荧光屏上读出的电压值是信号的实际电压值；此开关拨到"×10"位置时，被测信号衰减为 1/10，然后送往示波器，从荧光屏上读出的电压值乘以 10 才是信号的实际电压值。

（2）输入耦合方式。输入耦合方式有交流（AC）、地（GND）和直流（DC）三种选择。当选择"地"时，扫描线显示出"示波器地"在荧光屏上的位置。直流耦合用于测定信号直流绝对值和观测极低频信号。交流耦合用于观测交流和含有直流成分的交流信号。在数字电路实验中，一般选择"直流"方式，以便观测信号的绝对电压值。

5. 触发

当被测信号从 Y 轴输入后，一部分送到示波管的 Y 轴偏转板上，驱动光点在荧光屏上按比例沿垂直方向移动；另一部分分流到 X 轴偏转系统产生触发脉冲，触发扫描发生器，产生重复的锯齿波电压加到示波管的 X 偏转板上，使光点沿水平方向移动，两者合一，光点在荧光屏上描绘出的图形就是被测信号图形。由此可知，正确的触发方式直接影响到示波器的有效操作。为了在荧光屏上得到稳定的、清晰的信号波形，掌握基本的触发功能及其操作方法是十分重要的。

（1）触发源（Source）选择。要使屏幕上显示稳定的波形，则需将被测信号本身或者与被测信号有一定时间关系的触发信号加到触发电路。触发源选择确定触发信号由何处供给。通常有内触发（INT）、电源触发（LINE）和外触发（EXT）三种触发源。

内触发使用被测信号作为触发信号，是经常使用的一种触发方式。由于触发信号本身是被测信号的一部分，在屏幕上可以显示出非常稳定的波形。双踪示波器中通道 1 或者通道 2 都可以选作触发信号。

电源触发使用交流电源频率信号作为触发信号。这种方法在测量与交流电源频率有关的信号时是有效的。特别在测量音频电路、闸流管的低电平交流噪声时更为有效。

外触发使用外加信号作为触发信号，外加信号从外触发输入端输入。外触发信号与被测信号间应具有周期性的关系。由于被测信号没有用作触发信号，所以何时开始扫描与被测信号无关。

正确选择触发信号对波形显示的稳定、清晰有很大关系。例如在数字电路的测量中，对一个简单的周期信号而言，选择内触发可能好一些，而对于一个具有复杂周期的信号，且存在一个与它有周期关系的信号时，选用外触发可能更好。

（2）触发耦合（Coupling）方式选择。触发信号到触发电路的耦合方式有多种，目的是为了触发信号的稳定与可靠。这里介绍常用的几种。

AC 耦合又称电容耦合。它只允许用触发信号的交流分量触发，触发信号的直流分量被隔断。通常在不考虑 DC 分量时使用这种耦合方式，以形成稳定触发。但是如果触发信号的频率小于 10Hz，会造成触发困难。

直流耦合（DC）不隔断触发信号的直流分量。当触发信号的频率较低或者触发信号的占空比很大时，使用直流耦合较好。

低频抑制（LFR）触发时触发信号经过高通滤波器加到触发电路，触发信号的低频成分被抑制；高频抑制（HFR）触发时，触发信号通过低通滤波器加到触发电路，触发信号的高频成分被抑制。此外还有用于电视维修的电视同步（TV）触发。这些触发耦合方式各有自己的适用范围，需在使用中去体会。

（3）触发电平（Level）和触发极性（Slope）。触发电平调节又叫同步调节，它使得扫描与被测信号同步。电平调节旋钮调节触发信号的触发电平。一旦触发信号超过由旋钮设定的触发电平时，扫描即被触发。顺时针旋转旋钮，触发电平上升；逆时针旋转旋钮，触发电平下降。当电平旋钮调到电平锁定位置时，触发电平自动保持在触发信号的幅度之内，不需要电平调节就能产生一个稳定的触发。当信号波形复杂，用电平旋钮不能稳定触发时，用释抑（Hold Off）旋钮调节波形的释抑时间（扫描暂停时间），能使扫描与波形稳定同步。

极性开关用来选择触发信号的极性。拨在"+"位置上时，在信号增加的方向上，当触发信号超过触发电平时就产生触发。拨在"－"位置上时，在信号减少的方向上，当触发信号超过触发电平时就产生触发。触发极性和触发电平共同决定触发信号的触发点。

6. 扫描方式（Sweep Mode）

扫描有自动（Auto）、常态（Norm）和单次（Single）三种扫描方式。

(1) 自动：当无触发信号输入，或者触发信号频率低于 50Hz 时，扫描为自激方式。

(2) 常态：当无触发信号输入时，扫描处于准备状态，没有扫描线。触发信号到来后，触发扫描。

(3) 单次：单次按钮类似复位开关。单次扫描方式下，按单次按钮时扫描电路复位，此时准备好（Ready）灯亮。触发信号到来后产生一次扫描。单次扫描结束后，准备灯灭。单次扫描用于观测非周期信号或者单次瞬变信号，往往需要对波形拍照。

以上介绍了示波器的基本功能及操作。示波器还有一些更复杂的功能，如延迟扫描、触发延迟、X—Y 工作方式等，这里就不介绍了。示波器的入门操作很容易，真正熟练使用则要在应用中进行掌握。值得指出的是，示波器虽然功能较多，但许多情况下用其他仪器、仪表更好。例如，在数字电路实验中，判断一个脉宽较窄的单脉冲是否发生时，用逻辑笔就简单得多；测量单脉冲脉宽时，用逻辑分析仪更好一些。

7. 示波器面板功能键、钮的标示及作用

(1) POWER（电源开关）：接通或关断整机输入电源。

(2) FOCUS（聚焦）：常为套轴电位器，用于调整波形的清晰度。

(3) ROTATION（扫描轨迹旋转控制）：调整此旋钮可以使光迹和坐标水平线平行。

(4) ILLUM（坐标刻度照明）：用于照亮内刻度坐标。

(5) A/B INTEN（A/B 亮度控制）：通常为套轴电位器，作用是调节 A 和 B 扫描光迹的亮度。

(6) CAL 0.5Vp-p（校正信号输出）：提供 0.5Vp-p 且从 0 电平开始的正向方波电压，用于校正示波器。

(7) VOLTS/div（电压量程选择）：通常电压量程和幅度微调为套轴电位器，外调节旋钮是电压量程选择，转动此旋钮以改变电压量程。中间带开关的电位器为电压量程微调，顺时针旋到底为校正位置，逆时针调节为波形幅度，变化范围在电压量程两挡之间。

(8) CH1 和 CH2（输入信号插座）：为示波器提供输入信号。

(9) AC GND DC（输入耦合开关）：用于选择输入信号的耦合方式。

(10) GRIG SEL（内同步选择）：按下此键，以 CH1 和 CH2 分别作为内同步信号源。

(11) CH POL（信号倒相）：按下此键，输入信号倒相 180°。

(12) VERTICAL MODE（垂直工作方式选择）：分别按下 CH1、CH2、ALT、CO-HP、ADD、X—Y 键，屏幕显示依次为 CH1、CH2、CH1 和 CH2 交替、CH1 和 CH2 断续、CH1 和 CH2 代数和、CH1 垂直/CH2 水平等方式。

(13) POSITION（位移调节）：调节 CH1 和 CH2 输入信号 0 电平在屏幕的起始位置。

(14) UNCAL（不校正指示）：当 CH1 和 CH2 电压量程微调不在校正位置时，对应的不校正指示灯点亮。

(15) TIME（扫描时间调整）：外旋钮调节 A 扫描速度，内旋钮调节 B 扫描速度。

(16) B. VAR、TRACE SEP（B 扫描微调和 A/B 扫描轨迹分离）：一般情况下，涂有红色的旋钮为 B 扫描微调，提供连续可变的非校正 B 扫描速度。

(17) DELAY TIME（扫描延迟时间调节）：选择 A 和 B 扫描启动之间的延迟时间。

(18) POSITION（水平位移控制）：使显示波形作水平位移。

(19) SWEEP MODE（触发同步方式）：其中 AUTO 为自动触发，NORM 为常态触发，HF 为高频触发，SINGLE 为单扫描触发。

（20）LEVEL HOLD OFF：是电平调节触发同步后，使信号同步稳定的辅助调节器。

（21）TRIG'D（触发同步状态指示）：一旦扫描电路被触发同步后，指示灯点亮。

（22）SLOPE（斜率开关）：选择触发信号的斜率，开关置"＋"时，扫描以触发信号的正斜率触发；开关置"－"时，扫描以触发信号的负向斜率触发。

（23）COUPLING（触发耦合开关）：决定扫描触发源的耦合方式，其中 AC 为交流耦合、DC 为直流耦合、TV 为电视场/行同步耦合、HFREJ 为同步耦合。

（24）SOURCE（触发源选择开关）：INT 为 CH1 或 CH2 输入信号触发，LINE 为市电内电源触发，EXT 为外输入信号触发。

8．一般操作顺序

（1）首先获得基线：使用无使用说明书的示波器时，首先应调出一条很细的清晰水平基线，然后用探头进行测量，步骤如下：

1）预置面板各开关、旋钮。亮度置适中位置，聚焦和辅助聚焦置适中位置，垂直输入耦合置"AC"，垂直电压量程选择置适当挡位（如"5mV/div"），垂直工作方式选择置"CH1"，垂直灵敏度微调校正置"CAL"，垂直通道同步源选择置中间位置，垂直位置置中间，A 和 B 扫描时间均置适当挡位（如"0.5ms/div"），A 扫描时间微调置校准位置"CAL"，水平位移置中间，扫描工作方式置"A"，触发同步方式置"AUTO"，斜率开关置"＋"，触发耦合开关置"AC"，触发源选择置"INT"。

2）按下电源开关，电源指示灯亮。

3）调节 A 亮度聚焦等有关控制旋钮，可出现纤细明亮的扫描基线，调节基线使其位置于屏幕中间与水平坐标刻度基本重合。

4）调节轨迹旋转控制使基线与水平坐标平行。

（2）显示信号：一般示波器均有 0.5Vp-p 标准方波信号输出口，调妥基线后，即可将探头接入此插口，此时屏幕应显示一串方波信号，调节电压量程和扫描时间旋钮，方波的幅度和宽度应有变化，至此说明该示波器基本调整完毕，可以投入使用。

9．示波器探头使用技巧

一个示波器的探头很简单，使用中其实还是很有讲究的。

（1）带宽。带宽通常会在探头上写明，单位是兆赫。如果探头的带宽不够，示波器的带宽再高也无用。

（2）探头的阻抗匹配。探头在使用之前应该先对其阻抗匹配部分进行调节。通常在探头的靠近示波器一端有一个可调电容，有一些探头在靠近探针一端也具有可调电容，它们是用来调节示波器探头的阻抗匹配的。如果阻抗不匹配的话，测量到的波形将会变形。调节示波器探头阻抗匹配的方法如下：首先将示波器的输入选择打在 GND 上，然后调节 Y 轴位移旋钮使扫描线出现在示波器的中间。检查这时的扫描线是否水平（即是否跟示波器的水平中线重合），如果不是，则需要调节水平平衡旋钮（通常模拟示波器有这个调节端子，在小孔中，需要用螺丝刀伸进去调节）。然后，再将示波器的输入选择打到直流耦合上，并将示波器探头接在示波器的测试信号输出端上（一般示波器都带有这输出端子，通常是 1kHz 的方波信号），调节扫描时间旋钮，使波形能够显示 2 个周期左右。调节 Y 轴增益旋钮，使波形的峰—峰值在 1/2 屏幕宽度左右。最后观察方波的上、下两边，看是否水平，如果出现过冲、倾斜等现象，则说明需要调节探头上的匹配电容。用小螺丝刀调节匹配电容，直到上下两边的波形都水平，没有过冲为止。

（3）示波器上还有一个选择量程的小开关：×10 和×1。当选择×1 挡时，信号是没经衰减进入示波器的；而选择×10 挡时，信号是经过衰减到 1/10 再到示波器的。因此，当使用示波器的×10 挡时，应该将示波器上的读数扩大 10 倍（有些示波器，在示波器端可选择×10 挡，以配合探头使用，这样在示波器端也设置为×10 挡后，直接读数即可）。当要测量较高电压时，就可以利用探头的×10 挡功能，将较高电压衰减后进入示波器。另外，×10 挡的输入阻抗比×1 挡要高得多，所以在测试驱动能力较弱的信号波形时，把探头打到×10 挡可更好地进行测量。

（4）示波器探头在使用时，要保证地线夹子接地可靠。如果发现示波器上出现了一个幅度很强的 50Hz 信号（我国市电频率为 50Hz，国外有 60Hz 的），这时就要注意是否是探头的地线没连好。因为示波器探头经常使用，可能会导致地线断路。检测方法是：将示波器调节到合适的扫描频率和 Y 轴增益，然后用手触摸探头中间的探针，这时应该能看到波形，通常是一个 50Hz 的信号。如果这时没有波形，可以检查是否是探头中间的信号线已经损坏。然后，将示波器探头的地线夹子夹到探头的探针（或者是钩子）上，再用手触摸探头的探针，这时应该看不到刚刚的信号（或者幅度很微弱），这就说明探头的地线是好的，否则地线已经损坏。

1-9　常用仪器使用注意事项

每一台电子仪器都有规定的操作规程和使用方法，使用者必须严格遵守。一般电子仪器在使用前后及使用过程中，都应注意以下几个方面。

1. 仪器开机前注意事项

（1）在开机通电前，应检查仪器设备的工作电压与电源电压是否相同。

（2）在开机通电前，应检查仪器面板上各开关、旋钮、接线柱、插孔等是否松动或滑位，如发生这些现象，应加以紧固或整位，以防止因此而牵断仪器内部连线，造成断开、短路以及接触不良等人为故障。

（3）在开机通电时，应检查电子仪器的接"地"情况是否良好。

2. 仪器开机时注意事项

（1）在仪器开机通电时，应使仪器预热 3～5min，待仪器稳定后再行使用。

（2）在开机通电时，应注意检查仪器的工作情况，即眼看、耳听、鼻闻以及检查有无不正常现象。如发现仪器内部有响声、臭味、冒烟等异常现象，应立即切断电源，在尚未查明原因之前，应禁止再次通电，以免扩大故障。

（3）在开机通电时，如发现仪器的熔丝烧断，应更换相同容量的熔断器。如第二次开机通电又烧断熔断器，应立即检查，不应第三次调换熔断器通电，更不应该随便加大熔断器容量，否则导致仪器内部故障扩大，造成严重损坏。

3. 仪器使用过程中注意事项

（1）仪器使用过程中，对于面板上各种旋钮、开关的作用及正确使用方法，必须予以了解。对旋钮、开关的扳动和调节，应缓慢稳妥，不可猛扳猛转，以免造成松动、滑位、断裂等人为故障。对于输出、输入电缆的插接，应握住套管操作，不应直接用力拉扯电缆线，以免拉断内部导线。

（2）信号发生器的输出端不应直接连到直流电压电路上，以免损坏仪器。对于功率较大的电子仪器，二次开机时间间隔要长，不应关机后马上二次开机，否则会烧断熔丝。

（3）使用仪器测试时，应先连接"低电位"端（地线），后连接"高电位"端。反之，测试完毕应先拆除"高电位"端，后拆除"低电位"端。否则，会导致仪器过负荷，甚至损坏仪表。

4. 仪器使用后注意事项

（1）仪器使用完毕，应切断仪器电源开关。

（2）仪器使用完毕，应整理好仪器零件，以免散失或错配而影响以后使用。

（3）仪器使用完毕，应盖好仪器罩布，以免沾积灰尘。

5. 示波器使用时的注意事项

（1）荧光屏上光点（扫描线）的亮度不可调得过亮，并且不可将光点（或亮线）固定在荧光屏上某一点时间过久，以免损坏荧光屏。

（2）示波器上所有开关及旋钮都有一定的调节限度，调节时不能用力太猛。

（3）双踪示波器的两路输入端 Y1、Y2 有一公共接地端，同时使用 Y1 和 Y2 接线时应防止将外电路短路。

1-10 常用电工工具的使用

1. 试电笔

试电笔使用时，必须手指触及笔尾的金属部分，并使氖管小窗背光且朝自己，以便观测氖管的亮暗程度，防止因光线太强造成误判断，其使用方法如图 1-10-1 所示。

当用试电笔测试带电体时，电流经带电体、电笔、人体及大地形成通电回路，只要带电体与大地之间的电位差超过 60V，电笔中的氖管就会发光。低压验电器检测的电压范围为 60～500V。

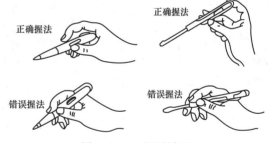

图 1-10-1 试电笔握法

注意事项：

（1）使用前，必须在有电源处对验电器进行测试，以证明该验电器确实良好，方可使用。

（2）验电时，应使验电器逐渐靠近被测物体，直至氖管发亮，不可直接接触被测体。

（3）验电时，手指必须触及笔尾的金属体，否则带电体也会误判为非带电体。

（4）验电时，要防止手指触及笔尖的金属部分，以免造成触电事故。

2. 电工刀

电工刀不得用于带电作业，以免触电。使用电工刀时，应将刀口朝外剖削，并注意避免伤及手指；剖削导线绝缘层时，应使刀面与导线成较小的锐角，以免割伤导线。

使用完毕，随即将刀身折进刀柄。

3. 螺丝刀

使用螺丝刀时，若螺丝刀较大，除大拇指、食指和中指要夹住握柄外，手掌还要顶住柄的末端以防施转时滑脱；若螺丝刀较小，用大拇指和中指夹着握柄，同时用食指顶住柄的末端用力旋动。若螺丝刀较长，用右手压紧手柄并转动，同时左手握住起子的中间部分（不可放在螺钉周围，以免将手划伤），以防止起子滑脱。

注意事项：

（1）带电作业时，手不可触及螺丝刀的金属杆，以免发生触电事故。

（2）作为电工，不应使用金属杆直通握柄顶部的螺丝刀。

（3）为防止金属杆触到人体或邻近带电体，金属杆应套上绝缘管。

4. 钢丝钳

钢丝钳在电工作业时，用途广泛。其钳口可用来弯绞或钳夹导线线头；齿口可用来紧固或起松螺母；刀口可用来剪切导线或钳削导线绝缘层；侧口可用来铡切导线线芯、钢丝等较硬线材。钢丝钳各用途的使用方法如图1-10-2所示。

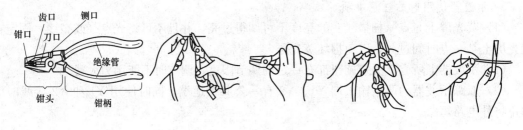

图1-10-2　钢丝钳各用途的使用方法

注意事项：

（1）使用前，检查钢丝钳的绝缘是否良好，以免带电作业时造成触电事故。

（2）在带电剪切导线时，不得用刀口同时剪切不同电位的两根线（如相线与中性线、相线与相线等），以免发生短路事故。

5. 尖嘴钳

尖嘴钳因其头部尖细（见图1-10-3），适用于在狭小的工作空间操作。尖嘴钳可用来剪断较细小的导线，可用来夹持较小的螺钉、螺帽、垫圈、导线等，也可用来对单股导线整形（如平直、弯曲等）。若使用尖嘴钳带电作业，应检查其绝缘是否良好，并在作业时金属部分不要触及人体或邻近的带电体。

6. 斜口钳

斜口钳专用于剪断各种电线电缆，如图1-10-4所示。对粗细不同、硬度不同的材料，应选用大小合适的斜口钳。

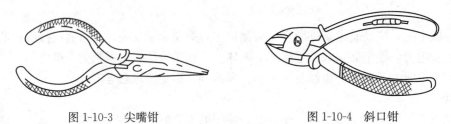

图1-10-3　尖嘴钳　　　　　　　　图1-10-4　斜口钳

7. 剥线钳

剥线钳是专用于剥削较细小导线绝缘层的工具。使用剥线钳剥削导线绝缘层时，先将要剥削的绝缘长度用标尺定好，然后将导线放入相应的刀口中（比导线直径稍大），再用手将钳柄一握，导线的绝缘层即被剥离。

8. 电烙铁

焊接前，一般要把焊头的氧化层除去，并用焊剂进行上锡处理，使得焊头的前端经常保持一层薄锡，以防止氧化、减少能耗、并使导热良好。电烙铁的握法没有统一的要求，以不易疲劳、操作方便为原则，一般有笔握法和拳握法两种，如图1-10-5（b）、（c）所示。用电烙铁焊接导线时，必须使用焊料和焊剂。焊料一般为丝状焊锡或纯锡，常见的焊剂有松香、焊膏等。

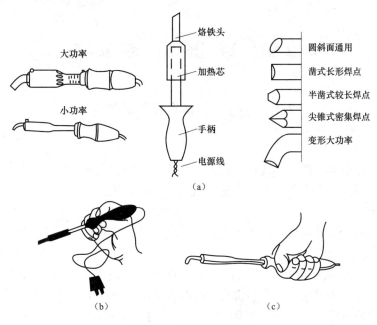

图 1-10-5　电烙铁的结构及握法
（a）结构；（b）笔握法；（c）拳握法

　　对焊接的基本要求是：焊点必须牢固，锡液必须充分渗透，焊点表面光滑有泽，应防止出现"虚焊"、"夹生焊"。产生"虚焊"的原因是：因为焊件表面未清除干净或焊剂太少，使得焊锡不能充分流动，造成焊件表面挂锡太少，焊件之间未能充分固定。造成"夹生焊"的原因是：因为电烙铁温度低或焊接时电烙铁停留时间太短，使得焊锡未能充分熔化。

　　注意事项：
　　（1）使用前应检查电源线是否良好，有无被烫伤。
　　（2）焊接电子类元件（特别是集成块）时，应采用防漏电等安全措施。
　　（3）当焊头因氧化而不"吃锡"时，不可硬烧。
　　（4）当焊头上锡较多不便焊接时，不可甩锡，不可敲击。
　　（5）焊接较小元件时，时间不宜过长，以免因热损坏元件或绝缘。
　　（6）焊接完毕，应拔去电源插头，将电烙铁置于金属支架上，防止烫伤或火灾的发生。

第2章 直流电路实验

2-1 电阻元件伏安特性的测定

1. 实验目的
(1) 掌握线性电阻元件、非线性电阻元件伏安特性的逐点测试法。
(2) 学习恒压源、直流电压表、直流电流表的使用方法。

2. 实验原理
任一二端电阻元件的特性可用该元件上的端电压 U 与通过该元件的电流 I 之间的函数关系 $U=f(I)$ 来表示,即用 U—I 平面上的一条曲线来表征,这条曲线称为该电阻元件的伏安特性曲线。根据伏安特性的不同,电阻元件分为线性电阻和非线性电阻两大类。如图 2-1-1 (a) 所示,线性电阻元件的伏安特性曲线是一条通过坐标原点的直线,该直线的斜率只由电阻元件的电阻值 R 决定,其阻值为常数,与元件两端的电压 U 和通过该元件的电流 I 无关。非线性电阻元件的伏安特性是一条经过坐标原点的曲线,其阻值 R 不是常数,即在不同的电压作用下,电阻值是不同的。常见的非线性电阻元件如白炽灯泡、普通二极管、稳压二极管等,它们的伏安特性如图 2-1-1 (b)、(c)、(d) 所示。在图 2-1-1 中,$U>0$ 的部分为正向特性,$U<0$ 的部分为反向特性。

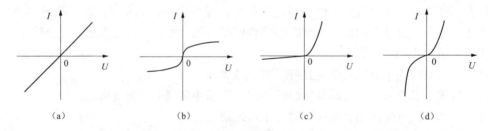

图 2-1-1 电阻元件伏安特性曲线

(a) 线性电阻;(b) 白炽灯泡;(c) 普通二极管;(d) 稳压二极管

绘制伏安特性曲线通常采用逐点测试法,即电阻元件在不同的端电压作用下,测量出相应的电流,然后逐点绘制出伏安特性曲线,根据伏安特性曲线便可计算其电阻值。

3. 实验设备
(1) 直流数字电压表、直流数字电流表。
(2) 恒压源(双路 0~30V 可调)。

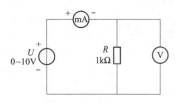

图 2-1-2 线性电阻的伏安
特性测试电路

4. 实验内容
(1) 线性电阻元件的伏安特性。线性电阻元件的伏安特性测试电路如图 2-1-2 所示。图中的电源选用恒压源的可调稳压输出端,通过直流数字毫安表与 $R=1\text{k}\Omega$ 的线性电阻相连,电阻两端的电压用直流数字电压表测量。

调节恒压源可调稳压电源的输出电压 U,从 0 开始缓慢地增加(不能超过 10V),电压表和电流表的读数记入表 2-1-1 中。

（2）6.3V 白炽灯泡的伏安特性。将图 2-1-2 中的 1kΩ 线性电阻换成一只 6.3V 白炽灯泡，重复（1）的步骤，电压不能超过 6.3V，电压表和电流表的读数记入表 2-1-2 中。

表 2-1-1　　　线性电阻伏安特性数据

U (V)	0	2	4	6	8	10
I (mA)						

表 2-1-2　　　6.3V 白炽灯泡伏安特性数据

U (V)	0	1	2	3	4	5	6.3
I (mA)							

（3）半导体二极管的伏安特性。半导体二极管的伏安特性测试电路如图 2-1-3 所示，R 为限流电阻，取 200Ω（十进制可变电阻箱），二极管的型号为 1N4007。测二极管的正向特性时，其正向电流不得超过 25mA，二极管 VD 的正向压降可在 0～0.73V 之间取值，特别是在 0.5～0.73V 之间应取几个测量点。测反向特性时，将可调稳压电源的输出端正、负连线互换，调节可调稳压电源的输出电压 U，从 0 开始缓慢地减小（不能小于−30V），将读数分别记入表 2-1-3 和表 2-1-4 中。

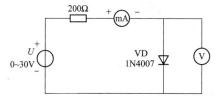

图 2-1-3　半导体二极管的伏安特性测试电路

表 2-1-3　　　　　　　　　　　二极管正向特性实验数据

U (V)	0	0.2	0.4	0.45	0.5	0.55	0.60	0.65	0.70	0.73
I (mA)										

表 2-1-4　　二极管反向特性实验数据

U (V)	0	−5	−10	−15	−20	−25
I (mA)						

（4）稳压管的伏安特性。将图 2-1-3 中的二极管 1N4007 换成稳压管 2CW51，重复（3）的步骤测量，其正、反向电流不得超过±20mA，将读数分别记入表 2-1-5 和表 2-1-6 中。

表 2-1-5　　　　　　　　　　　稳压管正向特性实验数据

U (V)	0	0.2	0.4	0.45	0.5	0.55	0.60	0.65	0.70	0.75
I (mA)										

表 2-1-6　　　　　　　　　　　稳压管反向特性实验数据

U (V)	0	−1	−1.5	−2.0	−2.5	−2.8	−3	−3.2	−3.5	−3.55
I (mA)										

5. 实验注意事项

（1）测量时，可调稳压电源的输出电压由 0 缓慢逐渐增加，应时刻注意电压表和电流表的读数，不能超过规定值。

（2）稳压电源输出端切勿碰线短路。

（3）测量中，随时注意电流表读数，及时更换电流表量程，勿使仪表超量程。

6. 思考题

（1）线性电阻元件与非线性电阻元件的伏安特性有何区别？它们的电阻值与通过的电流有无关系？

（2）如何计算线性电阻元件与非线性电阻元件的电阻值？

（3）请举例说明哪些元件是线性电阻元件，哪些元件是非线性电阻元件，它们的伏安特性曲线分别是什么形状。

（4）设某电阻元件的伏安特性函数式为 $I = f(U)$，如何用逐点测试法绘制出其伏安特性曲线？

7. 实验报告要求

（1）根据实验数据，分别在方格纸上绘制出各电阻元件的伏安特性曲线。

（2）根据伏安特性曲线，计算线性电阻元件的电阻值，并与实际电阻值进行比较。

（3）根据伏安特性曲线，计算白炽灯泡在额定电压（6.3V）时的电阻值；当电压降低20％时，其阻值又为多少？

2-2　未知电阻元件伏安特性的测定

1．实验目的

（1）掌握线性电阻元件、非线性电阻元件伏安特性的逐点测试法。

（2）学会应用伏安法识别常用电阻元件的类型。

（3）掌握直流恒压电源、直流电压表、直流电流表的使用方法。

2．实验原理

识别常用电阻元件的类型，首先是采用逐点测试法绘制它们的伏安特性曲线，然后根据伏安特性曲线的形状，便可判断出未知电阻元件的类型，并且根据伏安特性曲线可以计算它们的电阻值。

3．实验设备

（1）直流数字电压表、直流数字电流表。

（2）恒压源（双路 0～30V 可调）。

（3）未知电阻元件箱一个。

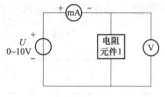

图 2-2-1　电阻元件 1 伏安
特性测定电路

4．实验任务

（1）电阻元件 1 的伏安特性。电阻元件 1 伏安特性测定电路如图 2-2-1 所示。图中的电源选用恒压源的可调稳压电源输出端，通过直流数字毫安表与电阻元件 1 相连，电阻元件 1 两端的电压用直流数字电压表测量。

正向特性：调节可调稳压电源的输出电压 U，从 0 开始缓慢地增加（不能超过 10V），在表 2-2-1 中记录相应的电压表和电流表的读数，电流限制在 100mA 以内。

反向特性：将可调稳压电源的输出端正、负连线互换，调节可调稳压电源的输出电压 U，从 0 开始缓慢地减小（不能小于 −10V），在表 2-2-1 中记录电压表和电流表的读数，电流限制在 100mA 以内。

表 2-2-1　　　电阻元件 1 伏安特性数据

U (V)			0		
I (mA)			0		

（2）电阻元件 2～5 的伏安特性。将图 2-2-1 中的电阻元件 1 分别换成电阻元件 2～5，重复（1）的步骤，电压表和电流表的读数记入表 2-2-2 中。

表 2-2-2　　　　　　　　　　　电阻元件 2～5 伏安特性数据

电阻元件 2	U (V)			0				
	I (mA)			0				
电阻元件 3	U (V)			0				
	I (mA)			0				
电阻元件 4	U (V)			0				
	I (mA)			0				
电阻元件 5	U (V)			0				
	I (mA)			0				

5. 实验注意事项

（1）测量时，可调稳压电源的输出电压由 0 缓慢逐渐增加，应时刻注意电压表不能超过 $\pm 10\text{V}$，电流表不能超过 $\pm 100\text{mA}$。

（2）稳压电源输出端切勿碰线短路。

（3）测量中，随时注意电流表的读数，及时更换电流表量程，勿使仪表超量程。

6. 思考题

（1）线性电阻元件与非线性电阻元件的伏安特性有何区别？它们的电阻值如何计算？

（2）如何用实验方法识别未知电阻元件的类型？

7. 实验报告要求

（1）根据实验数据，分别在方格纸上绘制出各电阻元件的伏安特性曲线，并说明它们是什么类型的电阻元件。

（2）根据绘制的伏安特性曲线，计算线性电阻元件的电阻值，以及二极管正向电压为 0.7V 和 0.4V 时的电阻值。

（3）根据绘制的伏安特性曲线，说明几种非线性电阻元件的正向特性和反向特性的形状有何异同。

2-3　叠 加 定 理

1. 实验目的

（1）验证叠加原理。

（2）了解叠加原理的应用场合。

（3）理解线性电路的叠加性和齐次性。

2. 实验原理

叠加原理指出：在有几个独立电源共同作用下的线性电路中，通过每一个元件的电流或其两端的电压，可以看成是由每一个独立源单独作用时在该元件上所产生的电流或电压的代数和。具体方法是：一个独立电源单独作用时，其他的独立电源必须去掉（电压源短路，电流源开路）；在求电流或电压的代数和时，当独立电源单独作用时电流或电压的参考方向与独立电源共同作用时的参考方向一致时，符号取正，否则取负。在图 2-3-1 所示叠加原理原理图中有

$$I_1 = I_1' - I_1'', \quad I_2 = -I_2' + I_2'', \quad I_3 = I_3' + I_3'', \quad U = U' + U''$$

叠加原理反映了线性电路的叠加性。线性电路的齐次性是指当激励信号（如电源作用）增加或减小 K 倍时，电路的响应（即在电路其他各电阻元件上所产生的电流和电压值）也将增加或减小 K 倍。叠加性和齐次性都只适用于求解线性电路中的电流、电压。对于非线性电路，叠加性和齐次性都不适用。

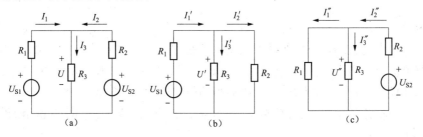

图 2-3-1　叠加原理原理图

（a）共同作用；（b）U_{S1} 电源单独作用；（c）U_{S2} 电源单独作用

3．实验设备

（1）直流数字电压表、直流数字毫安表。

（2）恒压源（双路0～30V可调）。

（3）叠加原理实验板一块。

4．实验内容

叠加原理实验电路如图2-3-2所示，图中，$R_1=R_3=R_4=510\Omega$，$R_2=1k\Omega$，$R_5=330\Omega$，电源U_{S1}是将0～+30V恒压源一路的输出电压调至+12V，U_{S2}是将0～+30V恒压源另一路的输出电压调至+6V（以直流数字电压表读数为准）的电压，将开关S3投向R_5侧。

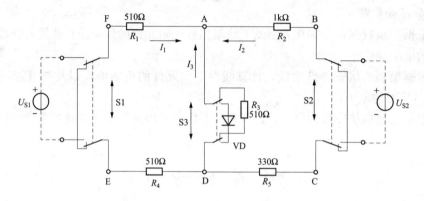

图2-3-2　叠加原理实验电路

（1）U_{S1}电源单独作用（将开关S1投向U_{S1}侧，开关S2投向短路侧），参考图2-3-1（b）画出电路图，标明各电流、电压的参考方向。

用直流数字毫安表接电流插头测量各支路电流：将电流插头的红接线端插入数字毫安表的红（正）接线端，电流插头的黑接线端插入数字毫安表的黑（负）接线端，测量各支路电流（按规定，在结点A，电流表读数为"＋"，表示电流流出结点；读数为"－"，表示电流流入结点），然后根据电路中的电流参考方向，确定各支路电流的正、负号，并将数据记入表2-3-1中。

表2-3-1					实 验 数 据 一					
测量项目 实验内容	U_{S1} (V)	U_{S2} (V)	I_1 (mA)	I_2 (mA)	I_3 (mA)	U_{AB} (V)	U_{CD} (V)	U_{AD} (V)	U_{DE} (V)	U_{FA} (V)
U_{S1}单独作用	12	0								
U_{S2}单独作用	0	6								
U_{S1}、U_{S2}共同作用	12	6								
U_{S2}单独作用	0	12								

用直流数字电压表测量各电阻元件两端电压：电压表的红（正）接线端应插入被测电阻元件电压参考方向的正端，电压表的黑（负）接线端插入电阻元件的另一端（电阻元件电压参考方向与电流参考方向一致），将各电阻元件两端的测量电压值记入表2-3-1中。

（2）U_{S2}电源单独作用（将开关S1投向短路侧，开关S2投向U_{S2}侧），参考图2-3-1（c）画出电路图，标明各电流、电压的参考方向，重复步骤（1）的测量并将数据记入表格2-3-1中。

（3）U_{S1}和U_{S2}共同作用时（开关S1和S2分别投向U_{S1}和U_{S2}侧），参考图2-3-1（a）画出

各电流、电压的参考方向，见图 2-3-2。完成上述电流、电压的测量并将数据记入表格 2-3-1 中。

（4）将 U_{S2} 的数值调至＋12V，重复（2）的测量，并将数据记录在表 2-3-1 中。

（5）将开关 S3 投向二极管 VD 侧，即电阻 R_5 换成一只二极管 IN4007，重复步骤（1）～（4）的测量过程，并将数据记入表 2-3-2 中。

表 2-3-2　　　　　　　　　　　　　　实　验　数　据　二

测量项目 实验内容	U_{S1} (V)	U_{S2} (V)	I_1 (mA)	I_2 (mA)	I_3 (mA)	U_{AB} (V)	U_{CD} (V)	U_{AD} (V)	U_{DE} (V)	U_{FA} (V)
U_{S1} 单独作用	12	0								
U_{S2} 单独作用	0	6								
U_{S1}、U_{S2} 共同作用	12	6								
U_{S2} 单独作用	0	12								

5. 实验注意事项

（1）用电流插头测量各支路电流时，应注意仪表的极性及数据表格中＋、－号的记录。

（2）注意仪表量程的及时更换。

（3）独立电源单独作用时，去掉另一个电压源，只能在实验板上用开关 S1 或 S2 操作，而不能直接将电源短路。

6. 思考题

（1）叠加原理中 U_{S1}、U_{S2} 分别单独作用，在实验中应如何操作？可否将要去掉的电源（U_{S1} 或 U_{S2}）直接短接？

（2）实验电路中，若有一个电阻元件改为二极管，叠加性与齐次性还成立吗？为什么？

7. 实验报告要求

（1）根据表 2-3-1 的实验数据，通过求各支路电流和各电阻元件两端电压，验证线性电路的叠加性与齐次性。

（2）各电阻元件所消耗的功率能否用叠加原理计算得出？试用表 2-3-1、表 2-3-2 实验数据计算并说明。

（3）根据表 2-3-1 的实验数据，当 $U_{S1}=U_{S2}=12V$ 时，用叠加原理计算各支路电流和各电阻元件两端电压。

（4）根据表 2-3-2 的实验数据，说明叠加性与齐次性是否适用该实验电路。

2-4　电压源、电流源及其电源等效变换的研究

1. 实验目的

（1）掌握建立电源模型的方法。

（2）掌握电源外特性的测试方法。

（3）加深对电压源和电流源特性的理解。

（4）研究电源模型等效变换的条件。

2. 实验原理

（1）电压源和电流源。电压源具有端电压保持恒定不变，而输出电流的大小由负载决定的特性。其外特性，即端电压 U 与输出电流 I 的关系 $U=f(I)$ 是一条平行于 I 轴的直线。实验中使用的恒压源在规定的电流范围内，具有很小的内阻，可以将它视为一个电压源。

电流源具有输出电流保持恒定不变，而端电压的大小由负载决定的特性。其外特性，即输出电流 I 与端电压 U 的关系 $I = f(U)$ 是一条平行于 U 轴的直线。实验中使用的恒流源在规定的电流范围内，具有极大的内阻，可以将它视为一个电流源。

（2）实际电压源和实际电流源。实际上任何电源内部都存在电阻，通常称为内阻。因而，实际电压源可以用一个内阻 R_S 和电压源 U_S 串联表示，其端电压 U 随输出电流 I 的增大而降低。在实验中，可以用一个小阻值的电阻与恒压源相串联来模拟一个实际电压源。

实际电流源是用一个内阻 R_S 和电流源 I_S 并联表示，其输出电流 I 随端电压 U 的增大而减小。在实验中，可以用一个大阻值的电阻与恒流源相并联来模拟一个实际电流源。

（3）实际电压源和实际电流源的等效互换。一个实际的电源，就其外部特性而言，既可以看成是一个电压源，又可以看成是一个电流源。若它们向同样大小的负载供出同样大小的电流和端电压，则称这两个电源是等效的，即具有相同的外特性。

实际电压源与实际电流源等效变换的条件为：

1）实际电压源与实际电流源的内阻均为 R_S。

2）已知实际电压源的参数为 U_S 和 R_S，则实际电流源的参数为 $I_S = U_S/R_S$ 和 R_S，若已知实际电流源的参数为 I_S 和 R_S，则实际电压源的参数为 $U_S = I_S R_S$ 和 R_S。

3. 实验设备

（1）直流数字电压表、直流数字毫安表。

（2）恒压源（双路 0～30V 可调）。

（3）恒源流（0～500mA 可调）。

4. 实验内容

（1）电压源（恒压源）与实际电压源的外特性。电压源（恒压源）的外特性测定电路如图 2-4-1 所示。图中的电源 U_S 是将 0～+30V 恒压源其中一路的输出电压调至 +6V，R_1 取 200Ω 的固定电阻，RP 取 470Ω 的电位器。调节电位器 RP，令其阻值由大至小变化，将电流表、电压表的读数记入表 2-4-1 中。

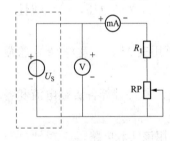

图 2-4-1 电压源（恒压源）
的外特性测定电路

表 2-4-1 电压源外特性数据

I（mA）								
U（V）								

在图 2-4-1 电路中，将电压源改成实际电压源，如图 2-4-2 所示。图中内阻 R_S 取 51Ω 的固定电阻，调节电位器 RP，令其阻值由大至小变化，将电流表、电压表的读数记入表 2-4-2 中。

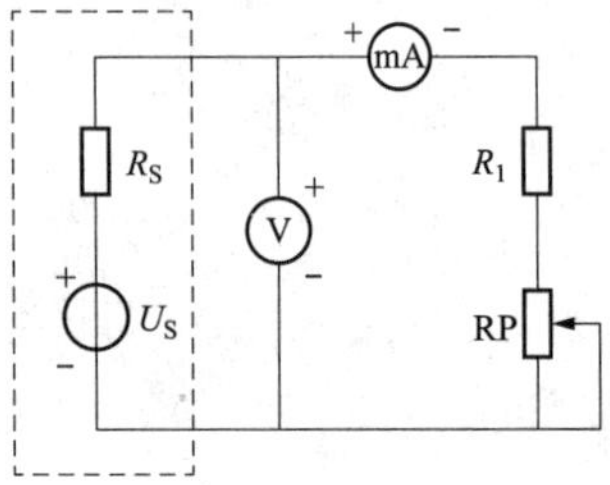

表 2-4-2 实际电压源外特性数据

I（mA）								
U（V）								

图 2-4-2 实际电压源

（2）电流源（恒流源）与实际电流源的外特性。电流源（恒流源）的外特性测定电路如图 2-4-3 所示。图中 I_S 为恒流源，调节其为 5mA（用毫安表测量），RP 取 470Ω 的电位器，在 R_S 分别为 1kΩ 和 ∞ 两种情况下，调节电位器 RP，令其阻值由大至小变化，将电流表、电压表的读数记入自拟的数据表格中。

(3) 研究电源等效变换的条件。电源等效变换电路如图 2-4-4 所示。图 2-4-4（a）、（b）中的内阻 R_S 均为 51Ω，负载电阻 R 均为 200Ω。

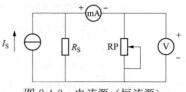

图 2-4-3　电流源（恒流源）的外特性测定电路

在图 2-4-4（a）中，将恒压源其中输出一路调至 +6V 作为 U_S，记录该图中电流表、电压表的读数；然后调节图 2-4-4（b）电路中恒流源 I_S，令两表的读数与图 2-4-4（a）的数值相等，记录这时的 I_S 值，验证等效变换条件的正确性。

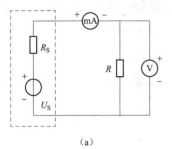 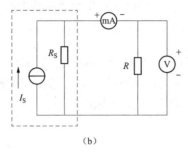

（a）　　　　　　　　　　　　（b）

图 2-4-4　电源等效变换电路

（a）实际电压源等效电路；（b）实际电流源等效电路

5. 实验注意事项

(1) 在测电压源外特性时，不要忘记测空载（$I=0$）时的电压值；测电流源外特性时，不要忘记测短路（$U=0$）时的电流值，注意恒流源负载电压不可超过 20V，负载更不可开路。

(2) 换接线路时，必须关闭电源开关。

(3) 直流仪表的接入应注意极性与量程。

6. 思考题

(1) 电压源的输出端为什么不允许短路？电流源的输出端为什么不允许开路？

(2) 说明电压源和电流源的特性，其输出是否在任何负载下能保持恒值。

(3) 实际电压源与实际电流源的外特性为什么呈下降变化趋势，下降的快慢受哪个参数影响？

(4) 实际电压源与实际电流源等效变换的条件是什么？所谓"等效"是对什么而言的？电压源与电流源能否等效变换？

7. 实验报告要求

(1) 根据实验数据绘出电源的四条外特性，并总结、归纳两类电源的特性。

(2) 根据实验结果验证电源等效变换的条件。

2-5　戴 维 宁 定 理

1. 实验目的

(1) 验证戴维宁定理的正确性，加深对该定理的理解。

(2) 掌握测量有源二端网络等效参数的一般方法。

2. 实验原理

(1) 戴维宁定理。戴维宁定理：任何一个有源二端网络，总可以用一个电压源 U_S 和一个电阻 R_0 串联组成的实际电压源来代替，其中，电压源 U_S 等于这个有源二端网络的开路电压 U_{oc}，内阻 R_0 等于该网络中所有独立电源均置零（电压源短路，电流源开路）后的等效电阻 R_0。

U_S、R_0 和 I_S、R_0 称为有源二端网络的等效参数。

(2) 有源二端网络等效参数的测量方法。

1）开路电压、短路电流法。在有源二端网络输出端开路时，用电压表直接测其输出端的开路电压 U_{oc}，然后再将其输出端短路，测其短路电流 I_{sc}，则内阻为

$$R_0 = \frac{U_{oc}}{I_{sc}}$$

若有源二端网络的内阻值很低，则不宜测其短路电流。

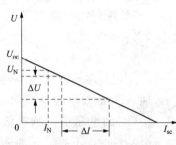

图 2-5-1　有源二端网络的外特性曲线

2）伏安法。一种方法是用电压表、电流表测定有源二端网络的外特性曲线，如图 2-5-1 所示。开路电压为 U_{oc}，根据外特性曲线求出斜率 $\tan\varphi$，则内阻为

$$R_0 = \tan\varphi = \frac{\Delta U}{\Delta I}$$

另一种方法是测量有源二端网络的开路电压 U_{oc}，以及额定电流 I_N 和对应的输出端额定电压 U_N，如图 2-5-1 所示，则内阻为

$$R_0 = \frac{U_{oc} - U_N}{I_N}$$

3）半电压法。半电压法测量原理如图 2-5-2 所示。当负载电压为被测网络开路电压 U_{oc} 一半时，负载电阻 R_L 的大小（由电阻箱的读数确定）即为被测有源二端网络的等效内阻 R_0 的数值。

4）零示法。在测量具有高内阻有源二端网络的开路电压时，用电压表进行直接测量会造成较大的误差，为了消除电压表内阻的影响，往往采用零示法。零示法测量原理如图 2-5-3 所示。零示法是用一低内阻的恒压源与被测有源二端网络进行比较，当恒压源的输出电压与有源二端网络的开路电压相等时，电压表的读数将为 0，然后将电路断开，测量此时恒压源的输出电压 U，即为被测有源二端网络的开路电压。

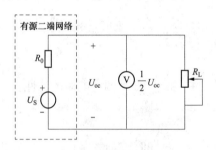

图 2-5-2　半电压法测量原理图

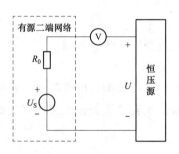

图 2-5-3　零示法测量原理图

3. 实验设备

（1）直流数字电压表、直流数字毫安表。

（2）恒压源（双路 0～30V 可调）。

（3）恒流源（0～500mA 可调）。

（4）戴维宁定理实验板一块。

4. 实验内容

被测有源二端网络如图 2-5-4 所示。

（1）开路电压、短路电流法测量有源二端网络的等效参数。在图 2-5-4 中，接入稳压源 $U_S=12V$（将 0～+30V 恒压源其中一路的输出电压调至 12V）和恒流源 $I_S=10mA$ 及可变电阻 R_L。先断开 R_L 测开路电压 U_{oc}，再短接 R_L 测短路电流 I_{sc}，则 $R_0=U_{oc}/I_{sc}$，将数据记

入表 2-5-1。

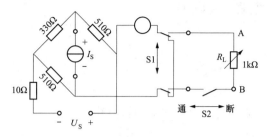

图 2-5-4　被测有源二端网络

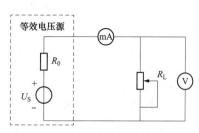

图 2-5-5　等效电路的外特性实验电路

（2）有源二端网络的外特性。改变图 2-5-4 中的负载电阻 R_L 阻值，测量有源二端网络的外特性，将数据记入表 2-5-2。

表 2-5-1　　开路电压、短路电流数据

U_{oc}（V）	I_{sc}（mA）	$R_0 = U_{oc}/I_{sc}$（Ω）

表 2-5-2　　　　　　　　　　有源二端网络的外特性数据

U（V）									
I（mA）									
R_L（Ω）									

（3）戴维宁定理等效电路的外特性。等效电路的外特性实验电路如图 2-5-5 所示。将十进制电阻箱阻值调整到等于按步骤（1）所得的等效电阻 R_0 值，然后令其与上述负载电阻 R_L 及直流稳压电源［调到步骤（1）时所测得的开路电压 U_{oc} 之值］相串联，仿照步骤（2）测其特性，将数据记入表 2-5-3 中，对戴维宁定理进行验证。

表 2-5-3　　　　　　　　　　戴维宁等效电路数据

U（V）									
I（mA）									
R_L（Ω）									

（4）测定有源二端网络等效电阻（又称入端电阻）的其他方法。将被测有源二端网络内的所有独立源置零（将电流源 I_S、电压源去掉，并在原电压端所接的两点用一根短路导线相连），然后用伏安法或者直接用万用表的欧姆挡去测定负载 R_L 开路后 A、B 两点间的电阻，此即为被测网络的等效内阻 R_{eq} 或称网络的入端电阻 R_1。

（5）用半电压法和零示法测量被测网络的等效内阻 R_0 及其开路电压 U_{oc}。

5. 实验注意事项

（1）测量时，注意电流表量程的更换。

（2）改接线路时，要关掉电源。

6. 思考题

（1）如何测量有源二端网络的开路电压和短路电流，在什么情况下不能直接测量开路电压和短路电流？

（2）说明测量有源二端网络开路电压及等效内阻的几种方法，并比较其优缺点。

7. 实验报告要求

（1）计算有源二端网络的等效参数 U_S 和 R_0。

（2）绘出有源二端网络和有源二端网络等效电路的外特性曲线，并验证戴维宁定理的正确性。

（3）说明戴维宁定理的应用场合。

2-6 直流电路的设计

1. 实验目的

(1) 验证基尔霍夫定律，加深对 KCL、KVL 的理解。

(2) 验证叠加原理，加深对线性叠加的理解。

(3) 验证戴维宁定理，进一步理解有源二端网络等效参数的测量方法。

(4) 加深理解电压、电流参考方向（正方向）的意义。

(5) 学习使用直流电流表、直流电压表、直流稳压电源以及电流源、万用表。

2. 实验任务

(1) 设计电路的结构和电路元件的参数，测量几组电流、电压值，验证基尔霍夫定律，选择所需仪表设备。

(2) 设计电路的结构和电路元件的参数，测量几组电流、电压值，验证叠加原理，选择所需仪表设备。

(3) 设计电路的结构和电路元件的参数，研究有源二端网络的开路电压和等效内阻的测定方法。验证戴维宁定理，选择所需仪表设备。要求针对戴维宁等效电路和原电路的外特性做一比较。

(4) 提高性设计要求：在电路中至少含有一个受控源。

3. 预习和实验要求

(1) 预习基尔霍夫定律、叠加原理和戴维宁定理。设计电路结构，计算电路元件参数的理论值。

(2) 到实验室调研，了解实验台的基本使用，学习直流电流表、直流电压表、直流稳压电源以及电流源、万用表的使用方法。

4. 实验报告要求

(1) 画出实验电路图，并自拟实验数据表格。

(2) 用测量值验证基尔霍夫定律、叠加定理和戴维宁定理，并与理论值进行比较，分析误差产生的原因。

(3) 总结有源二端网络等效电阻的测量方法和等效的含义。

(4) 仔细观察、认真思考实验现象和规律，应用理论知识理解现象的发生与发展过程。

2-7 最大功率传输条件的测定

1. 实验目的

(1) 理解阻抗匹配，掌握最大功率传输的条件。

(2) 掌握根据电源外特性设计实际电源模型的方法。

2. 实验原理

电源向负载供电的原理电路如图 2-7-1 所示。图中 R_S 为电源内阻，R_L 为负载电阻。当电路电流为 I 时，负载 R_L 得到的功率为

$$P_L = I^2 R_L = \left(\frac{U_S}{R_S + R_L} \right)^2 R_L$$

可见，当电源 U_S 和 R_S 确定后，负载得到的功率大小只与负载

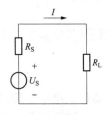

图 2-7-1   电源向负载供电
原理电路

电阻 R_L 有关。

令 $\dfrac{dP_L}{dR_L}=0$，解得 $R_L=R_S$ 时，负载得到最大功率为

$$P_L = P_{Lmax} = \frac{U_S^2}{4R_S}$$

$R_L=R_S$ 称为阻抗匹配，即电源的内阻抗（或内电阻）与负载阻抗（或负载电阻）相等时，负载可以得到的最大功率。也就是说，最大功率传输的条件是供电电路必须满足阻抗匹配。负载得到最大功率时电路的效率为

$$\eta = \frac{P_L}{U_S I} = 50\%$$

实验中，负载得到的功率用电压表、电流表测量。

3. 实验设备

（1）直流数字电压表、直流数字毫安表。

（2）恒压源（双路 $0\sim30\text{V}$ 可调）。

（3）恒流源（$0\sim500\text{mA}$ 可调）。

4. 实验内容

（1）根据电源外特性曲线设计一个实际电压源模型。已知电源外特性曲线如图 2-7-2 所示，根据图中给出的开路电压和短路电流数值，计算出实际电压源模型中的电压源 U_S 和内阻 R_S。实验中，电压源 U_S 选用 $0\sim+30\text{V}$ 可调恒压源，内阻 R_S 选用固定电阻。

（2）电路传输功率。用设计的实际电压源与负载电阻 R_L 相连，电路传输功率测量电路如图 2-7-3 所示。图中 R_L 选用电阻箱，从 $0\sim600\Omega$ 改变负载电阻 R_L 数值，测量对应电压、电流，将数据记入表 2-7-1 中。

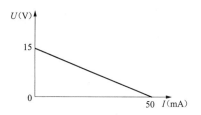

图 2-7-2　电源外特性曲线

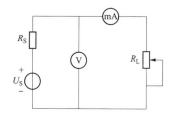

图 2-7-3　电路传输功率测量电路

5. 实验注意事项

电源用恒压源的可调电压输出端，输出电压根据计算的电压源 U_S 数值进行调整，防止电源短路。

6. 思考题

（1）什么是阻抗匹配？电路传输最大功率的条件是什么？

（2）电路传输的功率和效率如何计算？

（3）根据图 2-7-2 给出的电源外特性曲线，计算出实际电压源模型中的电压源 U_S 和内阻 R_S，作为实验电路中的电源。

（4）电压表、电流表前后位置对换，对电压表、电流表的读数有无影响？为什么？

表 2-7-1　　　　电路传输功率数据

R_L （Ω）	0	100	200	300	400	500	600
U （V）							
I （mA）							
P_L （mW）							
$\eta\%$							

7. 实验报告要求

（1）根据表 2-7-1 的实验数据，计算出对应的负载功率 P_L，并画出负载功率 P_L 随负载电阻 R_L 变化的曲线，找出传输最大功率的条件。

（2）根据表 2-7-1 的实验数据，计算出对应的效率 η，并说明：

1）传输最大功率时的效率。

2）什么时候出现最大效率？由此说明电路在什么情况下，传输最大功率才比较经济、合理。

第3章　交流电路实验

3-1　三表法测定交流电路等效参数

1. 实验目的

（1）学会使用交流数字仪表（电压表、电流表、功率表）和自耦调压器。

（2）学习用交流数字仪表测量交流电路的电压、电流和功率。

（3）学会用交流数字仪表测定交流电路参数的方法。

（4）加深对阻抗、阻抗角及相位差等概念的理解。

2. 实验原理

正弦交流电路中各个元件的参数值，可以用交流电压表、交流电流表及功率表，分别测量出元件两端的电压 U、流过该元件的电流 I 和它所消耗的功率 P，然后通过计算得到要求的各值。这种方法称为三表法，是用来测量 50Hz 交流电路参数的基本方法。计算的基本公式：

电阻元件的电阻为

$$R = \frac{U_R}{I} \text{ 或 } R = \frac{P}{I^2}$$

纯电感元件的感抗为

$$X_L = \frac{U_L}{I}, \quad \text{电感} L = \frac{X_L}{2\pi f}$$

纯电容元件的容抗为

$$X_C = \frac{U_C}{I}, \quad \text{电容} C = \frac{1}{2\pi f X_C}$$

串并联电路的阻抗为

$$|Z| = \frac{U}{I}, \quad R = \frac{P}{I^2}, \quad X = \sqrt{|Z|^2 - R^2}$$

实验中，电阻元件用白炽灯（非线性电阻）；电感线圈用镇流器，由于镇流器线圈的金属导线具有一定电阻，因而，镇流器可以用电感和电阻相串联来表示；电容器一般可认为是理想的电容元件。

在 R、L、C 串联电路中，各元件电压之间存在相位差，电源电压应等于各元件电压的相量和，而不能用它们的有效值直接相加。

电路功率用功率表测量。功率表是一种电动式仪表，其中电流线圈（具有两个电流线圈，可串联或并联，以便得到两个电流量程）与负载串联，而电压线圈与电源并联，电流线圈和电压线圈的同名端（标有 ∗ 号端）必须连在一起，如图 3-1-1 所示。

3. 实验设备

（1）交流电压表、交流电流表、功率表。

（2）自耦调压器（输出可调的交流电压）。

（3）220V、40W 白炽灯，30W 日光灯、镇流器，4μF/400V、2μF/400V 电容器。

4. 实验内容

交流电路参数测定实验电路如图 3-1-2 所示。图中，交流电源经自耦调压器调压后向负

载 Z 供电。

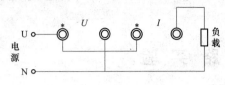

图 3-1-1　功率表接线图

（1）白炽灯的电阻。图 3-1-2 电路中的 Z 为一个 220V、40W 的白炽灯，用自耦调压器调压，使 U 为 220V（用电压表测量），并测量电流和功率，将数据记入自拟的数据表格中。

将电压 U 调到 110V，重复上述实验。

（2）电容器的容抗。将图 3-1-2 电路中的 Z 换为 $4\mu F$ 的电容器（改接电路时必须断开交流电源），将电压 U 调到 220V，测量电流和功率，将数据记入自拟的数据表格中。

将电容器换为 $2\mu F$，重复上述实验。

（3）镇流器的等效参数。将图 3-1-2 电路中的 Z 换为镇流器，将电压 U 分别调到 180V 和 90V，测量电流和功率，将数据记入自拟的数据表格中。

（4）串并联电路的等效参数。用白炽灯与电容器的串并联、电容器与镇流器的串并联分别取代图 3-1-2 电路中的 Z，将电压 U 调到 180V 时，测量各器件两端电压 U，测量串并联电路的总电流和总功率，并将数据记入自拟的数据表格中。

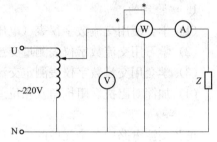

图 3-1-2　交流电路参数测定实验电路

5. 实验注意事项

（1）通常，功率表不单独使用，要有电压表和电流表监测，使电压表和电流表的读数不超过功率表电压和电流的量限。

（2）注意功率表的正确接线，上电前必须经指导教师检查。

（3）自耦调压器在接通电源前，应将其手柄置在零位上，调节时，使其输出电压从零开始逐渐升高。每次改接实验负载或实验完毕，都必须先将其旋柄慢慢调回零位，再断开电源。必须严格遵守这一安全操作规程。

6. 思考题

（1）了解功率表的连接方法。

（2）了解自耦调压器的操作方法。

7. 实验报告要求

（1）自拟实验所需的所有表格。

（2）根据实验内容（1）的数据，计算白炽灯在不同电压下的电阻值。

（3）根据实验内容（2）的数据，计算电容器的容抗和电容值。

（4）根据实验内容（3）的数据，计算镇流器的参数（电阻 R 和电感 L）。

（5）根据实验内容（4）的数据，计算相应电路的等效参数，画出有关电压相量图，并说明各个电压之间的关系。

3-2　感性负载电路及其功率因数提高的研究

1. 实验目的

（1）研究正弦稳态交流电路中电压、电流相量之间的关系。

（2）掌握日光灯线路的接线。

（3）理解改善电路功率因数的意义并掌握其方法。

2. 实验原理

在单相正弦交流电路中，用交流电流表测得各支路中的电流值，用交流电压表测得回路各元件两端的电压值，它们之间的关系满足相量形式的基尔霍夫定律，即

$$\Sigma \dot{I} = 0$$

和

$$\Sigma \dot{U} = 0$$

供电系统由电源（发电机或变压器）通过输电线路向负载供电。负载通常有电阻负载，如白炽灯、电阻加热器等，也有电感性负载，如电动机、变压器、线圈等，一般情况下，这两种负载会同时存在。由于电感性负载有较大的感抗，因而供电系统的功率因数较低。

若电源向负载传送的功率为 $P = UI\cos\varphi$，当功率 P 和供电电压 U 一定时，功率因数 $\cos\varphi$ 越低，线路电流 I 就越大，从而增加了线路电压降和线路功率损耗。若线路总电阻为 R_1，则线路电压降和线路功率损耗分别为 $\Delta U_1 = IR_1$ 和 $\Delta P_1 = I^2 R_1$。另外，负载的功率因数越低，表明无功功率就越大，电源就必须用较大的容量和负载电感进行能量交换，电源向负载提供有功功率的能力就必然下降，从而降低了电源容量的利用率。因而，为提高供电系统的经济效益和供电质量，必须采取措施提高电感性负载的功率因数。

通常提高电感性负载功率因数的方法是在负载两端并联适当数量的电容器，使负载的总无功功率 $Q = Q_L - Q_C$ 减小，在传送的有功功率 P 不变时，使得功率因数提高，线路电流减小。当并联电容器的 $Q_C = Q_L$ 时，总无功功率 $Q = 0$，此时功率因数 $\cos\varphi = 1$，线路电流最小；若继续并联电容器，将导致功率因数下降，线路电流增大，这种现象称为过补偿。

负载功率因数可以用三表法测量电源电压 U、负载电流 I 和功率 P，用公式 $\lambda = \cos\varphi = \dfrac{P}{UI}$ 计算。

3. 实验设备

（1）交流电压表、交流电流表、功率表、功率因素表。

（2）交流调压电源。

（3）30W 镇流器，$4\mu F/400V$ 电容器，30W 日光灯。

4. 实验内容

（1）日光灯接线与测量。日光灯接线电路如图 3-2-1 所示，图中按下闭合按钮开关，调节自耦调压器的输出，使其输出电压缓慢增大，直到日

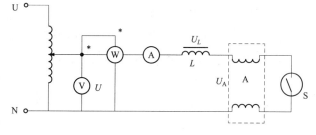

图 3-2-1   日光灯接线电路

光灯刚启辉点亮为至，将三块表的指示值记入表 3-2-1；然后将电压调至 220V，测量功率 P、电流 I、电压 U、U_L、U_A 等值，验证电压、电流相量关系。

表 3-2-1   日光灯线路接线与测量的实验数据

测量数值					计算值
参数	P (W)	I (A)	U (V)	U_L (V)	U_A (V)	$\cos\varphi$
正常工作值						

（2）感性负载电路功率因数的改善。实验中感性负载用日光灯接线电路来实现，如图 3-2-2 所示。图中的补偿电容器 C 用以改善电路的功率因数（$\cos\varphi$ 值）。图 3-2-2 中，按下绿色按钮开关调节自耦调压器的输出至 220V，记录功率表、电压表读数，通过一只电流表和三个电流取样插座分别测得三条支路的电流，改变电容值，进行重复测量，将实验数据记入表 3-2-2。

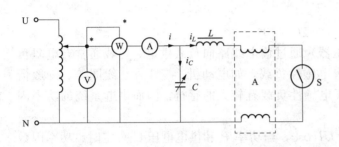

图 3-2-2　并联电容器的日光灯接线电路

A—日光灯管；L—镇流器；S—启辉器；C—补偿电容器

表 3-2-2　改善电路功率因数的实验数据

C （μF）	P （W）	U （V）	I （A）	I_C （A）	I_L （A）	$\cos\varphi$

5. 实验注意事项

（1）功率表要正确接入电路。

（2）线路接线正确、日光灯不能启辉时，应检查启辉器及其接触是否良好。

6. 思考题

（1）一般的负载为什么功率因数较低？负载较低的功率因数对供电系统有何影响，为什么？

（2）了解日光灯的启辉原理。

（3）在日常生活中，当日光灯缺少启辉器时，人们常用一导线将启辉器的两端短接一下，然后迅速断开，使日光灯点亮，或用一只启辉器去点亮多只同类型的日光灯，这是为什么？

（4）为了提高电路的功率因数，常在感性负载上并联电容器，此时增加了一条电流支路，试问电路的总电流是增大还是减小，此时感性负载上的电流和功率是否改变？

（5）提高线路功率因数为什么只采用并联电容器法，而不用串联电容器法？所并电容器是否越大越好？

7. 实验报告要求

（1）完成数据表格中的计算，进行必要的误差分析。

（2）根据实验数据，分别绘出电压、电流相量图，验证相量形式的基尔霍夫定律。

（3）讨论改善电路功率因数的意义和方法。

3-3　RC 一 阶 电 路

1. 实验目的

（1）研究 RC 一阶电路的零输入响应、零状态响应和全响应的规律和特点。

（2）学习一阶电路时间常数的测量方法，了解电路参数对时间常数的影响。

（3）掌握微分电路和积分电路的基本概念。

2. 实验原理

（1）RC 一阶电路的零状态响应。RC 一阶电路如图 3-3-1 所示。图中，开关 S 在 1 的位置，$u_C = 0$，处于零状态；当开关 S 合向 2 的位置时，电源通过 R 向电容 C 充电，$u_C(t)$ 称为零状态响应，有

$$u_C(t) = U_S - U_S e^{-\frac{t}{\tau}}$$

其变化曲线如图 3-3-2 所示，当 u_C 上升到 $0.632U_S$ 所需要的时间称为时间常数 τ。

（2）RC 一阶电路的零输入响应。在图 3-3-1 中，开关 S 在 2 的位置电路稳定后，再合向 1 的位置时，电容 C 通过 R 放电，$u_C(t)$ 称为零输入响应，有

$$u_C(t) = U_S e^{-\frac{t}{\tau}}$$

其变化曲线如图 3-3-3 所示，当 u_C 下降到 $0.368U_S$ 所需要的时间称为时间常数 τ。

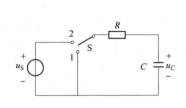 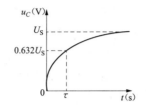 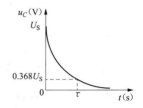

图 3-3-1　RC 一阶电路　　　　图 3-3-2　零状态响应曲线　　　图 3-3-3　零输入响应曲线

（3）测量 RC 一阶电路时间常数 τ。图 3-3-1 所示电路的上述暂态过程很难观察，为了用普通示波器观察电路的暂态过程，需采用图 3-3-4 所示的周期性方波 u_S 作为电路的激励信号，方波信号的周期为 T，只要满足 $\frac{T}{2} \geqslant 5\tau$，便可在示波器的荧光屏上形成稳定的响应波形。

电阻 R、电容 C 串联与方波发生器的输出端连接，用双踪示波器观察电容电压 u_C，便可观察到稳定的指数曲线，如图 3-3-5 所示。在荧光屏上测得电容电压最大值 a(cm)，取 $b = 0.632a$(cm)，与指数曲线交点对应时间 t 轴的 x 点，则根据时间 t 轴比例尺（扫描时间 $\frac{t}{\text{cm}}$），该电路的时间常数 $\tau = x(\text{cm}) \times \frac{t}{\text{cm}}$。

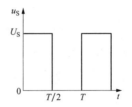 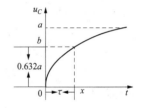

图 3-3-4　周期性方波　　　图 3-3-5　时间常数的测量

（4）微分电路和积分电路。方波信号 u_S 作用在电阻 R、电容 C 串联电路中，当满足电路时间常数 τ 远远小于方波周期 T 的条件时，电阻两端（输出）的电压 u_R 与方波输入信号 u_S 呈微分关系，$u_R \approx RC \frac{\mathrm{d}u_S}{\mathrm{d}t}$，该电路称为微分电路。当满足电路时间常数 τ 远远大于方波周期 T 的条件时，电容 C 两端（输出）的电压 u_C 与方波输入信号 u_S 呈积分关系，$u_C \approx \frac{1}{RC} \int u_S \mathrm{d}t$，该电路称为积分电路。

微分电路和积分电路的输出、输入关系分别如图 3-3-6（a）、（b）所示。

3. 实验设备

（1）双踪示波器。

（2）信号源（方波输出）。

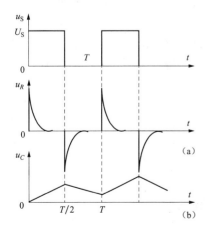

图 3-3-6　方波激励时的响应曲线

（a）微分曲线；（b）积分曲线

4. 实验内容

RC 一阶电路实验电路如图 3-3-7 所示。图中用双踪示波器观察电路激励（方波）信号和响应信号。u_S 为方波输出信号，调节信号源输出，从示波器上观察，使方波的峰一峰值 $U_{\text{p-p}} = 2\text{V}$，$f = 1\text{kHz}$。

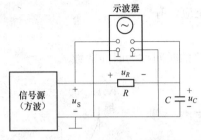

图 3-3-7　一阶电路实验电路

（1）RC 一阶电路的充、放电过程。

1）测量时间常数 τ：令 $R = 10\text{k}\Omega$，$C = 0.01\mu\text{F}$，用示波器观察激励 u_S 与响应 u_C 的变化规律，测量并记录时间常数 τ。

2）观察时间常数 τ（即电路参数 R、C）对暂态过程的影响：令 $R = 10\text{k}\Omega$，$C = 0.01\mu\text{F}$，观察并描绘响应的波形；继续增大 C（取 $0.01 \sim 0.1\mu\text{F}$）或增大 R（取 10、30kΩ），定性地观察对响应的影响。

（2）微分电路和积分电路。

1）积分电路：令 $R = 10\text{k}\Omega$，$C = 3300\text{pF}$，用示波器观察激励 u_S 与响应 u_C 的变化规律；保持电阻 $R = 10\text{k}\Omega$ 不变，改变电容 C 为 0.01、$0.1\mu\text{F}$，分别观察 u_S 与响应 u_C 的变化规律。

2）微分电路：将实验电路中的电阻、电容元件位置互换，令 $C = 0.1\mu\text{F}$，$R = 100\Omega$，用示波器观察激励 u_S 与响应 u_R 的变化规律；保持电容 $C = 0.1\mu\text{F}$ 不变，改变电阻 R 为 510Ω、2kΩ，分别观察 u_S 与响应 u_C 的变化规律。

5. 实验注意事项

（1）调节电子仪器各旋钮时，动作不要过猛。实验前，需熟读双踪示波器的使用说明，在观察双踪示波器时，要特别注意开关、旋钮的操作与调节。

（2）信号源的接地端与示波器的接地端要连在一起（称共地），以防外界干扰而影响测量的准确性。

（3）示波器的辉度不应过亮，尤其是光点长期停留在荧光屏上不动时，应将辉度调暗，以延长示波管的使用寿命。

6. 思考题

（1）用示波器观察 RC 一阶电路的零输入响应和零状态响应时，为什么激励必须是方波信号？

（2）已知 RC 一阶电路的 $R = 10\text{k}\Omega$，$C = 0.01\mu\text{F}$，试计算时间常数 τ，并根据 τ 值的物理意义，拟定测量 τ 的方案。

（3）在 RC 一阶电路中，当 R、C 的大小变化时，对电路的响应有何影响？

（4）何谓积分电路和微分电路，它们必须分别具备什么条件？它们在方波的激励下，输出信号波形的变化规律如何？这两种电路有何功能？

7. 实验报告要求

（1）绘出 RC 一阶电路充、放电时 u_C 与激励信号对应的变化曲线，由曲线测得 τ 值，并与参数值的理论计算结果作比较，分析误差原因。

（2）绘出积分电路、微分电路输出信号与输入信号对应的波形。

3-4　二阶动态电路响应的测试

1. 实验目的

（1）研究 RLC 二阶电路的零输入响应、零状态响应的规律和特点，了解电路参数对响应的影响。

（2）学习二阶电路衰减系数、振荡频率的测量方法，了解电路参数对它们的影响。

（3）观察、分析二阶电路响应的三种变化曲线及其特点，加深对二阶电路响应的认识与理解。

2．实验原理

（1）零状态响应。图 3-4-1 所示电路中，$u_C(0)=0$，在 $t=0$ 时开关 S 闭合，电压方程为

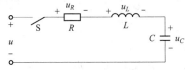

图 3-4-1　RLC 串联电路的零状态响应电路

$$LC \frac{\mathrm{d}^2 u_C}{\mathrm{d}t^2} + RC \frac{\mathrm{d}u_C}{\mathrm{d}t} + u_C = u$$

这是一个二阶常系数非齐次微分方程。该电路称为二阶电路，电源电压 U 为激励信号，电容两端电压 u_C 为响应信号。根据微分方程理论，u_C 包含暂态分量 u_C'' 和稳态分量 u_C' 两个分量，即 $u_C = u_C'' + u_C'$，具体解与电路参数 R、L、C 有关。

当满足 $R < 2\sqrt{\dfrac{L}{C}}$ 时　$u_C(t) = u_C'' + u_C' = A e^{-\alpha} \sin(\omega t + \varphi) + U$

式中，衰减系数 $\delta = \dfrac{R}{2L}$；衰减时间常数 $\tau = \dfrac{1}{\delta} = \dfrac{2L}{R}$；振荡频率 $\omega = \sqrt{\dfrac{1}{LC} - \left(\dfrac{R}{2L}\right)^2}$；振荡周期 $T = \dfrac{1}{f} = \dfrac{2\pi}{\omega}$。

其变化曲线如图 3-4-2（a）所示，u_C 的变化处在衰减振荡状态，由于 R 比较小，又称为欠阻尼状态。当满足 $R > 2\sqrt{\dfrac{L}{C}}$ 时，u_C 的变化处在过阻尼状态，由于电阻 R 比较大，电路中的能量被电阻很快消耗掉，u_C 无法振荡，其变化曲线如图 3-4-2（b）所示。当满足 $R = 2\sqrt{\dfrac{L}{C}}$ 时，u_C 的变化处在临界阻尼状态，其变化曲线如图 3-4-2（c）所示。

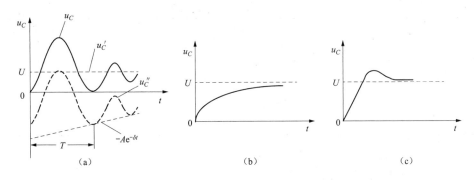

图 3-4-2　u_C 变化曲线

（a）欠阻尼状态；（b）过阻尼状态；（c）临界阻尼状态

（2）零输入响应。在图 3-4-3 电路中，开关 S 与 1 端闭合，电路处于稳定状态，$u_C(0) = U$；在 $t = 0$ 时开关 S 与 2 端闭合，输入激励为零，电压方程为

$$LC \frac{\mathrm{d}^2 u_C}{\mathrm{d}t^2} + RC \frac{\mathrm{d}u_C}{\mathrm{d}t} + u_C = 0$$

这是一个二阶常系数齐次微分方程，根据微分方程理论，u_C 只包含暂态分量 u_C''，稳态分量 u_C' 为零。和零状态响应一样，根据 R 与 $2\sqrt{\dfrac{L}{C}}$ 的大小关系，u_C 的变化规律分为衰减振荡

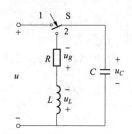

图 3-4-3　RLC 串并联电路

（欠阻尼）、过阻尼和临界阻尼三种状态，它们的变化曲线与图 3-4-2 中的暂态分量 u_C'' 类似，衰减系数、衰减时间常数、振荡频率与零状态响应完全一样。

　　本实验对 RCL 并联电路进行研究，激励采用方波脉冲，二阶电路在方波正、负阶跃信号的激励下，可获得零状态与零输入响应，响应的规律与 RLC 串联电路相同。如图 3-4-2（a）所示，测量 u_C 衰减振荡的参数，用示波器测出振荡周期 T，便可计算出振荡频率 ω，按照衰减轨迹曲线，测量−0.367A 对应的时间 τ，便可计算出衰减系数 δ。

　　3. 实验设备

　　（1）双踪示波器。

　　（2）信号源（方波输出）。

　　4. 实验内容及步骤

　　二阶电路暂态过程实验电路如图 3-4-4 所示。图中，$R_1 = 10\text{k}\Omega$，$L = 15\text{mH}$，$C = 0.01\mu\text{F}$，RP 为 $10\text{k}\Omega$ 电位器（可调电阻），信号源的输出为最大值 $U_m = 2\text{V}$，频率 $f = 1\text{kHz}$ 的方波脉冲，通过插头接至实验电路的激励端，同时用同轴电缆将激励端和响应输出端接至双踪示波器的 Y_A 和 Y_B 两个输入口。

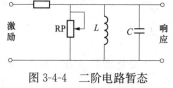

图 3-4-4　二阶电路暂态过程实验电路

　　（1）调节电阻器 RP，观察二阶电路的零输入响应和零状态响应由过阻尼过渡到临界阻尼，最后过渡到欠阻尼的变化过渡过程，分别定性地描绘响应的典型波形。

　　（2）调节 RP 使示波器荧光屏上呈现稳定的欠阻尼响应波形，定量测定此时电路的衰减常数 δ 和振荡频率 ω，并记入表 3-4-1 中。

　　（3）改变电路参数，重复步骤（2）的测量，仔细观察 δ 和 ω 的变化趋势，并将数据记入表 3-4-1 中。

表 3-4-1　　　　　　　　　　　二阶电路暂态过程实验数据

电路参数　　　实验次数	元件参数				测量值 δ、ω	
	R_1（kΩ）	RP	L（mH）	C（μF）	δ	ω
1	10	调至欠阻尼状态	15	1000pF		
2	10		15	3300pF		
3	10		15	0.01		
4	10		15	0.01		

　　5. 实验注意事项

　　（1）调节电位器 RP 时要细心、缓慢，临界阻尼状态要找准。

　　（2）在双踪示波器上同时观察激励信号和响应信号时，显示要稳定，如不同步，则可采用外同步法触发。

　　6. 思考题

　　（1）什么是二阶电路的零状态响应和零输入响应？它们的变化规律和哪些因素有关？

　　（2）根据二阶电路实验电路元件的参数，计算出处于临界阻尼状态时 RP 的电阻值。

　　（3）在示波器荧光屏上，如何测得二阶电路零状态响应和零输入响应"欠阻尼"状态的衰减系数 δ 和振荡频率 ω？

　　7. 实验报告要求

　　（1）根据观测结果，在方格纸上描绘二阶电路过阻尼、临界阻尼和欠阻尼的响应波形。

（2）测算欠阻尼振荡曲线上的衰减系数 δ、衰减时间常数 τ、振荡周期 T 和振荡频率 ω。

（3）归纳、总结电路参数改变对响应变化趋势的影响。

3-5　RLC 串联谐振电路

1. 实验目的

（1）加深理解电路发生谐振的条件、特点，掌握电路品质因数（电路 Q 值）、通频带的物理意义及其测定方法。

（2）学习用实验方法绘制 RLC 串联电路不同 Q 值下的幅频特性曲线。

（3）熟练使用信号源、频率计和交流毫伏表。

2. 实验原理

RLC 串联电路如图 3-5-1 所示。电路复阻抗 $Z=R+\mathrm{j}\left(\omega L-\dfrac{1}{\omega C}\right)$，当 $\omega L=\dfrac{1}{\omega C}$ 时，$Z=R$，$\dot{U}$ 与 $\dot{I}$ 同相，电路发生串联谐振，谐振角频率 $\omega_0=\dfrac{1}{\sqrt{LC}}$，谐振频率 $f_0=\dfrac{1}{2\pi\sqrt{LC}}$。

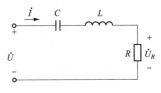

在图 3-5-1 所示电路中，若 $\dot{U}$ 为激励信号，$\dot{U}_R$ 为响应信号，其幅频特性曲线如图 3-5-2 所示。在 $f=f_0$ 时，$A=1$，$U_R=U$；$f\neq f_0$ 时，$U_R<U$，呈带通特性。$A=0.707$，即 $U_R=0.707U$ 所对应的两个频率 f_L 和 f_H 为下限频率和上限频率，f_H-f_L 为通频带。通频带的宽窄与电阻 R 有关，不同电阻值的幅频特性曲线如图 3-5-3 所示。

图 3-5-1　RLC 串联电路

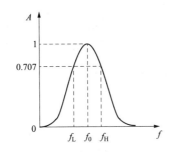

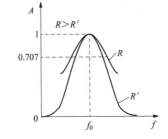

图 3-5-2　RLC 串联电路幅频特性曲线　　　图 3-5-3　不同电阻值的幅频特性曲线

电路发生串联谐振时，$U_R=U$，$U_L=U_C=QU$，Q 称为品质因数，与电路的参数 R、L、C 有关。Q 值越大，幅频特性曲线越尖锐，通频带越窄，电路的选择性越好，在恒压源供电时，电路的品质因数、选择性与通频带只决定于电路本身的参数，而与信号源无关。

3. 实验设备

（1）信号源（含频率计）。

（2）交流毫伏表。

4. 实验内容

在本实验中，用交流毫伏表测量不同频率下的电压 U、U_R、U_L、U_C，绘制 RLC 串联电路的幅频特性曲线，并根据 $\Delta f=f_H-f_L$ 计算出通频带；根据 $Q=\dfrac{U_L}{U}=\dfrac{U_C}{U}$ 或 $Q=\dfrac{f_0}{f_H-f_L}$，计算品质因数。

（1）图 3-5-4 所示为 RLC 串联谐振电路，用交流毫伏表测电压，用示波器监视信号源输出，令其输出幅值等于 1V，并保持不变。

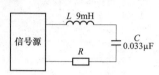

图 3-5-4　RLC 串联谐振电路

（2）找谐振频率 f_0 的方法是，将毫伏表接在 $R = 51\Omega$ 两端，令信号源的频率由小逐渐变大（注意要维持信号源的输出幅度不变），当 U_R 的读数为最大时，读得频率计上的频率值即为电路的谐振频率 f_0，并测量 U_C 与 U_L 之值（注意及时更换毫伏表的量限）。

（3）在谐振点两侧，按频率递增或递减 500Hz 或 1kHz，依次各取 8 个测量点，逐点测出 U_R、U_L、U_C 之值，将实验数据记入表 3-5-1 中。

表 3-5-1　　　　　　　　　　　　幅频特性实验数据一

f（kHz）									
U_R（V）									
U_L（V）									
U_C（V）									

（4）改变电阻值，使 $R = 100\Omega$，重复步骤（2）、（3）的测量过程，将实验数据记入表 3-5-2 中。

表 3-5-2　　　　　　　　　　　　幅频特性实验数据二

f（kHz）									
U_R（V）									
U_L（V）									
U_C（V）									

5. 实验注意事项

（1）测试频率点的选择应在靠近谐振频率附近多取几点，在改变频率时，应调整信号输出电压，使其维持在 1V 不变。

（2）在测量 U_L 和 U_C 数值前，应将毫伏表的量限改大约十倍，而在测量 U_L 和 U_C 时毫伏表的"+"端接电感与电容的公共点。

6. 思考题

（1）根据元件参数值，估算电路的谐振频率。

（2）改变电路的哪些参数可以使电路发生谐振，电路中 R 的数值是否影响谐振频率？

（3）如何判别电路是否发生谐振？测试谐振点的方案有哪些？

（4）电路发生串联谐振时，为什么输入电压 u 不能太大，如果信号源给出 1V 的电压，电路谐振时，用交流毫伏表测 U_L 和 U_C，应该选择用多大的量限？为什么？

（5）要提高 R、L、C 串联电路的品质因数，电路参数应如何改变？

7. 实验报告要求

（1）电路谐振时，比较输出电压 U_R 与输入电压 U 是否相等？U_L 和 U_C 是否相等？试分析原因。

（2）根据测量数据，绘出不同 Q 值的三条幅频特性曲线

$$U_R = f(f), \quad U_L = f(f), \quad U_C = f(f)$$

（3）计算出通频带与 Q 值，说明不同 R 值时对电路通频带与品质因素的影响。

（4）对两种不同的测 Q 值的方法进行比较，分析误差原因。

（5）总结串联谐振的特点。

3-6 负阻抗变换器

1. 实验目的

(1) 加深对负阻抗概念的认识，掌握对含有负阻抗器件电路的分析方法。

(2) 了解负阻抗变换器的组成原理及其应用。

(3) 掌握负阻抗变换器的各种测试方法。

2. 实验原理

负阻抗是电路理论中的一个重要的基本概念，在工程实践中也有广泛的应用。除某些非线性元件（如隧道二极管）在某电压或电流的范围内具有负阻特性外，一般都由一个有源双口网络来形成一个等值的线性负阻抗。该网络由线性集成电路或晶体管等元件组成，这样的网络称作负阻抗变换器。

负阻抗变换器按输入电压和电流与输出电压和电流的关系，可分为电流倒置型（INIC）和电压倒置型（VNIC）两种。其电路模型如图 3-6-1（a）、（b）所示。

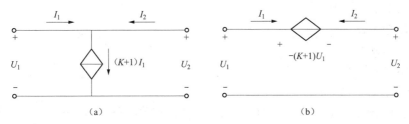

图 3-6-1 负阻抗变换器电路模型

(a) 电流倒置型；(b) 电压倒置型

在理想情况下，其电压、电流关系为：

对于 INIC 型，$U_2 = U_1$，$I_2 = K_1 I_1$（K_1 为电流增益）；

对于 VNIC 型，$U_2 = -K_2 U_1$（K_2 为电压增益），$I_2 = -I_1$。

如图 3-6-2 所示，如果在 INIC 的输出端接上负载阻抗 Z_L，则它的输入阻抗 Z_i 为

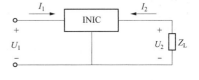

$$Z_i = \frac{U_1}{I_1} = \frac{U_2}{I_2/K_1} = \frac{K_1 U_2}{I_2} = -K_1 Z_L$$

即输入阻抗 Z_i 为负载阻抗 Z_L 的 K_1 倍，且为负值，呈负阻特性。

图 3-6-2 INIC 接负载电路

图 3-6-3 所示为线性运算放大器组成电路，在一定的电压、电流范围内可获得良好的线性度。根据运放理论可知 $U_1 = U_+ = U_- = U_2$，又 $I_5 = I_6 = 0$，$I_1 = I_3$，$I_2 = -I_4$，则

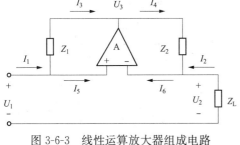

$$I_4 Z_2 = -I_3 Z_1$$

$$-I_2 Z_2 = -I_3 Z_1$$

因为 $\dfrac{U_2}{Z_L} Z_2 = -I_1 Z_1$，则

图 3-6-3 线性运算放大器组成电路

$$\frac{U_2}{I_1} = \frac{U_1}{I_1} = Z_i = -\frac{Z_1}{Z_2} Z_L = -K Z_L$$

可见，该电路属于电流倒置型（INIC）负阻抗变换器，输入阻抗 Z_i 等于负载阻抗 Z_L 乘 $-K$ 倍。负阻抗变换器具有十分广泛的应用，例如可以用来实现阻抗变换。假设 $Z_1 = R_1 = 1\text{k}\Omega$，

$Z_2 = R_2 = 300\Omega$，则 $K = \dfrac{Z_1}{Z_2} = \dfrac{R_1}{R_2} = \dfrac{10}{3}$。

若负载为电阻，$Z_L = R_L$ 时，有

$$Z_1 = -KZ_L = -\frac{10}{3}R_L$$

若负载为电容 C，$Z_L = \dfrac{1}{j\omega C}$ 时，有

$$Z_1 = -KZ_L = -\frac{10}{3}\frac{1}{j\omega C} = j\omega L \quad \left(令 L = \frac{1}{\omega^2 C} \times \frac{10}{3}\right)$$

若负载为电感 L，$Z_L = j\omega L$ 时，有

$$Z_1 = -KZ_L = -\frac{10}{3}j\omega L = \frac{1}{j\omega C} \quad \left(令 C = \frac{1}{\omega^2 L} \times \frac{3}{10}\right)$$

可见，电容通过负阻抗变换器呈现电感性质，而电感通过负阻抗变换器呈现电容性质。

3. 实验设备

(1) 恒压源和信号源。

(2) 直流数字电压表。

(3) 交流毫伏表。

(4) 双踪示波器。

(5) 负阻抗变换器。

4. 实验内容

(1) 测量负电阻的伏安特性。负电阻的伏安特性实验电路如图 3-6-4 所示。图中，U_1 为可调稳压恒压源的输出端，负载电阻 R_L 用电阻箱电阻值。

1) 调节负载电阻箱的电阻值，使 $R_L = 300\Omega$，调节恒压源的输出电压，使之在 $0 \sim 1\text{V}$ 范围内取值，分别测量 INIC 的输入电压 U_1 及输入电流 I_1，将数据记入表 3-6-1 中。

2) 令 $R_L = 600\Omega$，重复上述的测量，将数据记入表 3-6-1 中。

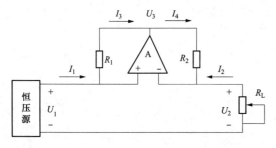

图 3-6-4　负电阻的伏安特性实验电路

表 3-6-1 　　　　　　　　　　　负电阻的伏安特性实验数据

$R_L = 300\Omega$	U_1（V）	0.1	0.2	0.3	0.4	0.5	0.6	0.7	0.8	0.9	1
	I_1（mA）										
	U_{1av}（V）					I_{1av}（mA）					
$R_L = 600\Omega$	U_1（V）	0.1	0.2	0.3	0.4	0.5	0.6	0.7	0.8	0.9	1
	I_1（mA）										
	U_{1av}（V）					I_{1av}（mA）					

3) 计算等效负阻。

实测值　　$R_- = U_{1av}/I_{1av}$

理论计算值　　$R_-' = -KZ_L = -\dfrac{10}{3}R_L'$

电流增益　　$K = R_1/R_2$

(2) 阻抗变换及相位观察。用 $0.1\mu\text{F}$ 的电容器（串一 500Ω 电阻）和 100mH 的电感线圈（串一 500Ω 电阻）分别取代 R_L，用低频信号源（正弦波形 $f = 1 \times 10^3\text{Hz}$）取代恒压源，

调节低频信号使 $U_1 < 1V$，并用双踪示波器观察并记录 U_1 与 I_1 以及 U_2 与 I_2 的相位差（I_1、I_2 的波形分别从 R_1、R_2 两端取出）。

5. 实验注意事项

(1) 整个实验中应使 U_1 为 0～1V。

(2) 防止运算放大器输出端短路。

6. 思考题

(1) 什么是负阻变换器？有哪两种类型？具有什么性质？

(2) 负阻变换器通常用什么电路组成？如何实现负阻变换？

(3) 说明负阻变换器实现阻抗变换的原理和方法。

7. 实验报告要求

(1) 根据表 3-6-1 的数据完成计算，并绘制负阻特性曲线 $U_1 = f(I_1)$。

(2) 根据实验（2）的数据，解释观察到的现象，并说明负阻变换器如何实现阻抗变换的功能。

3-7 互 感 电 路

1. 实验目的

(1) 学会测定互感线圈同名端、互感系数以及耦合系数的方法。

(2) 理解两个线圈相对位置的改变，以及线圈用不同导磁材料时对互感系数的影响。

2. 实验原理

一个线圈因另一个线圈中的电流变化而产生感应电动势的现象称为互感现象。这两个线圈称为互感线圈，用互感系数（简称互感）M 来衡量互感线圈的这种性能。互感的大小除了与两线圈的几何尺寸、形状、匝数及导磁材料的导磁性能有关外，还与两线圈的相对位置有关。

(1) 判断互感线圈同名端的方法：

1) 直流法。直流法原理电路如图 3-7-1 所示。当开关 S 闭合瞬间，若毫安表的指针正偏，则可断定 1、3 为同名端；指针反偏，则 1、4 为同名端。

2) 交流法。交流法原理电路如图 3-7-2 所示。将两个线圈 N1 和 N2 的任意两端（如 2、4 端）连在一起，在其中的一个线圈（如 N1）两端加一个低电压，用交流电压表分别测出端电压 U_{13}、U_{12} 和 U_{34}。若 U_{13} 是两个线圈端压之差，则 1、3 是同名端；若 U_{13} 是两线圈端压之和，则 1、4 是同名端。

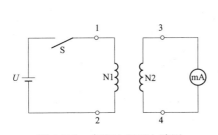

图 3-7-1 直流法原理电路图

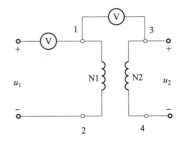

图 3-7-2 交流法原理电路图

(2) 两线圈互感系数 M 的测定。在图 3-7-2 所示电路中，互感线圈 N1 侧施加低压交流电压 U_1，测出 I_1 及 U_2。根据互感电动势 $E_{2M} \approx U_{20} = \omega M I_1$，可算得互感系数为

$$M = \frac{U_2}{\omega I_1}$$

（3）耦合系数 K 的测定。两个互感线圈耦合的松紧程度可用耦合系数 K 来表示

$$K = M/\sqrt{L_1 L_2}$$

式中，L_1 为线圈 N1 的自感系数；L_2 为线圈 N2 的自感系数。

它们的测定方法如下：先在 N1 侧加低压交流电压 U_1，测出 N2 侧开路时的电流 I_1；然后再在 N2 侧加电压 U_2，测出 N1 侧开路时的电流 I_2，根据自感电动势 $E_L \approx U = \omega L I$，可分别求出自感 L_1 和 L_2。当已知互感系数 M，便可算得 K 值。

3. 实验设备

（1）直流数字电压表、毫安表。

（2）交流数字电压表、电流表。

（3）互感线圈，铁、铝棒。

（4）200Ω/2A 滑线变阻器。

4. 实验内容

（1）测定互感线圈的同名端。

1）直流法。其实验电路如图 3-7-3 所示。将线圈 N1、N2 同心式套在一起，并放入铁芯。U_1 为可调直流稳压电源电压，调至 6V，然后改变可变电阻器 RP（由大到小地调节），

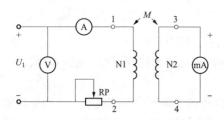

图 3-7-3　直流法实验电路

使流过 N1 侧的电流不超过 0.4A（选用 5A 量程的数字电流表），N2 侧直接接入 2mA 量程的毫安表。将铁芯迅速地拔出和插入，观察毫安表正、负读数的变化，来判定 N1 和 N2 两个线圈的同名端。

2）交流法。其实验电路如图 3-7-4 所示。将小线圈 N2 套在大线圈 N1 中。N1 串接电流表（选 0～5A 的量程）后接至自耦调压器的输出端，并在两线圈中

插入铁芯。接通电源前，应首先检查自耦调压器是否调至零位，确认后方可接通交流电源，令自耦调压器输出一个很低的电压（约 2V 左右），使流过电流表的电流小于 1.5A，然后用 0～20V 量程的交流电压表测量 U_{13}、U_{12} 和 U_{34}，判定同名端。拆去 2、4 连线，并将 2、3 相接，重复上述步骤，判定同名端。

（2）测定两线圈的互感系数 M。在图 3-7-2 电路中，互感线圈的 N2 开路，N1 侧施加 2V 左右的交流电压 U_1，测出并记录 U_1、I_1、U_2。

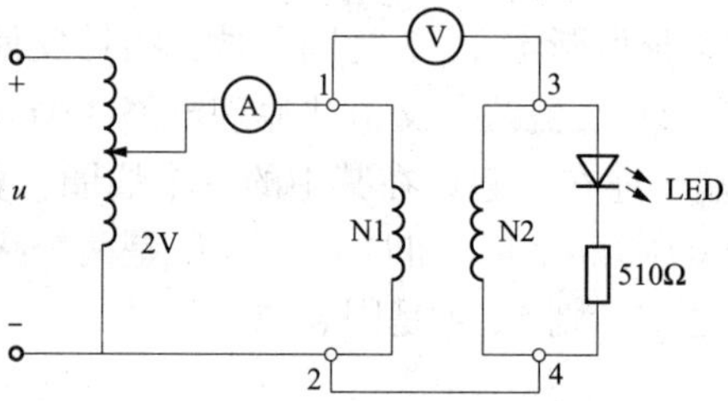

（3）测定两线圈的耦合系数 K。在图 3-7-2 电

图 3-7-4　交流法实验电路

路中，N1 开路，互感线圈的 N2 侧施加 2V 左右的交流电压 U_2，测出并记录 U_2、I_2、U_1。

（4）研究影响互感系数大小的因素。在图 3-7-4 电路中，线圈 N1 侧加 2V 左右交流电压，N2 侧接入 LED 发光二极管与 510Ω 电阻串联的支路。

1）将铁芯慢慢地从两线圈中抽出和插入，观察 LED 亮度及各电表读数的变化，记录变化现象。

2）改变两线圈的相对位置，观察 LED 亮度及各电表读数的变化，记录变化现象。

3）改用铝棒替代铁棒，重复步骤 1）、2），观察 LED 亮度及各电表读数的变化，记录变化现象。

5. 实验注意事项

（1）整个实验过程中，注意流过线圈 N1 的电流不得超过 1.5A，流过线圈 N2 的电流不

得超过 1A。

（2）测定同名端及其他测量数据的实验中，都应将小线圈 N2 套在大线圈 N1 中，并插入铁芯。

（3）如实验室将 200Ω、2A 的滑线变阻器或大功率的负载，接在交流法实验电路（见图 3-7-4）的 N1 侧。

（4）实验前，首先要检查自耦调压器，要保证手柄置于零位，因实验时所加的电压只有 $2\sim3V$ 左右，因此调节时要特别仔细、小心，要随时观察电流表的读数，不得超过规定值。

6．思考题

（1）什么是自感？什么是互感？在实验室中如何测定？

（2）如何判断两个互感线圈的同名端？若已知线圈的自感和互感，两个互感线圈相串联的总电感与同名端有何关系？

（3）互感的大小与哪些因素有关？各个因素如何影响互感的大小？

7．实验报告要求

（1）根据实验（1）的现象，总结测定互感线圈同名端的方法。

（2）根据实验（2）的数据，计算互感系数 M。

（3）根据实验（2）、（3）的数据，计算耦合系数 K。

3-8　三相电路电压、电流及其功率的测量

1．实验目的

（1）掌握三相负载 Y、△连接的方法，验证这两种接法的线、相电压，线、相电流之间的关系。

（2）充分理解三相四线供电系统中中性线的作用。

（3）掌握三相有功功率测量的方法。

2．实验原理

（1）三相电路电压和电流的测量。电源用三相四线制向负载供电，三相负载（用白炽灯代替）可接成星形（Y形）或三角形（△形）。

当三相对称负载 Y 形连接时，线电压 U_L 是相电压 U_P 的 $\sqrt{3}$ 倍，线电流 I_L 等于相电流 I_P，即 $U_L=\sqrt{3}U_P$，$I_L=I_P$，流过中性线的电流 $I_N=0$；作△形连接时，线电压 U_L 等于相电压 U_P，线电流 I_L 是相电流 I_P 的 $\sqrt{3}$ 倍，即 $I_L=\sqrt{3}I_P$，$U_L=U_P$。

当不对称三相负载作 Y 形连接时，必须采用 Y0 接法，中性线必须牢固连接，以保证三相不对称负载的每相电压等于电源的相电压（三相对称电压）。若中性线断开，会导致三相负载电压的不对称，致使负载轻的那一相的相电压过高，使负载遭受损坏，负载重的一相的相电压又过低，使负载不能正常工作；对于不对称负载作△形连接时，$I_L\neq\sqrt{3}I_P$，但只要电源的线电压 U_L 对称，加在三相负载上的电压仍是对称的，对各相负载工作没有影响。

本实验中，用三相调压器调压输出作为三相交流电源，线电流、相电流、中性线电流用电流插头和插座测量。

（2）三相电路功率的测量。

1）三相四线制供电。三相四线制供电系统中，对于三相不对称负载，用三个单相功率表测量，如图 3-8-1 所示，三个单相功率表的读数分别为 W_1、W_2、W_3，则三相功率为

$$P = W_1 + W_2 + W_3$$

这种测量方法称为三瓦特表法；对于三相对称负载，用一个单相功率表测量即可，若功率表的读数为 W，则三相功率为

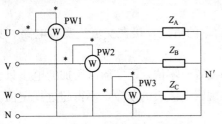

图 3-8-1　三相四线制功率测量原理图

$$P = 3W$$

这种测量方法称为一瓦特表法。

2）三相三线制供电。三相三线制供电系统中，不论三相负载是否对称，也不论负载是Y形连接还是△形连接，都可用二瓦特表法测量三相负载的有功功率。测量三相负载的有功功率电路如图 3-8-2 所示，若两个功率表的读数为 W_1、W_2，则三相功率为

$$P = W_1 + W_2 = U_L I_L \cos(30° - \varphi) + U_L I_L \cos(30° + \varphi)$$

式中，φ 为负载的阻抗角（即功率因数角）。

两个功率表的读数与 φ 有如下关系：①当负载为纯电阻时，$\cos\varphi = 0$，$W_1 = W_2$，即两个功率表读数相等。②当负载功率因数 $\cos\varphi = 0.5$，$\varphi = \pm60°$，将有一个功率表的读数为零。③当负载功率因数 $\cos\varphi < 0.5$，$|\varphi| > 60°$，则有一个功率表的读数为负值，该功率表指针将反方向偏转。这时应将功率表电流线圈的两个端子调换（不能调换电压线圈端子），而读数应记为负值。对于数字式功率表将出现负读数。

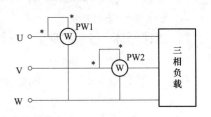

图 3-8-2　三相三线制功率测量原理图

3）三相对称负载无功功率的测量。对于三相三线制供电的三相对称负载，可用一瓦特表法测得三相负载的总无功功率 Q，测量原理如图 3-8-3 所示。功率表读数 $Q_L = U_L I_L \sin\varphi$，其中 φ 为负载的阻抗角，则三相负载的无功功率为

$$Q = \sqrt{3} Q_L$$

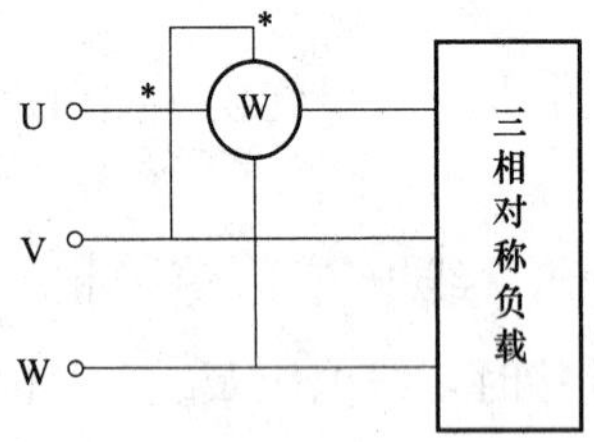

图 3-8-3　三相对称负载无功功率
测量原理图

3. 实验设备

（1）三相交流电源（三相调压器调压输出）。

（2）交流电压表、电流表、功率表。

（3）三相负载（用白炽灯代替）。

4. 实验任务

（1）设计三相交流负载（三相负载用白炽灯代替）为Y、Y0 和△接法的电路，选择所需仪表设备，测量三相电路的各线、相电压及电流和有功功率，并测量Y0 连接时的中性线电流及Y连接时的中性点电压。

（2）测量有功功率，可采用二瓦特表法和三瓦特表法。注意两种方法的适用范围。

（3）当三相三线交流对称负载（容性和感性）时，用单相有功功率表采用三表跨相法测量三相无功功率。（选做）

5. 实验注意事项

（1）用三相调压器调压输出作为三相交流电源，具体操作如下：将三相调压器的旋钮置于三相电压输出为 0V 的位置（即逆时针旋到底的位置），然后旋转旋钮，调节调压器的输出。

（2）每次接线完毕，应自查一遍，然后由指导教师检查后，方可接通电源。必须严格遵守先接线，后通电；先断电，后拆线的实验操作原则。

（3）三相负载根据什么原则作星形或三角形连接？

（4）测量、记录各电压、电流时，注意分清它们是哪一相、哪一线。

（5）每次实验完毕，均需将三相调压器旋钮调回零位，如改变接线，均需断开三相电源，以确保人身安全。

6. 预习和实验要求

（1）预习所需仪表的接线及使用方法。

（2）三相负载按星形或三角形连接，它们的线电压与相电压、线电流与相电流有何关系？当三相负载对称时又有何关系？

（3）为什么有的实验需将三相电源线的电压调到 380V，而有的实验要调到 220V？

（4）测量功率时为什么在线路中通常都接有电流表和电压表？

（5）了解三相四线制供电系统中中性线的作用。中性线上能安装熔丝吗？为什么？

7. 实验报告要求

（1）画出实验电路图，自拟实验数据表格。

（2）根据实验数据，在负载为星形连接时，$U_L=\sqrt{3}U_P$ 在什么条件下成立？在三角形连接时，$I_L=\sqrt{3}I_P$ 在什么条件下成立？

（3）在三相四线制供电系统中，中性线的作用是什么？负载对称时可不接中性线吗？

（4）分析负载不对称时中性线电流和中性点电压产生的原因。

（5）计算三相有功功率和无功功率。

（6）二瓦特表法和三瓦特表法各适用什么接线形式？

（7）测量无功功率时，功率表接线应注意什么？

3-9　三相异步电动机的直接启动

1. 实验目的

（1）了解按钮、交流接触器和热继电器的基本结构和动作原理。

（2）掌握三相异步电动机直接启动的工作原理、接线及操作方法。

（3）了解电动机运行时的保护方法。

2. 实验原理

在工农业生产中，广泛采用继电接触控制系统对中小功率异步电动机进行直接启动和正反转控制。这种控制系统主要由交流接触器、按钮、热继电器等组成。

交流接触器主要由铁芯、吸引线圈和触头组等部件组成。铁芯分为动铁芯和静铁芯，当吸引线圈加上额定电压时，两铁芯吸合，从而带动触头组动作。触头可分为主触头和辅助触头。主触头的接触面积大，并具有灭弧装置，能通断较大的电流，可接在主电路中，控制电动机的工作。辅助触头只能通断较小的电流，常接在辅助电路（控制电路）中。触头还有动合（常开）触头和动断（常闭）触头之分，前者当吸引线圈无电时处于断开状态，后者为吸引线圈无电时处于闭合状态。当吸引线圈带电时，动合触头闭合，动断触头断开。交流接触器在工作时，如加于吸引线圈的电压过低，则铁芯会释放，使触头组复位，故具有欠位（或失压）保护功能。

按钮是一种简单的手动开关，在控制电路中用来发出"接通"或"断开"的指令。它的触头也有动合和动断两种形式。

热继电器是一种利用感受到的热量进行动作的保护电器，用来保护电路的过载。它主要由发热元件和辅助触头等组成。当电路过载时触点动作，从而使控制电路失电，达到切断主电路的目的。三相异步电动机可用一个交流接触器和按钮来实现单方向直接启动控制。控制电路中还利用辅助触头实现自锁和联锁。

3. 实验设备

（1）三相四线制交流电源 1 台。

（2）三相异步电动机 1 台。

（3）继电接触箱 1 个，导线若干。

4. 实验内容

（1）了解常用低压电器（熔断器、按钮、交流接触器、行程开关、热继电器、时间继电器等）的结构和动作原理，掌握常用继电接触控制电路的工作原理。

（2）三相异步电动机的直接启动控制。

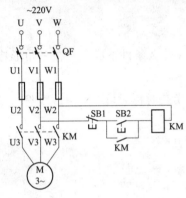

图 3-9-1　直接启动控制电路

1）三相异步电动机的直接启动控制电路如图 3-9-1 所示，其中电动机采用丫接法。

2）合上电源开关，操作按钮 SB1 和 SB2，使电动机启动和停止，观察电动机和交流接触器的动作情况。

3）断开电源开关，拆除控制电路中的自锁触点，再合上电源开关，操作按钮 SB2，再观察电动机的点动工作情况，体会自锁触点的作用。

5. 实验报告要求

（1）讨论直接启动的优点和缺点。

（2）实验电路中的短路、过载和失压三种保护功能是如何实现的？

3-10　常用继电接触控制电路

1. 实验目的

（1）了解时间继电器和行程开关的基本结构，掌握他们的使用方法。

（2）掌握常用的几种继电接触控制电路的工作原理、控制功能、接线及操作方法。

2. 实验原理

如果要求电动机按一定顺序、一定时间间隔进行启动运行或停止，常用时间继电器来实现。时间继电器是一种延时动作的继电器，从接受信号（如线圈带电）到执行动作（如触点动作）具有一定的时间间隔，此时间间隔可按需要预先整定，以协调和控制生产机械的各种动作。时间继电器的种类通常有电磁式、电动式、空气式和电子式等。时间继电器的触点系统有延时动作触点和瞬时动作触点，其中又分动合触点和动断触点。延时动作触点又分带电延时型和断电延时型。

行程开关（也称限位开关）是一种根据生产机械的行程信号进行动作的电器，用于控制生产机械的运动方向、行程大小或位置保护。行程开关所控制的是辅助电路，因此也是一种继电器。行程开关安装在固定基座上，当与被它所控制的生产机械运动部件上的"撞块"相撞时，撞块压下行程开关的滚轮，便发出触点通、断信号。当撞块离开后，有的行程开关自动复位（如单轮旋转式），有的行程开关不能自动复位（如双轮旋转式），后者须依靠另一方向的二次相撞来复位。

3. 实验设备

（1）三相四线制交流电源 1 台。

（2）三相异步电动机 1 台。

（3）继电接触箱 1 个，导线若干。

4. 实验内容

（1）顺序控制电路。顺序控制电路如图 3-10-1 所示。图中 KM1、KM2 为三相接触器，SB2、SB3 为三相电机启动按钮，SB1 为停止按钮，M1、M2 为三相异步电动机（丫形接法）。电路接好后，操作 SB2、SB3、SB1，观察电路的工作情况。若先操作 SB3，工作情况如何？

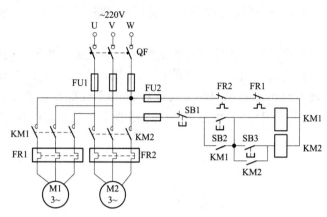

图 3-10-1 顺序控制电路

（2）时间控制电路。主电路和图 3-10-1 中相同，控制电路如图 3-10-2 所示。图中，KT 为时间继电器。操作 SB2 经一定时间后再操作 SB1，观察电路的工作情况。再调节时间继电器的延时时间，重复上述操作，并观察电路的工作情况。

（3）行程控制电路。图 3-10-3 所示为自动往复循环行程控制电路。它利用行程开关来控制电机的正、反转，用电动机的正、反转带动生产机械运动部件的左、右（或上、下）运动。图中 KM1、KM2 分别为正转、反转三相接触器；SB1、SB2 分别为正转、反转启动按钮；SQ1、SQ2 为行程开关（可以用开关代替各行程开关）；SQ3、SQ4 为左右超程行程开关。

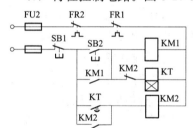

图 3-10-2 时间控制电路

5. 实验总结

分析说明各实验电路的工作原理，总结它们的动作结果。

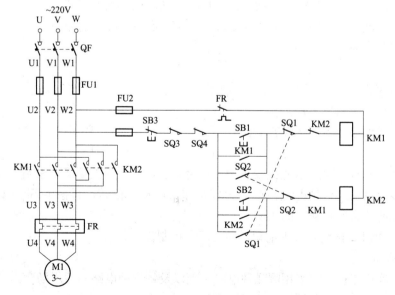

图 3-10-3 自动往复循环行程控制电路

3-11　三相异步电动机的正反转控制

1. 实验目的

掌握三相异步电动机正反转控制电路的工作原理、接线及操作方法。

2. 实验原理

生产机械往往要求运动部件可以实现正反两个方向的运动，这就要求拖动电动机能作正反向旋转。由电动机工作原理可知，改变电动机三相电源的相序，就能改变电动机的旋转方向，可采用倒顺开关或按钮、接触器等电器元件实现。图 3-11-1、图 3-11-2 所示为采用两个按钮分别控制两个接触器来改变电动机相序，实现电动机正反转的控制电路。

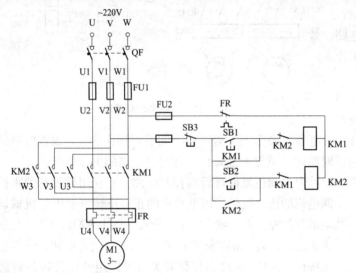

图 3-11-1 较为简单，按下正转启动按钮 SB1，KM1 线圈通电并自锁，接通正序电源，电动机正转。当要使电动机反转时，必须先按下停止按钮，使 KM1 断电，然后按下反转启动按钮 SB2，实现电动机的反转。在电路中，由于将 KM1、KM2 常闭辅助触点串接在对方线圈电路中，形成相互制约的控制，称为互锁或联锁控制。

图 3-11-1　三相异步电动机的正反控制电路一

对于要求频繁实现正反转的电动机，可用图 3-11-2 电路实现电动机控制。它是在图 3-11-1 电路基础上将正反转启动按钮 SB1 与反转启动按钮 SB2 的常闭触点串接在对方常开触点电路中，利用按钮的常开、常闭触点的机械连接，在电路中互相制约的方法，实现机械互锁。这种具有电气、机械双重互锁的控制电路是常用、可靠的电动机正反转控制电路，既可实现正转—停止—反转—停止的控制，又可实现正转—反转—停止的控制。

3. 实验设备

（1）三相四线制交流电源 1 台。

（2）三相异步电动机 1 台。

（3）继电接触箱 1 个，导线若干。

4. 实验内容

（1）按图 3-11-1 接线，检查接线正确后，合上主电源。当按下 SB1 按钮，电动机正转，观察各交流接触器的动作情况；当按下 SB3 按钮，电动机停转；再按下 SB2 按钮，观察电动机的转向，并体会联锁触点的作用。

（2）按图 3-11-2 接线，实现电动机的正反转控制。

5. 实验总结

（1）电机实现正反转可采用哪几种电路实现以及每一种电路的适用场合。

（2）讨论自锁触头和联锁触点的作用。

（3）将图 3-11-1 中 KM1、KM2 常闭辅助触点串接在对方线圈电路，实现联锁，可否直接利用按钮开关的常闭触点实现互锁？

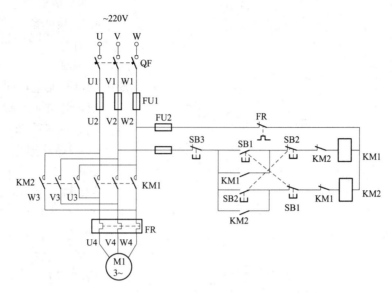

图 3-11-2　三相异步电动机的正反控制电路二

3-12　三相异步电动机的星形—三角形降压启动控制

1. 实验目的

掌握三相异步电机丫—△降压启动的方法，并了解这种启动方法的优缺点。

2. 实验原理

三相异步电机的直接启动只适合小容量的电动机，因为启动电流大。当电动机容量在 10kW 以上时，应采用减压启动，以减小启动电流，但同时也减小了启动转矩，故适用于启动转矩要求不高的场合。对于正常运行时定子绕组采用三角形连接的电动机，可采用丫—△降压启动。另外还可采取定子绕组电路串电阻或电抗器、使用自耦变压器等方法启动。这些启动方法的实质，都是在电源电压不变的情况下，启动时减小加在电动机定子绕组上的电压，以限制启动电流，而在启动以后将电压恢复至额定值，电动机进入正常运行。

丫—△降压启动控制电路如图 3-12-1 所示。图中 KM丫为丫形连接接触器，KM 为接通电源接触器，KM△为△形连接接触器，KT 为启动时间继电器。

三相笼型异步电动机的额定电压通常为 220/380V，相应的绕组接法为△/丫，这种电动机每相绕组的额定电压为 380V。我国采用的电网供电电压 380V，因此，电动机启动时接成丫形连接，电压降为额定电压的 $\frac{1}{\sqrt{3}}$，正常运转时换接成△形连接。由电工基础知识可知

$$I_{\triangle} = 3I_{丫}$$

式中，$I_{\triangle}$ 为电动机△形连接时线电流，A；$I_{丫}$ 为电动机丫形连接时线电流，A。

因此丫形连接时启动电流仅为△形连接时的 1/3，相应的启动转矩也是△形连接的 1/3。因此，丫—△启动仅适用于空载或轻载下的电动机启动。

3. 实验设备

（1）三相四线制交流电源 1 台。

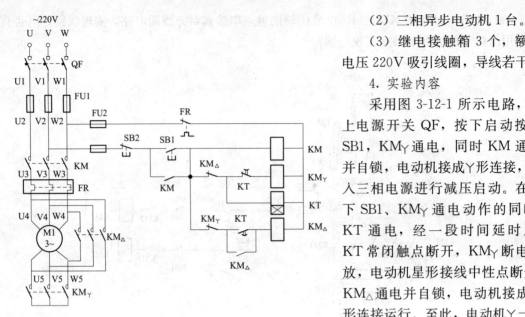

图 3-12-1　丫—△降压启动控制电路

（2）三相异步电动机 1 台。

（3）继电接触器 3 个，额定电压 220V 吸引线圈，导线若干。

4. 实验内容

采用图 3-12-1 所示电路，合上电源开关 QF，按下启动按钮 SB1，KM丫通电，同时 KM 通电并自锁，电动机接成丫形连接，接入三相电源进行减压启动。在按下 SB1、KM丫通电动作的同时，KT 通电，经一段时间延时后，KT 常闭触点断开，KM丫断电释放，电动机星形接线中性点断开，KM△通电并自锁，电动机接成△形连接运行。至此，电动机丫—△减压启动结束，电动机投入正常运行。停止时，按下 SB2 即可。

5. 实验总结

（1）比较直接启动与降压启动的特点。

（2）什么情况下采用丫—△启动？

第 4 章 PLC 实 验

4-1 FX 系列可编程控制器（PLC）

4-1-1 FX 系列可编程控制器（PLC）简介

1. 可编程控制器（PLC）简介

可编程控制器是采用微机技术的通用工业自动化装置，近几年来，在国内得到迅速推广普及，正改变着工厂自动控制的面貌，对传统的技术改造、发展新型工业具有重大的实际意义。可编程控制器是 20 世纪 60 年代末在美国首先出现的，当时叫可编程逻辑控制器（Programmable Logic Controller，PLC），目的是用来取代继电器，以执行逻辑判断、计时、计数等顺序控制功能。其基本设计思想是把计算机功能完善、灵活、通用等优点和继电器控制系统的简单易懂、操作方便、价格便宜等优点结合起来。控制器的硬件是标准的、通用的。根据实际应用对象，将控制内容写入控制器的用户程序内，控制器和被控对象连接也很方便。随着半导体技术，尤其是微处理器和微型计算机技术的发展，到 20 世纪 70 年代中期以后，中央处理器已广泛地使用微处理器，输入输出模块和外围电路都采用了中、大规模甚至超大规模的集成电路，这时的可编程控制器已不再仅有逻辑判断功能，还同时具有数据处理、调节和数据通信功能。

可编程控制器对用户来说，是一种无触点设备，改变程序即可改变生产工艺，因此可在初步设计阶段选用可编程控制器，在实施阶段再确定工艺过程。另外，从制造生产可编程控制器的厂商角度看，在制造阶段不需要根据用户的订货要求专门设计控制器，适合批量生产。由于这些特点，可编程控制器问世以后很快受到工业控制界的欢迎，并得到迅速的发展。目前，可编程控制器已成为工厂自动化的强有力工具，得到了广泛的普及推广应用。

可编程控制器（Programmable Controller）简称 PC，容易和个人计算机（Personal Computer，PC）混淆，故人们仍习惯地用 PLC 作为可编程控制器的缩写。它是一个以微处理器为核心的数字运算操作的电子系统装置，专为在工业现场应用而设计，它采用可编程序的存储器，用以在其内部存储执行逻辑运算、顺序控制、定时/计数和算术运算等操作指令，并通过数字式或模拟式的输入、输出接口，控制各种类型的机械或生产过程。PLC 是微机技术与传统的继电接触控制技术相结合的产物，克服了继电接触控制系统中的机械触点的接线复杂、可靠性低、功耗高、通用性和灵活性差的缺点，充分利用了微处理器的优点，又照顾到现场电气操作维修人员的技能与习惯，特别是 PLC 的程序编制，不需要专门的计算机编程语言知识，而是采用了一套以继电器梯形图为基础的简单指令形式，使用户程序编制形象、直观、方便易学，调试与查错也都很方便。

因此，PLC 是以微处理器为基础，综合了计算机技术、自动控制技术和通信技术的一种新型、通用的自动控制装置，是近几十年发展起来的一种新型工业控制器。由于它把计算机的编程灵活、功能齐全、应用面广等优点与继电器系统的控制简单、使用方便、抗干扰能力强、价格便宜的优点结合起来，而其本身又具有体积小、重量轻、耗电省等特点，在工业生产过程控制中的应用越来越广泛。PLC 的特点是软件简单易学，使用和维修方便，运行稳定可靠，设计施工周期短。

2. PLC 的结构及各部分的作用

可编程控制器的结构多种多样，但其组成的一般原理基本相同，都是以微处理器为核心，通常由中央处理单元（CPU）、存储器（RAM、ROM）、输入输出单元（I/O）、电源和编程器等几个部分组成，如图 4-1-1 所示。

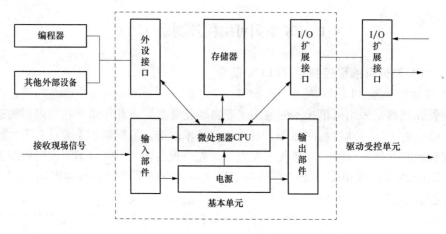

图 4-1-1　PLC 基本结构

（1）中央处理单元（CPU）。CPU 作为整个 PLC 的核心，起着总指挥的作用。CPU 一般由控制电路、运算器和寄存器组成。这些电路通常都被封装在一个集成电路的芯片上。CPU 通过地址总线、数据总线、控制总线与存储单元、输入输出接口电路连接。CPU 的功能有从存储器中读取指令，执行指令，取下一条指令，处理中断等。

（2）存储器（RAM、ROM）。存储器主要用于存放系统程序、用户程序及工作数据。存放系统软件的存储器称为系统程序存储器，存放应用软件的存储器称为用户程序存储器，存放工作数据的存储器称为数据存储器。常用的存储器有 RAM、EPROM 和 EEPROM。RAM 是一种可进行读写操作的随机存储器，存放用户程序，生成用户数据区，存放在 RAM 中的用户程序可方便地修改。RAM 是一种高密度、低功耗、价格便宜的半导体存储器，可用锂电池做备用电源；掉电时，可有效地保持存储的信息。EPROM、EEPROM 都是只读存储器。用这些类型存储器固化系统管理程序和应用程序。

（3）输入输出单元（I/O 单元）。I/O 单元实际上是 PLC 与被控对象间传递输入输出信号的接口。I/O 单元有良好的电隔离和滤波作用。接到 PLC 输入接口的输入器件是各种开关、按钮、传感器等。PLC 的各输出控制器件往往是电磁阀、接触器、继电器，而继电器可分为交流型和直流型、高电压型和低电压型、电压型和电流型。

（4）电源。PLC 电源单元包括系统的电源及备用电池，电源单元的作用是把外部电源转换成内部工作电压。PLC 内有一个稳压电源用于对 PLC 的 CPU 单元和 I/O 单元供电。

（5）编程器。编程器是 PLC 的最重要外围设备。利用编程器将用户程序送入 PLC 的存储器，还可以用编程器检查程序、修改程序、监视 PLC 的工作状态。除此以外，在个人计算机上添加适当的硬件接口和软件包，即可用个人计算机对 PLC 编程。利用微机作为编程器，可以直接编制并显示梯形图。

3. PLC 的工作原理

PLC 采用循环扫描的工作方式，在 PLC 中用户程序按先后顺序存放，CPU 从第一条指令开始执行程序，直到遇到结束符后又返回第一条，如此周而复始不断循环。PLC 的扫描过程分为内部处理、通信操作、程序输入处理、程序执行、程序输出几个阶段。全过程扫描一次所需的时间称为扫描周期。当 PLC 处于停止状态时，只进行内部处理和通信操作服务等内容。当 PLC 处于运行状态时，从内部处理、通信操作、程序输入、程序执行、程序输出，一直循环扫描工作。

（1）输入处理。输入处理也叫输入采样。在此阶段，顺序读入所有输入端子的通断状态，并将读入的信息存入内存中所对应的映象寄存器，此输入映象寄存器被刷新，接着进入程序执行阶段。在程序执行时，输入映象寄存器与外界隔离，即使输入信号发生变化，其映象寄存器的内容也不会发生变化，只有在下一个扫描周期的输入处理阶段才能被读入信息。

（2）程序执行。根据 PLC 梯形图程序扫描原则，按先左后右先上后下的步序，逐句扫描，执行程序。遇到程序跳转指令，根据跳转条件是否满足来决定程序的跳转地址。用户程序涉及输入输出状态时，PLC 从输入映象寄存器中读出上一阶段采入的对应输入端子状态，从输出映象寄存器读出对应映象寄存器状态，根据用户程序进行逻辑运算，存入有关器件寄存器中。对每个器件来说，器件映象寄存器中所寄存的内容，会随着程序执行过程而变化。

（3）输出处理。程序执行完毕后，将输出映象寄存器，即器件映象寄存器中的 Y 寄存器的状态，在输出处理阶段转存到输出锁存器，通过隔离电路、驱动功率放大电路，使输出端子向外界输出控制信号，驱动外部负载。

4. FX-20P-E 编程器

FX-20P-E 编程器（Handy Programming Panel，HPP）适用于 FX 系列 PLC，也可以通过转换器 FX-20P-E-FKIT 用于 F 系列 PLC。HPP 由液晶显示屏（16 字符×4 行）、ROM 写入器等模块接口、安装存储器卡盒的接口，以及专用的键盘（功能键、指令键、软元件符号键、数字键）等组成。

HPP 配有 FX-20P-CAB 电缆（适用于 FX2 系列 PLC）或 FX-20P-CABO 电缆（适用于 FX0 系列 PLC），用来与 PLC 连接；还有系统的存储卡，用来存放系统软件（在系统软件修改版本时更换）；其他如 ROM 写入器模块、PLC 存储器卡盒等均为选用件。

FX-20P-E 编程器有联机（Online）和脱机（Offline）两种操作方式。

（1）联机方式。联机方式是编程器对 PLC 的用户程序存储器进行直接操作、存取的方法。在写入程序时，若 PLC 内未装 EEPROM 存储器，程序写入 PLC 内部 RAM，若 PLC 内装有 EEPROM 存储器，程序写入该存储器。在联机方式下，直接对 PLC 内部的用户程序存储器进行操作，所以编程结束后，不必再向 PLC 传送。

（2）脱机方式。脱机方式是对 HPP 内部存储器的存取方式。编制的程序先写入 HPP 内部的 RAM，再成批地传送到 PLC 的存储器中，也可以在 HPP 和 ROM 写入器之间进行程序传送。

FX-10P-E 简易编程器的操作面板上的各键作用说明如下：

1）功能键（RD/WR：读出/写入键；INS/DEL：插入/删除键；MNT/TEST：监视/测试键）。三个功能键都是复用键，交替起作用，按第一次时选择键左上方表示的功能，按第二次时则选择右下方表示的功能。

2）执行键 GO。此键用于指令的确认、执行、显示画面和检索。

3）清除键 CLEAR。如在按键前按此键，则清除键入的数据。该键也可以用于清除显示屏上的错误信息或恢复原来的画面。

4）其他键 OTHER。在任何状态下按此键，将显示方式项目单菜单。安装 ROM 写入模块时，在脱机方式项目菜单上进行项目选择。

5）辅助键 HELP。此键用于显示应用指令一览表。在监视时，进行十进制数和十六进制数的转换。

6）空格键 SP。在输入时，用此键指定元件号和常数（定时器 T、计数器 C、功能指令等）。

7）步序键 STEP。用于设定步序号时按此键。

8）两个光标键↑、↓。用该键移动光标和提示符，指定元件前一个或后一个地址号的元件，作行滚动。

9）指令键、元件符号键、数字键。这些都是复用键。每个键的上面为指令符号，下面为元件符号或者数字。上、下的功能是根据当前所执行的操作自动进行切换，其中下面的元件符号 Z/V、K/H、P/I 又是交替起作用，反复按键时，互相切换。指令键共有 26 个，操作起来方便、直观。

4-1-2 PLC 基本指令

1. 编程元件

PLC 采用软件编制程序来实现控制要求。编程时要使用到各种编程元件，它们可提供无数个动合和动断触点。编程元件指输入继电器、输出继电器、辅助继电器、定时器、计数器、通用寄存器、数据寄存器及特殊功能继电器等。

PLC 内部这些继电器的作用和继电接触控制系统中使用的继电器十分相似，也有"线圈"与"触点"，但它们不是"硬"继电器，而是 PLC 存储器的存储单元。当写入该单元的逻辑状态为 1 时，则表示相应继电器线圈得电，其动合触点闭合，动断触点断开。所以，内部的这些继电器称之为"软"继电器。FX_{0N}-60MR 编程元件的编号范围与功能说明如表 4-1-1 所示。

表 4-1-1　　　　　　　　　　FX_{0N}-60MR 编程元件的编号范围与功能说明

元件名称	代表字母	编号范围	功能说明
输入继电器	X	X0～X43	接受外部输入设备的信号
输出继电器	Y	Y0～Y27	输出程序执行结果并驱动外部设备
辅助继电器	M	M0～M8254	在程序内部使用，不能提供外部输出
定时器	T	T0～T63	延时定时器，触点在程序内部使用
计数器	C	C0～C254	减法计数继电器，触点在程序内部使用
状态寄存器	S	S0～S127	用于编制顺序控制程序
数据寄存器	D	D0～D8255	数据处理用的数值存储元件

2. 基本指令

PLC 基本指令如表 4-1-2 所示。

表 4-1-2　　　　　　　　　　　　PLC 基本指令简表

名称	助记符	目标元件	说明
取指令	LD	X、Y、M、S、T、C	动合触点逻辑运算起始
取反指令	LDI	X、Y、M、S、T、C	动断触点逻辑运算起始
线圈驱动指令	OUT	Y、M、S、T、C	驱动线圈的输出
与指令	AND	X、Y、M、S、T、C	单个动合触点的串联
与非指令	ANI	X、Y、M、S、T、C	单个动断触点的串联

名称	助记符	目标元件	说明
或指令	OR	X、Y、M、S、T、C	单个动合触点的并联
或非指令	ORI	X、Y、M、S、T、C	单个动断触点的并联
或块指令	ORB	无	串联电路块的并联连接
与块指令	ANB	无	并联电路块的串联连接
主控指令	MC	Y、M	公共串联接点的连接
主控复位指令	MCR	Y、M	MC 的复位
置位指令	SET	Y、M、S	使动作保持
复位指令	RST	Y、M、S、D、V、Z、T、C	使保持复位
上升沿产生脉冲指令	PLS	Y、M	输入信号上升沿产生脉冲输出
下降沿产生脉冲指令	PLF	Y、M	输入信号下降沿产生脉冲输出
空操作指令	NOP	无	使步序作空操作
程序结束指令	END	无	程序结束

(1) 线圈驱动指令 LD、LDI、OUT。LD，取指令，表示一个与输入母线相连的动合触点指令，即动合触点逻辑运算起始。LDI，取反指令，表示一个与输入母线相连的动断触点指令，即动断触点逻辑运算起始。OUT，线圈驱动指令，也叫输出指令。

LD、LDI 两条指令的目标元件是 X、Y、M、S、T、C，用于将接点接到母线上；也可以与 ANB 指令、ORB 指令配合使用，在分支起点也可使用。

OUT 是驱动线圈的输出指令，它的目标元件是 Y、M、S、T、C，对输入继电器 X 不能使用。OUT 指令可以连续使用多次。

LD、LDI 是一个程序步指令，这里的一个程序步即是一个字。OUT 是多程序步指令，要视目标元件而定。OUT 指令的目标元件是定时器 T 和计数器 C 时，必须设置常数 K。

(2) 触点串联指令 AND、ANI。AND，与指令，用于单个动合触点的串联。ANI，与非指令，用于单个动断触点的串联。AND 与 ANI 都是一个程序步指令，它们串联触点的个数没有限制，也就是说这两条指令可以多次重复使用。

OUT 指令后，通过触点对其他线图使用 OUT 指令称为纵接输出或连续输出，连续输出如果顺序不错可以多次重复。

(3) 触点并联指令 OR、ORI。OR，或指令，用于单个动合触点的并联。ORI，或非指令，用于单个动断触点的并联。OR 与 ORI 指令都是一个程序步指令，它们的目标元件是 X、Y、M、S、T、C。这两条指令都是并联一个触点。需要两个以上接点串联连接电路块的并联连接时，要用 ORB 指令。

(4) 串联电路块的并联连接指令 ORB。两个或两个以上的触点串联连接的电路叫串联电路块。串联电路块并联连接时，分支开始用 LD、LDI 指令，分支结果用 ORB 指令。ORB 指令与 ANB 指令均为无目标元件指令，而两条无目标元件指令的步长都为一个程序步。ORB 有时也简称或块指令。ORB 指令的使用方法有两种：一种是在要并联的每个串联电路块后加 ORB 指令；另一种是集中使用 ORB 指令。对于前者分散使用 ORB 指令时，并联电路块的个数没有限制，但对于后者集中使用 ORB 指令时，这种电路块并联的个数不能超过 8 个。

(5) 并联电路的串联连接指令 ANB。两个或两个以上的触点并联的电路称为并联电路块。分支电路并联电路块与前面电路串联连接时，使用 ANB 指令。分支的起点用 LD、LDI 指令，并联电路块结束后，使用 ANB 指令与前面电路串联。ANB 指令也简称与块指令。

ANB 也是无操作目标元件，是一个程序步指令。

（6）主控及主控复位指令 MC、MCR。MC 为主控指令，用于公共串联触点的连接；MCR 为主控复位指令，即 MC 的复位指令。在编程时，经常遇到多个线圈同时受一个或一组触点控制。如果在每个线圈的控制电路中都串入同样的触点，将多占用存储单元，应用主控指令可以解决这一问题。使用主控指令的触点称为主控触点，它在梯形图中与一般的触点垂直。它们是与母线相连的常开接点，是控制一组电路的总开关。MC 指令是 3 程序步指令，MCR 指令是 2 程序步指令，两条指令的操作目标元件是 Y、M，但不允许使用特殊辅助继电器 M。与主控触点相连的接点必须用 LD 或 LDI 指令。使用 MC 指令后，母线移到主控触点的后面，MCR 指令使母线回到原来的位置。在 MC 指令内再使用 MC 指令时嵌套级 N 的编号（0~7）顺序增大，返回时用 MCR 指令，从大的嵌套级开始解除。

（7）置位与复位指令 SET、RST。SET 为置位指令，使动作保持；RST 为复位指令，使操作保持复位。SET 指令的操作目标元件为 Y、M、S。RST 指令的操作目标元件为 Y、M、S、D、V、Z、T、C。这两条指令是 1~3 个程序步指令。用 RST 指令可以对定时器、计数器、数据寄存器、变址寄存器的内容清零。

（8）脉冲输出指令 PLS、PLF。PLS 指令在输入信号上升沿产生脉冲输出，而 PLF 在输入信号下降沿产生脉冲输出，这两条指令都是 2 程序步指令，它们的目标元件是 Y 和 M，但特殊辅助继电器不能作目标元件。使用 PLS 指令，元件 Y、M 仅在驱动输入接通后的一个扫描周期内动作。而使用 PLF 指令，元件 Y、M 仅在驱动输入断开后的一个扫描周期内动作。

（9）空操作指令 NOP。NOP 指令是一条无动作、无目标元件的 1 程序步指令。空操作指令是该步序做空操作。用 NOP 指令替代已写入指令，可以改变电路。在程序中加入 NOP 指令，在改动或追加程序时可以减少步序号的改变。

（10）程序结束指令 END。END 是一条无目标元件的 1 程序步指令。PLC 反复进行输入处理、程序运算、输出处理，若在程序最后写入 END 指令，则 END 以后的程序步就不再执行，直接进行输出处理。在程序调试过程中，插入 END 指令，可以顺序扩大对各程序段的检查。采用 END 指令将程序划分为若干段，在确认处理前面电路块的动作正确无误之后，依次删去 END 指令。

3. 功能指令

FX 系列 PLC 除了用于开关量运算的基本指令外，还有用于处理数据传送、比较、四则运算的功能指令。功能指令一般用指令的英文名称或缩写作为指令助记符，如 BMOV 的英文为 Block Move。有的功能指令没有操作数，大多数功能指令有 1~4 个操作数。PLC 功能指令如表 4-1-3 所示。

表 4-1-3　　　　　　　　　　　　　　PLC 功能指令简表

指令助记符	指令号	含义	指令助记符	指令号	含义
CJ	0	条件跳转	INC	24	BIN 加 1
IRET	3	中断返回	DEC	25	BIN 减 1
EI	4	中断元件	WAND	26	BIN 逻辑"与"
DI	5	禁止中断	WOR	27	逻辑"或"
FEND	6	主程序结束	WXOR	28	异或
WDT	7	警戒定时器刷新	SFTR	34	位右移
FOR	8	循环区起点	SFTL	35	位左移

指令助记符	指令号	含义	指令助记符	指令号	含义
NEXT	9	循环区结束	ZRST	40	区间复位
CMP	10	比较	DECO	41	解码
ZCP	11	区间比较	ENCO	42	编码
MOV	12	传送	REF	50	I/O 刷新
BMOV	15	批传送	HSCS	53	比较置位（高速计数器）
BCD	18	BIN→BCD 转换	HSCR	54	比较复位（高速计数器）
BIN	19	BCD→BIN 转换	PLSY	57	脉冲序列输出
ADD	20	BIN 加	PWM	58	脉宽调制（只能用一次）
SUB	21	BIN 减	IST	60	置初始状态（只能用一次）
MUL	22	BIN 乘法	ALT	66	交替输出
DIV	23	BIN 除法	RAMP	67	斜坡信号

4-1-3 PLC 编程语言

所谓程序编制，就是用户根据控制对象的要求，利用 PLC 厂家提供的程序编制语言，将一个控制要求描述出来的过程。PLC 最常用的编程语言是梯形图语言和指令语句表语言，且两者常常联合使用。

1. 梯形图

梯形图是一种从继电接触控制电路图演变而来的图形语言。它是借助类似于继电器的动合、动断触点、线圈以及串、并联等术语和符号，根据控制要求连接而成的表示 PLC 输入和输出之间逻辑关系的图形，直观易懂。梯形图中图形符号—╂╂—和—╂/╂—分别表示 PLC 编程元件的动断和动合接点；用（ ）表示它们的线圈。梯形图中编程元件的种类用图形符号及标注的字母或数加以区别。

（1）梯形图的设计应注意以下几点：

1）触点的安排。梯形图的触点应画在水平线上，不能画在垂直分支上。

2）串、并联的处理。在有几个串联回路相并联时，应将触点最多的那个串联回路放在梯形图最上面。在有几个并联回路相串联时，应将触点最多的并联回路放在梯形图的最左面。

3）线圈的安排。不能将触点画在线圈右边，只能在触点的右边接线圈。

4）不准双线圈输出。如果在同一程序中同一元件的线圈使用两次或多次，则称为双线圈输出。这时前面的输出无效，只有最后一次才有效，所以不应出现双线圈输出。

5）梯形图按从左到右、从上到下的顺序排列。每一逻辑行起始于左母线，然后是触点的串、并联，最后是线圈与右母线相连。

6）梯形图中每个梯级流过的不是物理电流，而是"概念电流"，从左流向右，其两端没有电源。这个"概念电流"只是形象地描述用户程序执行中应满足线圈接通的条件。

7）输入继电器用于接收外部输入信号，而不能由 PLC 内部其他继电器的触点来驱动。因此，梯形图中只出现输入继电器的触点，而不出现其线圈。输出继电器输出程序执行结果给外部输出设备，当梯形图中的输出继电器线圈得电时，就有信号输出，但不是直接驱动输出设备，而要通过输出接口的继电器、晶体管或晶闸管才能实现。输出继电器的触点可供内部编程使用。

8）重新编排电路。如果电路结构比较复杂，可重复使用一些触点画出它的等效电路，然后再进行编程就比较容易。

9）编程顺序。对复杂的程序可先将程序分成几个简单的程序段，每一段从最左边触点开始，由上至下向右进行编程，再把程序逐段连接起来。

（2）梯形图编程的步骤：

1）确定控制系统所需要的 I/O 点数，列出 I/O 地址分配表。

2）画出 PLC 外部 I/O 端子的电气接线图。

3）编写梯形图控制程序。

4）调试梯形图控制程序，并以文件形式保存梯形图控制程序。

2. 指令语句表

指令语句表是一种用指令助记符来编制 PLC 程序的语言，类似于计算机的汇编语言，但比汇编语言易懂易学。若干条指令组成的程序就是指令语句表。一条指令语句由步序、指令和作用元件编号三部分组成。图 4-1-2 所示是以 PLC 实现三相鼠笼式异步电动机直接启/停控制电路为例的两种编程语言的表示方法。

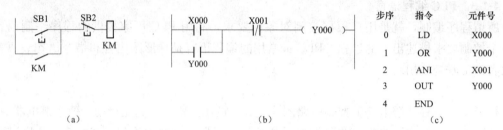

图 4-1-2　PLC 三相鼠笼式异步电动机直接启/停控制

（a）继电接触控制线路；（b）PLC 梯形图；（c）编程指令

4-2　GX Developer 编程软件

1. 软件概述

GX Developer 是三菱通用性较强的编程软件，能够完成 Q 系列、QnA 系列、A 系列（包括运动控制 CPU）、FX 系列 PLC 梯形图、指令表、SFC 等的编辑。该编程软件能够将编辑的程序转换成 GPPQ、GPPA 格式的文档，当选择 FX 系列时，还能将程序存储为 FXGP（DOS）、FXGP（WIN）格式的文档，以实现与 FX-GP/WIN-C 软件的文件互换。该编程软件能够将 Excel、Word 等软件编辑的说明性文字、数据，通过复制、粘贴等简单操作导入程序中，使软件的使用、程序的编辑更加便捷。此外，GX Developer 编程软件还具有以下一些特点：

（1）操作简便。

1）标号编程。用标号编程制作程序，不需要认识软元件的号码而能够根据标示值做成标准程序。用标号编程做成的程序能够依据汇编从而作为实际的程序来使用。

2）功能块。功能块是以提高顺序程序的开发效率为目的而开发的一种功能。把开发顺序程序时反复使用的顺序程序回路块零件化，使得顺序程序的开发变得容易；此外，零件化后，能够防止将其运用到别的顺序程序使得顺序输入错误。

3）宏。只要在任意的回路模式上加上名字（宏定义名）登录（宏登录）到文档，然后输入简单的命令，就能够读出登录过的回路模式，变更软元件就能够灵活利用了。

（2）能够用下述各种方法和可编程控制器 CPU 连接：

1）经由串行通信口与可编程控制器 CPU 连接。

2）经由 USB 接口与可编程控制器 CPU 连接。

3）经由 MELSEC NET/10（H）与可编程控制器 CPU 连接。

4）经由 MELSEC NET（II）与可编程控制器 CPU 连接。

5）经由 CC-Link 与可编程控制器 CPU 连接。

6）经由 Ethernet 与可编程控制器 CPU 连接。

7）经由计算机接口与可编程控制器 CPU 连接。

（3）调试功能。

1）由于运用了梯形图逻辑测试功能，能够更加简单地进行调试作业。通过该软件可进行模拟在线调试，不需要与可编程控制器连接。

2）在帮助菜单中有 CPU 出错信息、特殊继电器/特殊寄存器的说明等内容，所以对于在线调试过程中发生错误，或者是程序编辑中想知道特殊继电器/特殊寄存器的内容的情况下，通过帮助菜单可非常简便地查询到相关信息。

3）程序编辑过程中发生错误时，软件会提示错误信息或错误原因，所以能大幅度缩短程序编辑的时间。

2. GX Developer 的特点

这里主要就 GX Developer 编程软件和 FX 专用编程软件操作使用的不同进行简单说明。

（1）软件适用范围不同。FX-GP/WIN-C 编程软件为 FX 系列可编程控制器的专用编程软件，而 GX Developer 编程软件适用于 Q 系列、QnA 系列、A 系列（包括运动控制 SCPU）、FX 系列所有类型的可编程控制器。需要注意的是，使用 FX-GP/WIN-C 编程软件编辑的程序能够在 GX Developer 中运行，但是使用 GX Developer 编程软件编辑的程序并不一定能在 FX-GP/WIN-C 编程软件中打开。

（2）操作运行不同：

1）步进梯形图命令（STL、RET）的表示方法不同。

2）GX Developer 编程软件编辑中新增加了监视功能。监视功能包括回路监视、软元件同时监视、软元件登录监视功能。

3）GX Developer 编程软件编辑中新增加了诊断功能，如可编程控制器 CPU 诊断、网络诊断、CC-Link 诊断等。

4）FX-GP/WIN-C 编程软件中没有 END 命令，程序依然可以正常运行，而 GX Developer 在程序中强制插入 END 命令，否则不能运行。

3. 操作界面

图 4-2-1 所示为 GX Developer 编程软件的操作界面。该操作界面大致由下拉菜单、工具条、编程区、工程数据列表、状态条等部分组成。这里需要特别注意的是，在 FX-GP/WIN-C 编程软件里称编辑的程序为文件，而在 GX Developer 编程软件中称之为工程。

与 FX-GP/WIN-C 编程软件的操作界面相比，该软件取消了功能图、功能键，并将这两部分内容合并，作为梯形图标记工具条；新增加了工程参数列表、数据切换工具条、注释工具条等。这样友好的直观的操作界面使操作更加简便。

图 4-2-1 中引出线所示的名称、内容说明如表 4-2-1 所示。

4. 参数设定

（1）PLC 参数设定。通常选定 PLC 后，在开始程序编辑前都需要根据所选择的 PLC 进行必要的参数设定，否则会影响程序的正常编辑。PLC 的参数设定包含 PLC 名称设定、PLC 系统设定、PLC 文件设定等 12 项内容，不同型号的 PLC 需要设定的内容是有区别的。

（2）远程密码设定。Q 系列 PLC 能够进行远程连接，因此，为了防止因非正常的远程连接而造成恶意的程序破坏、参数修改等事故的发生，Q 系列 PLC 可以设定密码，以避免

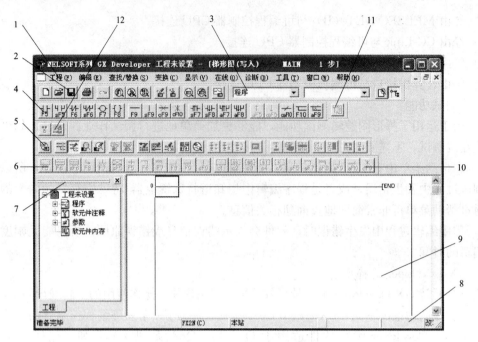

图 4-2-1　GX Develop 编程软件操作界面图

表 4-2-1　　　　　　　　　　　　　**操 作 界 面 功 能**

序号	名　称	内　容
1	下拉菜单	包含工程、编辑、查找/替换、交换、显示、在线、诊断、工具、窗口、帮助，共10 个菜单
2	标准工具条	由工程菜单、编辑菜单、查找/替换菜单、在线菜单、工具菜单中常用的功能组成
3	数据切换工具条	可在程序菜单、参数、注释、编程元件内存这四个项目中切换
4	梯形图标记工具条	包含梯形图编辑所需要使用的常开触点、常闭触点、应用指令等内容
5	程序工具条	可进行梯形图模式、指令表模式的转换，进行读出模式、写入模式、监视模式、监视写入模式的转换
6	SFC 工具条	可对 SFC 程序进行块变换、块信息设置、排序、块监视操作
7	工程参数列表	显示程序、编程元件注释、参数、编程元件内存等内容，可实现这些项目的数据的设定
8	状态栏	提示当前的操作：显示 PLC 类型以及当前操作状态等
9	操作编辑区	完成程序的编辑、修改、监控等的区域
10	SFC 符号工具条	包含 SFC 程序编辑所需要使用的步、块启动步、选择合并、平行等功能键
11	编程元件内存工具条	进行编程元件的内存的设置
12	注释工具条	可进行注释范围设置或对公共/各程序的注释进行设置

类似事故的发生。通过左键双击工程数据列表中的远程口令选项（见图 4-2-2），打开远程口令设定窗口即可设定口令以及口令有效的模块。口令为 4 个字符，有效字符为"A～Z"、"a～z"、"0～9"、"@"、"!"、"#"、"$"、"%"、"&"、"/"、"*"、","、"."、"。"、"〈"、"〉"、"?"、"{"、"}"、"|"、"["、"]"、":"、"="、""、"-"、"～"。这里需要注意的是，当变更连接对象或变更 PLC 类型时（PLC 系列变更），远程密码将失效。

5. 梯形图编辑

梯形图在编辑时的基本操作步骤和操作的含义与 FX-GP/WIN-C 编程软件类似，但在操作界面和软件的整体功能方面有了很大的提高。在使用 GX Developer 编程软件进行梯形图基本功能操作时，可以参考 FX-GP/WIN-C 编程软件的操作步骤进行编辑。

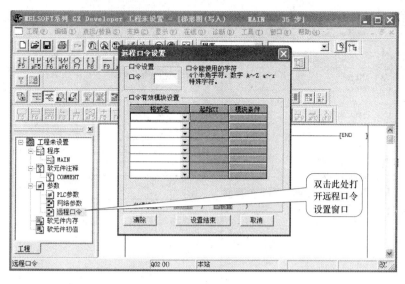

图 4-2-2 远程密码设定窗口

（1）梯形图的创建。该操作主要是执行梯形图的创建和输入操作，在 GX Developer 中创建如图 4-2-3 所示的梯形图。

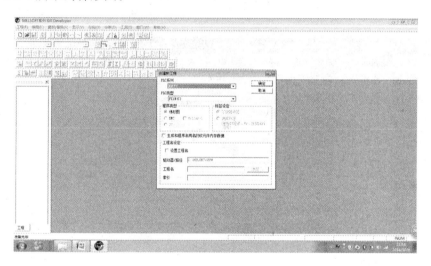

图 4-2-3 创建新工程

（2）规则线操作。

1）规则线插入。该指令用于插入规则线，操作步骤：

① 单击［划线写入］或按［F10］，如图 4-2-4 所示。

② 将光标移至梯形图中需要插入规则线的位置。

③ 按住鼠标左键并移动到规则线终止位置。

2）规则线删除。该指令用于删除规则线，操作步骤：

① 单击［划线写入］或按［F10］，如图 4-2-4 所示。

② 将光标移至梯形图中需要删除图 4-2-5 所示规则线的位置。

③ 按住鼠标左键并移动到规则线终止位置。

（3）标号程序。

1）标号编程简介。标号编程是 GX Developer 编程软件中新添的功能。通过标号编程用

图 4-2-4　规则线插入

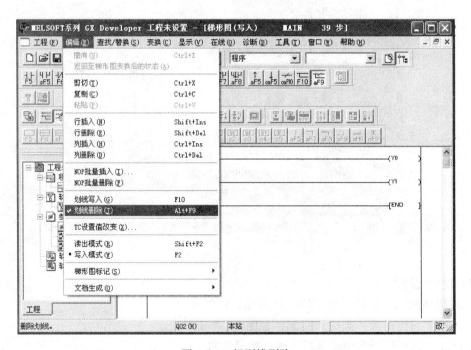

图 4-2-5　规则线删除

宏制作顺控程序能够对程序实行标准化，此外能够与实际的程序同样地进行回路制作和监视的操作。标号编程与普通的编程方法相比主要有以下几个优点：

①可根据机器的构成方便地改变其编程元件的配置，从而能够简单地被其他程序使用。

②即使不明白机器的构成，通过标号也能够编程；当决定了机器的构成以后，通过合理配置标号和实际的编程元件就能够简单地生成程序。

③ 只要指定标号分配方法就可以不用在意编程元件/编程元件号码,只用编译操作来自动地分配编程元件。

④ 因为使用标号名就能够实行程序的监控调试,所以能够高效率地实行监视。

2)标号程序的编制流程。标号程序的编制只能在 QCPU 或 QnACPU 系列 PLC 中进行,在编制过程中首先需要进行 PLC 类型指定、标号程序指定、设定变量等操作。

6.查找及注释

(1)查找/替代。与 FX-GP/WIN-C 编程软件一样,GX Developer 编程软件也为用户提供了查找功能,相比之下后者的使用更加方便。如图 4-2-6 所示,选择查找功能时可以通过点选查找/替换下拉菜单选择查找指令或在编辑区单击鼠标右键弹出的快捷工具栏中选择查找指令来实现。

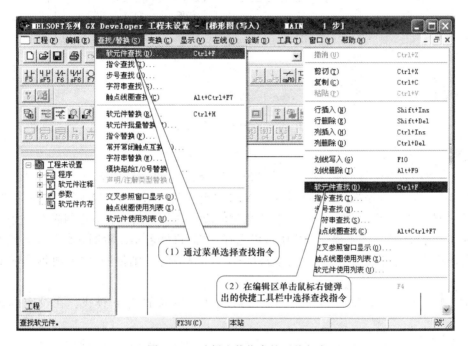

图 4-2-6　选择查找指令的两种方式

此外,该软件还新增了替换功能,这为程序的编辑、修改提供了极大的便利。因为查找功能与 FX-GP/WIN-C 编程软件的查找功能基本一致,所以,这里着重介绍一下替换功能的使用。

查找/替换菜单中的替换功能根据替换对象不同,可为编程元件替换、指令替换、常开常闭触点互换、字符串替换等。下面介绍常用的几个替换功能:

1)编程元件替换。通过该指令的操作可以用一个或连续几个元件把旧元件替换掉。在实际操作过程中,可根据用户的需要或操作习惯对替换点数、查找方向等进行设定,方便使用者操作。如图 4-2-7 所示,操作步骤如下:

① 选择查找/替换菜单中编程元件替换功能,并显示编程元件替换窗口。

② 在旧元件一栏中输入将被替换的元件名。

③ 在新元件一栏中输入新的元件名。

④ 根据需要可以对查找方向、替换点数、数据类型等进行设置。

⑤ 执行替换操作,可完成全部替换、逐个替换、选择替换。

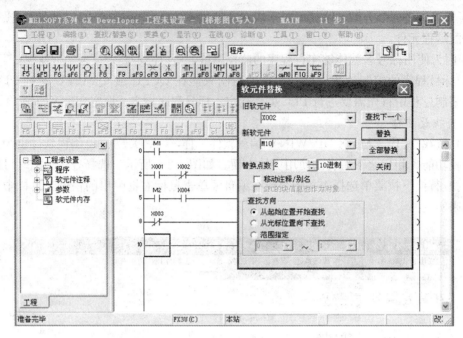

图 4-2-7　编程元件替换操作

说明：

替换点数：如当在旧元件一栏中输入"X002"，在新元件一栏中输入"M10"且替换点数设定为"3"时，执行该操作的结果是："X002"替换为"M10"，"X003"替换为"M11"，"X004"替换为"M12"。此外，设定替换点数时可选择输入的数据为10进制或16进制的。

移动注释/机器名：在替换过程中可以选择注释/机器名不跟随旧元件移动，而是留在原位成为新元件的注释/机器名。当该选项前打"√"时，则说明注释/机器名将跟随旧元件移动。

查找方向：可选择从起始位置开始查找、从光标位置向下查找、在设定的范围内查找。

2）指令替换。通过该指令的操作可以将一个新的指令把旧指令替换掉。在实际操作过程中，可根据用户的需要或操作习惯进行替换类型、查找方向的设定，方便使用者操作。如图 4-2-8 所示，操作步骤如下：

① 选择查找/替换菜单中指令替换功能，并显示指令替换窗口。

② 选择旧指令的类型（动合、动断），输入元件名。

③ 选择新指令的类型，输入元件名。

④ 根据需要可以对查找方向、查找范围进行设置。

⑤ 执行替换操作，可完成全部替换、逐个替换、选择替换。

3）动合/动断触点互换。通过该指令的操作可以将一个或连续若干个编程元件的动合、动断触点进行互换。该操作为程序的修改、编写提供了极大的方便，避免因遗漏导致个别编程元件未能修改而产生的错误。如图 4-2-9 所示，操作步骤如下：

① 选择查找/替换菜单中动合/动断触点互换功能，并显示互换窗口。

② 输入元件名。

③ 根据需要对查找方向、替换点数等进行设置。这里的替换点数与编程元件替换中的替换点数的使用和含义相同。

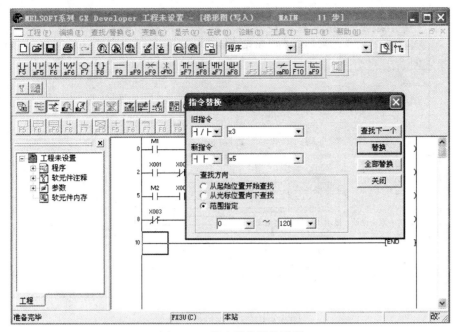

图 4-2-8 指令替换操作说明

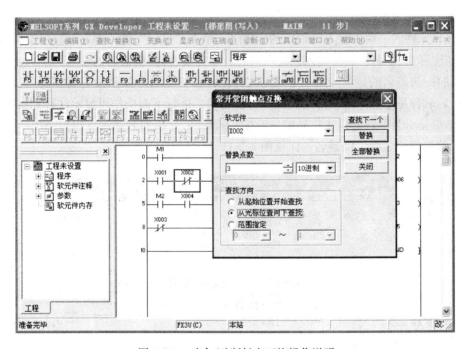

图 4-2-9 动合/动断触点互换操作说明

④ 执行替换操作，可完成全部替换、逐个替换、选择替换。

（2）注释/机器名。在梯形图中引入注释/机器名后，使用户可以更加直观地了解各编程元件在程序中所起的作用。下面介绍怎样编辑元件的注释以及机器名。

1）注释/机器名的输入。如图 4-2-10 所示，操作步骤如下：

① 单击显示菜单，选择工程数据列表，并打开工程数据列表。也可按"Alt＋O"键打开、关闭工程数据列表。

② 在工程数据列表中单击软件元件注释选项，显示 COMMENT（注释）选项，双击该选项。

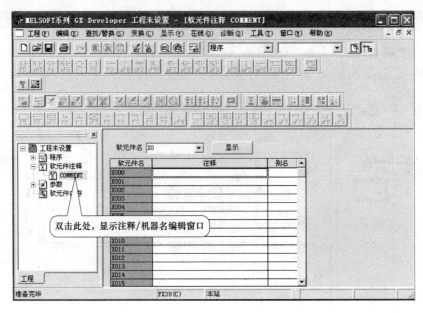

图 4-2-10　注释/机器名输入

③ 显示注释编辑画面。

④ 在软元件名一栏中输入要编辑的元件名，单击"显示"键，画面就显示编辑对象。

⑤ 在注释/机器名栏目中输入欲说明内容，即完成注释/机器名的输入。

2）注释/机器名的显示。用户定义完软件注释和机器名，如果没有将注释/机器名显示功能开启，软件是不显示编辑好的注释和机器名的，进行下面操作可显示注释和机器名。

① 单击显示菜单，选择注释显示（可按 Ctrl＋F5）、机器名显示（可按 Alt＋Ctrl＋F6）即可显示编辑好的注释、机器名，详见图 4-2-11。

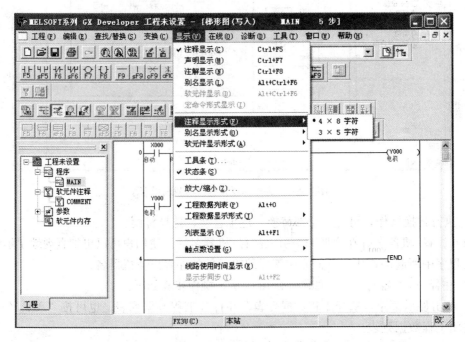

图 4-2-11　注释/机器名显示操作说明

② 单击显示菜单，选择注释显示形式，还可定义显示注释、机器名字体的大小。

7. 在线监控与写入

GX Developer 软件提供了在线监控和写入的功能。

（1）在线监控。所谓在线监控，主要就是通过 GX Developer 软件对当前各个编程元件的运行状态和当前性质进行监控。GX Developer 软件的在线监控功能与 FX-GP/WIN-C 编程软件的功能和操作方式基本相同，但操作界面有所差异，在此不再赘述。

（2）写入。操作步骤如下：

1）打开计算机已经编写完成的 PLC 程序。

2）选择在线菜单并单击"在线写入"键。

3）等几秒后会出现下一对话框，此时 PLC 程序进入写入状态，单击菜单中的"主程序"键，进入下一步。

4）此时，将计算机编好的程序存入 PLC 存储器中。

5）运行 PLC 程序，观察结果。

4-3 PLC 控制小车自动往返运动

1. 实验目的

（1）熟悉 PLC 的使用。

（2）熟悉 FX 系列 PLC 的基本逻辑指令，初步掌握 PLC 的编程。

（3）熟悉 PLC 控制与继电器控制的区别。

（4）掌握编程器或编程软件的使用方法。

2. 实验设备

（1）FX_{0N}、FX_{1N} 或 FX_{2N} 系列 PLC 1 台。

（2）安装有 GX Developer 编程软件的计算机 1 台，FX-20P-E 手持编程器 1 只。

（3）PLC－XC1 型小车运动系统一台、24V 继电器、导线若干等。

3. 实验内容

小车运动控制要求：按下启动按钮 SB1 小车启动，到达 SQ4 时小车停止，延时 1s 后小车向 SQ1 方向运动；到达后延时 1s，再向 SQ4 方向运动。如此往复。小车自动往返 PLC 控制梯形图如图 4-3-1 所示。其 I/O 分配及编程元件如表 4-3-1 所示。

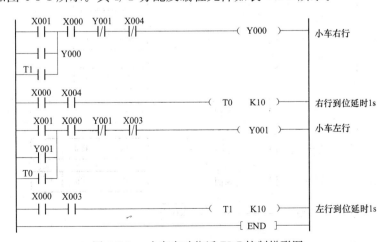

图 4-3-1　小车自动往返 PLC 控制梯形图

表 4-3-1　　I/O 分配及编程元件表

输入端子	输出端子	内部元件
小车启动：X1		
小车停止：X0	正转：Y0	T0：右行到位工作 1s
右行行程：X4	反转：Y1	T1：左行到位工作 1s
左行行程：X3		
过载保护：X6		

4. 实验注意事项

检查接线正确后，合上主电源，按下启动按钮进行实验，观察各交流接触器的动作情况及小车的变化。

5. 实验报告要求

分析说明实验原理，总结它们的动作结果。

4-4　PLC 彩灯控制

1. 实验目的

（1）进一步熟悉 FX 系列 PLC 的基本指令和功能指令。

（2）进一步熟悉 PLC 的程序设计和调试方法。

（3）掌握编程器或编程软件的使用方法。

2. 实验设备

（1）PLC 实验箱 1 台。

（2）安装有 GX Developer 编程软件的计算机 1 台，FX-20P-E 手持编程器 1 只。

（3）导线若干。

3. 实验内容

（1）控制要求。如图 4-4-1 所示为 16 位循环移位彩灯控制的梯形图程序，彩灯是否移位由 X20 来控制，移位的方向由 X21 来控制。图中 X0～X21 可用实验箱上的钮子开关来模拟，Y0～Y16 用实验箱上的信号灯来表示。在 X20 由 OFF 转到 ON 时，根据 X0～X16 的状态给 Y0～Y16 置初值。

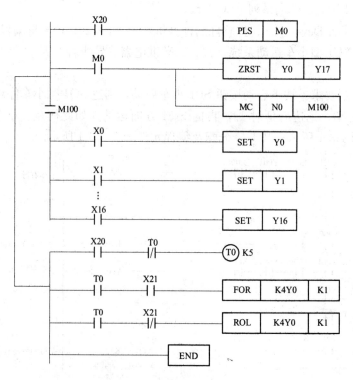

图 4-4-1　彩灯控制程序

（2）程序调试。将图 4-4-1 所示的梯形图写入 PLC，检查无误后开始运行，通过观测与 Y0～Y17 对应的 LED，检查彩灯的工作情况。按以下步骤操作，检查程序是否正确：

1）观察移位寄存器的循环移位功能是否正常，初始值是否与设定值相同。

2）改变初始值设定开关 X0～X16 的状态，断开开关 X20，然后将它接通，观察是否在 X20 接通时，移位寄存器按新的初始值运行，其初始值是否符合新的设定值。

3）改变 T0 的设定值，观察移位速率是否变化。

4）改变 X21 的状态，观察能否改变移位的方向。

4. 实验报告要求

（1）写出本程序的调试步骤和观察结果。

（2）自己用相关指令重新设计一个彩灯控制程序，并上机调试、观测实验结果。

4-5 PLC 交 通 灯 控 制

1. 实验目的

（1）熟悉 FX 系列 PLC 的基本逻辑指令。

（2）熟悉设计和调试程序的方法。

（3）用 PLC 构成交通灯控制系统。

（4）掌握编程器或编程软件的使用方法。

2. 实验设备

（1）FX_{0N}、FX_{1N} 或 FX_{2N} 系列 PLC 1 台。

（2）安装有 GX Developer 编程软件的计算机 1 台，FX-20P-E 手持编程器 1 只。

（3）PLC 交通灯控制模块 1 只。

3. 实验内容

（1）控制要求。交通灯控制示意图如图 4-5-1 所示。启动后，南北红灯亮并维持 20s。在南北红灯亮的同时，东西绿灯也亮，1s 后，东西车灯亮即甲亮。到 15s 时，东西绿灯闪亮，3s 后熄灭，在东西绿灯熄灭后东西黄灯亮，同时甲灭。黄灯亮 2s 后灭，东西红灯亮。与此同时，南北红灯灭，南北绿灯亮。1s 后，南北车灯亮即乙亮。南北绿灯亮了 20s 后闪亮，3s 后熄灭，同时乙灭。黄灯亮 2s 后熄灭，南北红灯亮，东西绿灯亮。往返循环。

（2）I/O 分配及编程元件表。PLC 交通灯控制是一个时间控制程序。设计时可以选择一些定时器来表示这些时间，其触点实现各信号灯的输出控制规律。其 I/O 分配及编程元件表如表 4-5-1 所示。

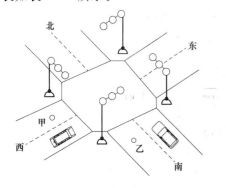

图 4-5-1　交通灯控制示意图

表 4-5-1　　　　I/O 分配及编程元件表

输入端子	输出端子	内部元件
	南北红灯：Y0 南北黄灯：Y1 南北绿灯：Y2 东西红灯：Y3 东西黄灯：Y4 东西绿灯：Y5 南北车灯：Y6 东西车灯：Y7	T0：南北红灯工作 20s T12：东西绿灯工作 1s T6：东西车灯工作 15s T22：东西绿灯闪烁 3s T3：东西黄灯工作 2s T1：东西红灯工作 20s T13：南北绿灯工作 1s T4：南北车灯工作 30s T22：南北绿灯闪烁 3s T5：南北黄灯工作 2s
交通灯工作开关：X0 交通灯停止开关：X1		

（3）PLC交通灯控制参考梯形图如图4-5-2所示。

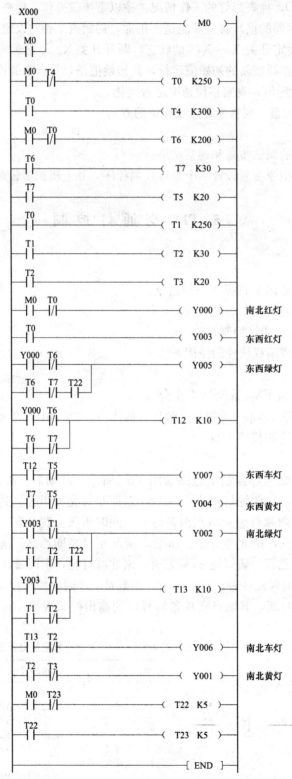

图 4-5-2　PLC交通灯控制参考梯形图

4. 思考题

交通灯的控制程序能否用状态指令完成？

5. 实验报告要求

（1）编写梯形图控制程序。

（2）调试梯形图控制程序。

（3）整理调试程序的步骤和调试中观察到的现象。

4-6　PLC 喷泉控制

1. 实验目的

（1）熟悉设计和调试程序的方法。

（2）用 PLC 构成喷泉控制系统。

（3）掌握编程器或编程软件的使用方法。

2. 实验设备

（1）FX_{0N}、FX_{1N} 或 FX_{2N} 系列 PLC 1 台。

（2）安装有 GX Developer 编程软件的计算机 1 台，FX-20P-E 手持编程器 1 只。

（3）PLC 喷泉控制模块 1 只。

3. 实验内容

（1）控制要求。喷泉控制示意图如图 4-6-1 所示，隔灯闪烁：L1 亮 0.5s 后灭，接着 L2 亮 0.5s 后灭，接着 L3 亮 0.5s 后灭，接着 L4 亮 0.5s 后灭，接着 L5、L9 亮 0.5s 后灭，接着 L6、L10 亮 0.5s 后灭，接着 L7、L11 亮 0.5s 后灭，接着 L8、L12 亮 0.5s 后灭，L1 亮 0.5s 后灭，如此循环下去。

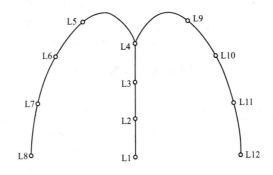

图 4-6-1　数码显示模块

表 4-6-1　I/O　分　配　表

输入端子	输出端子	
启动按钮：X0 停止按钮：X1	L1：Y0　L5、L9：Y4 L2：Y1　L6、L10：Y5 L3：Y2　L7、L11：Y6 L4：Y3　L8、L12：Y7	

（2）I/O 分配。PLC 数码显示控制 I/O 分配如表 4-6-1 所示。

（3）PLC 喷泉控制参考梯形图如图 4-6-2 所示。

（4）调试并运行程序。

4. 实验报告要求

（1）根据数码显示要求画出梯形图。

（2）总结 PLC 的使用及应用。

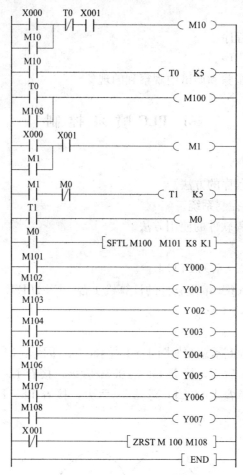

图 4-6-2　PLC 喷泉控制参考梯形图

4-7　PLC 水塔水位控制

1. 实验目的

（1）通过调试程序，熟悉 FX 系列 PLC 移位指令的设计和调试方法。

（2）用 PLC 构成水塔水位控制系统。

2. 实验设备

（1）FX_{0N}、FX_{1N} 或 FX_{2N} 系列 PLC 1 台。

（2）PLC 水塔水位控制模块 1 只。

3. 实验内容

（1）控制要求。水塔水位控制示意图如图 4-7-1 所示。按下 SB4，水池需要进水，灯 L2 亮；直到按下 SB3，水池水位到位，灯 L2 灭；按 SB2，表示水塔水位低需进水，灯 L1 亮，进行抽水；直到按下 SB1，水塔水位到位，灯 L1 灭，过 2s 后，水塔放完水后重复上述过程即可。

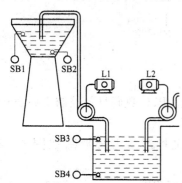

图 4-7-1　水塔水位控制示意图

（2）I/O 分配。PLC 水塔水位控制 I/O 分配如表 4-7-1 所示。

（3）PLC 水塔水位控制参考梯形图如图 4-7-2 所示。

（4）调试并运行程序。

表 4-7-1　I/O 分 配 表

输入端子	输出端子
SB1：X0	
SB2：X1	L1：Y1
SB3：X2	L2：Y2
SB4：X3	

4. 实验报告要求

（1）根据梯形图写出控制程序。

（2）总结 PLC 的使用及应用。

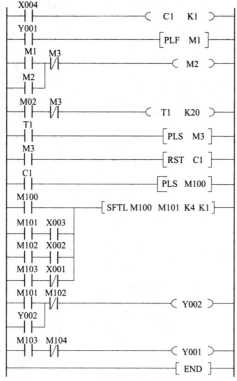

图 4-7-2　PLC 水塔水位控制参考梯形图

4-8　PLC 温 度 液 位 控 制

1. 实验目的

（1）掌握编程器或编程软件的使用方法。

（2）通过实验掌握熟悉可编程控制器，熟悉液位、温度等采用单片机模拟实际控制对象的动态过程。

（3）掌握单回路控制系统的构成；熟悉 PID 参数对控制系统质量指标的影响，用可编程控制器模拟数字 PID 进行其参数的调整和自动控制的投入运行。

2. 实验设备

（1）FX_{0N}、FX_{1N} 或 FX_{2N} 系列 PLC 1 台。

（2）安装有 GX Developer 编程软件的计算机 1 台，FX-20P-E 手持编程器 1 只。

（3）温度液位控制模块 1 块。

3. 实验内容

（1）控制要求。温度液位的模拟控制示意图如图 4-8-1 所示。液位和温度采用的是一阶惯性的控制对象，其输出与输入的函数关系如图 4-8-2 所示。其模拟过程方程为

$$Q_{n+1} = Q_n + K_i U_i - K_n Q_n$$

式中，K_i 为输入给定值的时间常数，设置为 $1/128$；K_n 对于液位控制是阀门输出给定的时间常数，对于温度控制是维持温度平衡的冷却过程的时间常数，设置为 $1/64$；U_i 为给定输入量；Q_n 为第 n 次累加值；Q_{n+1} 为第 $n+1$ 次累加值。

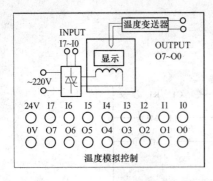
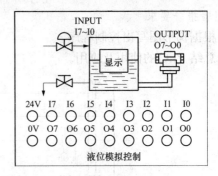

图 4-8-1　温度液位模拟控制示意图

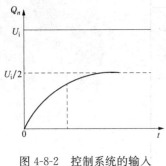

图 4-8-2　控制系统的输入
输出关系曲线

注：每个模块中的上层为八个十六进制的输入口，下层为八个十六进制的输出口，而数码显示值是其真实输出值的 1/2.55 倍，显示为十进制数。例如：输出值是 80H 则其显示的值应该为十进制数 128/2.55，约为 50。

（2）I/O 分配。输入量 00～07，PLC 输入端相对应于 X0～X7；PLC 输出端 Y0～Y7，相对应于 I0～I7。

接线时 X0～X7 为 PLC 的输入端，分别与模型的下层输出端 O0～O7 连接；Y0～Y7 为 PLC 的输出端，分别与模型的上层输入端 I0～I7 连接。

PLC 主机为三菱时，输入输出如上接，输入的共同端接 0V，输出的共同端接 +24V。PLC 主机为西门子或欧姆龙时，输入输出如上接，输入的共同端接 +24V，输出的共同端接 +24V。

（3）温度液位控制梯形图。PLC 温度液位控制梯形图如图 4-8-3 所示。

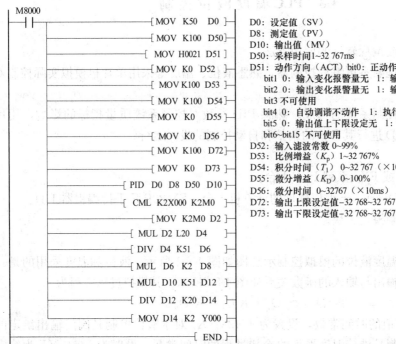

D0：设定值（SV）
D8：测定值（PV）
D10：输出值（MV）
D50：采样时间 1～32 767ms
D51：动作方向（ACT）bit0：正动作　1逆动作
　　　bit1 0：输入变化报警量无　1：输入变化报警量有效
　　　bit2 0：输出变化报警量无　1：输出变化报警量有效
　　　bit3 不可使用
　　　bit4 0：自动调谐不动作　1：执行自动调谐
　　　bit5 0：输出值上下限设定无　1：输出值上下限设定有效
　　　bit6～bit15 不可使用
D52：输入滤波常数 0～99%
D53：比例增益（K_p）1～32 767%
D54：积分时间（T_1）0～32 767（×100ms）
D55：微分增益（K_D）0～100%
D56：微分时间 0～32 767（×10ms）
D72：输出上限设定值 -32 768～32 767
D73：输出下限设定值 -32 768～32 767

图 4-8-3　PLC 温度液位控制梯形图

（4）调试并运行程序。

4. 实验报告要求

（1）根据梯形图写出控制程序。

（2）整理调试程序的步骤和调试中观察到的现象。

4-9　PLC 机 器 人 控 制

1. 实验目的

（1）练习独立编写 PLC 梯形图程序的方法。

（2）掌握编程器或编程软件的使用方法。

（3）掌握机器人的工作原理。

2. 实验设备

（1）FX$_{0N}$-60MR 教学实验装置 1 台。

（2）安装有 GX Developer 编程软件的计算机 1 台，FX-20P-E 手持编程器 1 只。

（3）QSPLC-JQR1 机器人实训模型 1 套，导线若干。

3. 实验内容

（1）机器人工作原理。该机器人有手动和自动两种运行模式。手动模式下：通过对触发开关的通断实现机器人的前进后退、左转右转、头部的左右转。自动模式下：通过 PLC 来控制机器人，机器人的动作按编程语句来执行。机器人组成如图 4-9-1 所示。

图 4-9-1　机器人组成

左脚电机：机器人左脚内部装有一个 3V 直流电机，通过供给 3V 电压使其转动，通过改变电机两端的极性改变电机的转向。

右脚电机：机器人右脚内部装有一个 3V 直流电机，通过供给 3V 电压使其转动，通过改变电机两端的极性改变电机的转向。

头部电机：机器人头部内部装有一个 3V 直流电机，通过供给 3V 电压使其转动，通过改变电机两端的极性改变电机的转向。

控制箱：由 3V、3A 开关电源、1A 熔丝及座、船型开关、按钮开关、旋钮开关、继电器及接线柱组成。

其他：此部分为机械结构，不做论述。

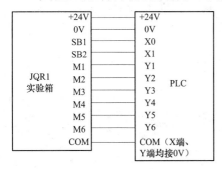

图 4-9-2　机器人实验接线图

（2）控制要求。

1）编写机器人程序，在 PLC 的 RUN 模式下，按下启动按钮 SB1，机器人开始动作，按停止按钮 SB2，机器人停止动作。

2）将旋钮开关打到手动模式下，按下控制面板上的动作按钮，机器人将会按你的指示进行动作，按图 4-9-2 所示图接线。

（3）PLC 机器人控制参考梯形图

PLC 机器人控制参考梯形图如图 4-9-3 所示。

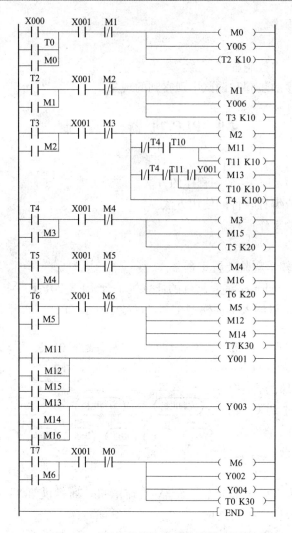

图 4-9-3　PLC 机器人控制参考梯形图

（4）调试并运行程序。

4．实验报告要求

（1）写出本程序的调试步骤和观察结果。

（2）总结 PLC 的使用及应用。

4-10　PLC 三相异步电动机正反转和丫—△减压启动的设计与调试

1．实验目的

（1）熟悉 PLC 的 I/O 接线。

（2）掌握编程器或编程软件的使用方法。

（3）熟悉简单 PLC 控制系统的设计与调试方法。

（4）培养查阅图书资料、工具书的能力。

（5）培养工程绘图、书写技术报告的能力。

2．实验设备

（1）FX$_{0N}$-60MR 教学实验装置 1 台。

（2）安装有 GX Developer 编程软件的计算机 1 台，FX-20P-E 手持编程器 1 只。

（3）三相异步电动机 1 台。

（4）导线若干。

3. 实验内容与步骤

（1）三相异步电动机正、反转控制

1）画出三相异步电动机正反转控制的 PLC I/O 接线图。

2）编写三相异步电动机正、反转控制程序，并将程序写入 PLC。

3）根据 I/O 接线图接线。

4）进行程序调试，使结果符合控制要求。

（2）三相异步电动机丫—△降压启动控制

1）画出三相异步电动机丫—△降压启动控制的 PLC I/O 接线图。

2）编写三相异步电动机丫—△降压启动控制程序，并将程序写入 PLC。

3）根据 I/O 接线图接线。

4）进行程序调试，使结果符合控制要求。

4. 实验报告要求

实验报告中应该有调试前与调试后的程序以及输入/输出状态的时序图。

4-11 PLC 抢答器的设计与调试

1. 实验目的

（1）熟悉所用 PLC 的编程指令。

（2）练习独立编写 PLC 梯形图程序的方法。

（3）掌握编程器或编程软件的使用方法。

2. 实验设备

（1）FX_{0N}-60MR 教学实验装置 1 台。

（2）安装有 GX Developer 编程软件的计算机 1 台，FX-20P-E 手持编程器 1 只。

（3）导线若干。

3. 实验内容

（1）简单抢答器的程序设计与调试。参加智力竞赛的 A、B、C 三人的桌上各有一个抢答按钮，分别为 SB1、SB2 和 SB3，用三盏灯 HL1～HL3 显示他们的抢答信号。当主持人接通抢答允许开关 Q 后，抢答开始。最先按下按钮的抢答者对应的灯亮，与此同时应禁止另外两个抢答者，指示灯在主持人断开开关 Q 后熄灭。

将编制好的程序写入 PLC，检查无误后运行该程序，调试程序时应按以下各项逐一检查，直到完全满足要求为止：

1）开关 Q 没有接通时，各按钮是否不能使对应的灯亮。

2）Q 接通时，按某一个按钮是否能使对应的灯亮。

3）某一灯亮后，另外两个抢答者的灯是否不能被点亮。

4）断开 Q，是否能使已亮的灯熄灭。

（2）复杂抢答器的程序设计与调试。抢答者分为三组，儿童组 2 人，他们的控制按钮为 SB11 和 SB12，其中任何一个按钮被按下，灯 HL1 都亮；学生组 1 人，用按钮 SB21 控制灯 HL2；教授组 2 人，当他们同时按下按钮 SB31 和 SB32 时灯 HL3 才会亮。主持人按下复位按钮 SB41，亮的灯全部熄灭；在主持人接通开关 Q 的 10s 内，如果参赛者按下按钮，电磁开关接通，使彩球摇动，10s 后禁止摇动。写出梯形图程序，将程序写入 PLC，运行和调试程序，直至满足要求为止。

4. 实验要求

（1）整理出运行调试后的抢答器梯形图程序，写出该程序的调试步骤和观测结果。

（2）实验前应该根据要求预先设计好梯形图程序。

4-12　PLC 自动感应门控制系统的设计与调试

1. 实验目的

（1）熟悉 PLC 的编程指令。

（2）掌握独立编写 PLC 梯形图程序的方法。

（3）掌握编程器或编程软件的使用方法。

（4）掌握一般 PLC 控制系统的设计与调试方法。

（5）培养查阅图书资料、工具书的能力。

（6）培养工程绘图、书写技术报告的能力。

2. 实验设备

（1）FX_{0N}-60MR 教学实验装置 1 台。

（2）安装有 GX Developer 编程软件的计算机 1 台，FX-20P-E 手持编程器 1 只。

（3）导线若干。

3. 实验内容

当感应器感应到有人时发出信号（按钮 X4 按下）时，自动门高速开门（Y4 输出）。高速开门一段时间后，碰到低速开门开关（按钮 X5 按下），则自动跳入低速开门（Y5 输出）的过程。自动门开始低速开门直到碰到开门极限开关（按钮 X6 按下），电机停转，此时，自动门完全打开，并启动定时器 T0，定时时间为 2s。在定时过程中，感应器如检测到有人（按钮 X4 再次被按下），则定时器 T0 重新开始定时，定时时间仍为 2s；如果感应器检测到无人，当定时完成时，系统自动进入高速关门（Y6 输出）的过程，直到碰到低速关门开关（按钮 X7 按下），系统转入低速关门（Y7 输出）过程。此期间，若碰到关门极限开关（按钮 X14 按下），则电机停转，关门过程结束。而且，如果在低速关门和高速关门期间，感应器检测到有人（按钮 X4 按下），电机都会停转，停止关门，同时启动定时器 T1 定时 2s，定时时间一到，立刻进入高速开门阶段（Y4 输出），再重复以上过程，直至关门过程结束。这时，感应器继续检测有人、无人，而进入下一个开、关门的过程。

4. 实验报告要求

（1）确定控制系统所需要的 I/O 点数，列出 I/O 地址分配表。

（2）画出 PLC 外部 I/O 端子的电气接线图。

（3）编写梯形图控制程序。

（4）调试梯形图控制程序。

（5）整理调试程序的步骤和实验结果。

4-13　PLC 控制系统的施工设计

PLC 控制系统在完成原理设计和程序模拟调试之后，就要进入施工设计阶段，施工设计的目的是为了满足电气控制设备的制造和使用要求。PLC 控制系统施工设计的内容包括 PLC 与其他电气元件的布置、电气接线图的绘制、电气控制柜（箱）的设计等，它是 PLC 控制系统非常关键的设计环节。

1. 绘图原则

为了便于电气控制系统的设计、分析、安装、调整、使用和维修，需要将电气控制系统中的各电气元件及其连接，用一定的图形表达出来。电气图的种类很多，不同种类电气图的表达方式和适用范围，GB/T 6988—2008 系列已作了明确的规定和划分。对不同专业和不同场合，只要是按照同一用途绘制的电气图，不仅在表达方式上必须是统一的，而且在图的分类与属性上也应该一致。绘制电气线路时，一般应遵循以下原则：

（1）表示导线、信号通路、连接线等的图线都应是交叉和折弯最少的直线。图线可以水平地布置或者垂直地布置，也可以采用斜的交叉线。

（2）电路或元件应按功能布置，并尽可能按其工作顺序排列，对因果次序清楚的简图，其布置顺序应该是从左到右和从上到下。

（3）元器件和设备的可动部分通常应表示在非激励或不工作的状态或位置。

（4）所有图形符号应符合 GB/T 4728.1—2005《电气图用图形符号》的规定。如果采用上述标准中未规定的图形符号时，必须加以说明。当 GB/T 4728.1—2005 给出几种形式时，选择符号应遵循这样的原则：尽可能采用优选形式；在满足需要的前提下，尽量采用最简单的形式；在同一图号的图中使用同一种形式。

（5）同一电气元件的不同部分的线圈和触点均采用同一文字符号标明（文字符号的国标为 GB 7158—1987）。

2. 电气布置图

电气布置图主要用来表明各种电气设备在机械设备上和电气控制柜中的实际安装位置，为电气控制设备的制造、安装、维修提供必要的资料。电气布置图包括电气设备布置图和电气元件布置图两种。

（1）电气设备布置图。在绘制电气设备布置图时，所有能见到的以及需表示清楚的电气设备均用粗实线绘制出简单的外形轮廓，其他设备的轮廓用双点画线表示。电气设备或元件的安装位置首先要根据生产机械的结构与要求，如电动机要和被拖动的机械部件在一起，行程开关应放在要取得信号的地方，操作元件要放在操纵台及悬挂操纵箱等操作方便的地方，一般 PLC 等电气元件应放在控制柜内。

电气设备布置图设计要使整个系统集中、紧凑，同时在场地允许条件下，对发热厉害、噪声振动大的电气部件，如电动机组，启动电阻箱等尽量放在离操作者较远的地方或隔离起来，对于多工位加工的大型设备，应考虑两地操作的可能。设计合理与否将影响到 PLC 控制系统工作的可靠性，并关系到电气系统的制造、装配质量、调试、操作及维护是否方便等。

（2）电气元件布置图。电气元件布置图是指在电气设备中电气元件的布置图，由控制柜（箱）或控制板的电气元件布置图、操纵台或悬挂操纵箱或操作面板的电气元件布置图等组成。在同一单元组件中，电气元件的布置应注意以下几个问题：

1）体积大和较重的电气元件应安装在电器板的下面，而发热元件应安装在电器板的上面。

2）强电弱电分开安装并注意屏蔽，防止外界干扰。

3）需要经常维护、检修、调整的电气元件的安装位置不宜过高或过低。

4）电气元件的布置应考虑整齐、美观、对称。外形尺寸与结构类似的电器安放在一起，以利加工、安装和配线。

5）电气元件布置不宜过密，要留有一定的间距，若采用板前走线槽配线方式，应适当加大各排电器间距，以利布线和维护。

各电气元件的位置确定以后，便可绘制电气元件布置图。电气元件布置图是根据电气元件的外形绘制，并标出各元件间距尺寸。每个电气元件的安装尺寸及其公差范围，应严格按产品手册标准标注，作为底板加工依据，以保证各电器的顺利安装。

在电气元件布置图设计中，还要根据本部件进出线的数量和采用导线规格，选择进出线方式，并选用适当接线端子板或接插件，按一定顺序标上进出线的接线号。

3. 电气接线图绘制

（1）电气接线图。电气接线图是为电气设备和电气元件的安装配线和检查维修电气线路故障服务的，它是表示成套装置、设备或装置的内部、外部各种连接关系的一种简图。也可用接线表（以表格形式表示连接关系）来表示这种连接关系。接线图和接线表只是形式上的不同，可以单独使用，也可以组合使用，一般以接线图为主，接线表予以补充。以下主要介绍接线图。

电气接线图根据电气原理图和电气布置图进行绘制。电气接线图的绘制应符合 GB/T 6988.1—2008《电气技术用文件的编制第 1 部分：规则》的规定。在电气接线图中要表示出各电气设备的实际接线情况，标明各连线从何处引出，连向何处，即各线的走向，并标注出外部接线所需的数据。电气接线图一般包括单元接线图和互连接线图。

电气接线图应按以下要求绘制：

1）电气接线图中的电气元件按外形绘制（如正方形、矩形、圆形或它们的组合），并与布置图一致，偏差不要太大。器件内部导电部分（如触点、线圈等）按其图形符号绘制。

2）在接线图中各电气元件的文字符号、元件连接顺序、接线号都必须与原理图一致。接线号应符合 GB/T 4026—2010《人机界面标志标识的基本和安全规则设备端子和导体终端的标识》。

3）与电气原理图不同，在接线图中同一电气元件的各个部分（触头、线圈等）必须画在一起。

4）除大截面导线间，各单元的进出线都应经过接线端子板，不得直接进出。端子板上各接点按接线号顺序排列，并将动力线、交流控制线、直流控制线分类排列。

5）接线图中的连接导线与电缆一般应标出配线用的各种导线的型号，规格、截面积及颜色要求。

（2）单元接线图。单元接线图是表示电气单元内部各项目连接情况的图，通常不包括单元之间的外部连接，但可给出与之有关的互连接线图的图号。

单元接线图走线方式有板前走线及板后走线两种，一般采用板前走线，对于复杂单元一般是采用线槽走线。

单元接线图中的各电气元件之间的接线关系有直接连线和间接标注两种表示方法。对于简单电气控制单元，电气元件数量较少，接线关系不复杂，可直接画出电气元件之间的连线；对于复杂单元，电气元件数量多，接线较复杂，因此只要在各电气元件上标出接线号，不必画出各元件间连线。

单元接线图的绘制方法如下：

1）在单元接线图上，代表项目的简化外形和图形符号是按照一定规则布置的，这个规则就是大体按各个项目的相对位置进行布置，项目之间的距离不以实际距离为准，而是以连接线的复杂程度而定。

2）单元接线图的视图选择，应最能清晰地表示出各个项目的端子和布线情况。当一个视图不能清楚地表示多面布线时，可用多个视图。

3）项目间彼此叠成几层放置时，可把这些项目翻转或移动后画出视图，并加注说明。

4）对于 PLC、转换开关、组合开关之类的项目，它们本身具有多层接线端子，上层端子遮盖下层端子，这时可延长被遮盖的端子，以标明各层的接线关系。

（3）互连接线图。互连接线图用于表示成套装置或设备内各个不同单元之间的连接情况，通常不包含所涉单元的内部连接，但可以给出与之有关的电路图或单元接线图的图号。互连接线图中各单元的视图应画在同一平面上，以表示各单元之间的连接关系。

4. 电气控制柜（箱）的设计

在电气控制比较简单时，控制电器可以附在生产机械内部，而在控制系统比较复杂，或为满足生产环境及操作的需要时，通常都带有单独的电气控制柜（箱），以利制造、使用和维护。电气控制柜（箱）可设计成立柜式、工作台式、手提式或悬挂式等。在设计电气控制柜（箱）时，主要应该考虑以下几个问题：

（1）根据面板及箱内各电气部件的尺寸确定总体尺寸及结构方式。

（2）结构紧凑、外形美观，要与生产机械相匹配，并提出一定的装饰要求。

（3）根据面板及箱内电气部件的安装尺寸，设计柜（箱）内安装支架，并标出安装孔或焊接安装螺栓尺寸，或注明采用配作方式。

（4）从方便安装、调整及维修的要求出发，设计其开门方式。

（5）为利于箱内电器的通风散热，在箱体适当部位设计通风孔或通风槽。

（6）为便于搬动，应设计合适的起吊勾、起吊孔、扶手架或箱体底部带活动轮。

根据以上要求，先勾画出箱体的外形草图，估算出各部分尺寸，然后按比例画出外形图，再从对称、美观、使用方便等方面考虑进一步调整各尺寸比例。外形确定以后，再按上述要求进行各部分的结构设计，并注明加工要求。

第5章 电工技能训练

5-1 常用机床和电动葫芦的控制

1. 实验目的

(1) 了解普通车床的电气控制。

(2) 分析 X62W 铣床控制线路。

(3) 了解电动葫芦的电气控制。

2. 实验原理

(1) C620 普通车床电气控制电路。如图 5-1-1 所示，M1、M2 为容量小于 10kW 的电机，采用全压直接启动，均为单方向旋转。M1 由接触器 KM 实现启动、停止控制，M2 由转换开关 QS2 控制。M1、M2 分别由热继电器 FR1、FR2 实现电动机长期过载保护，由熔断器 FU1、FU2 实现 M2 电机、控制电路及照明电路的短路保护。照明电路由变压器 T 供给电压控制照明灯 EL。

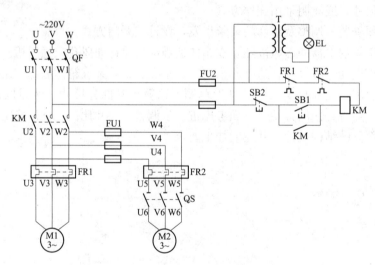

图 5-1-1　C620 普通车床电气控制电路

(2) X62W 铣床模拟控制电路。如图 5-1-2 所示，读者自行分析其工作原理。

(3) 电动葫芦电气控制电路。电动葫芦是将电动机、减速器、卷筒、制动器和运行小车等紧凑地合为一体的起重机械，由于它轻巧、灵活，广泛地用于中小型物体的起重吊装中。

图 5-1-3 所示为电动葫芦电气控制电路图。提升电动机 M1 由上升、下降接触器 KM1、KM2 控制，移动电动机 M2 由向前、向后接触器 KM3、KM4 控制。它们都由电动葫芦悬挂按钮站上的复式按钮 SB1～SB4 实现电动控制，SQ 为提升行程开关。

3. 实验设备

(1) 三相四线制交流电源 1 台。

(2) 三相异步电动机 1 台。

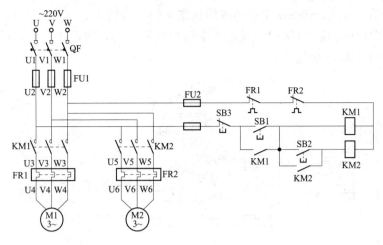

图 5-1-2　X62W 铣床模拟控制电路

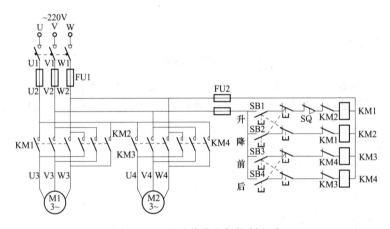

图 5-1-3　电动葫芦电气控制电路

（3）继电接触箱 1 个，三相可变电阻 1 个，导线若干。

4. 实验内容

按图 5-1-1～图 5-1-3 接线及操作，观察各电路功能。

5. 实验总结

分析 X62W 铣床模拟控制线路的控制原理。

5-2　典型机床的电气控制

5-2-1　C6150 车床的电气控制

C6150 车床能够车削外圆、内圆、端面、螺纹和螺杆，能够切削定型表面，并可用钻头、铰刀等刀具进行钻孔、镗孔、倒角、割槽及切断等加工工作。

1. C6150 普通车床的主要结构

C6150 普通车床的主要结构如图 5-2-1 所示。它主要由床身、床头箱、尾座、床鞍、刀架、溜板箱、走刀箱、挂轮箱、中心架和电动机装置组成。车削的主运动是主轴通过长盘式顶尖带动工件的旋转运动，它承受车削加工时主要切削功率。进给运动是溜板带动刀架的纵向或横向运动。为了保证螺纹加工的质量，要求工件的旋转速度与刀具的移动速度之间具有严格的比例关系。为此，运动从主电动机传到床头箱，当接通电磁离合器 YC1 时使主轴正转。如果接通电磁离合器 YC2 时，通过传动链使主轴反转，速度不变换，通过变速手柄，可得到正、反转各 17 种转速。

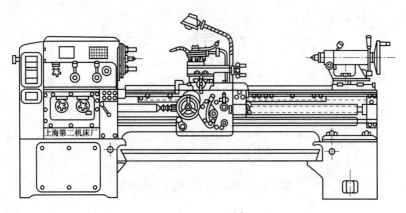

图 5-2-1　C6150 普通车床

2. C6150 普通车床的电气控制系统

（1）主电路。C6150 普通车床电气控制主电路如图 5-2-2 所示。图中 M4 为主电动机，由 KM1、KM2 接触器控制正反转。M3 为润滑泵电动机，KM3 控制旋转。M2 为冷却液电动机，由 KM4 控制旋转。M4 为快速移动电动机，由 SA1 万能开关控制其正反转。

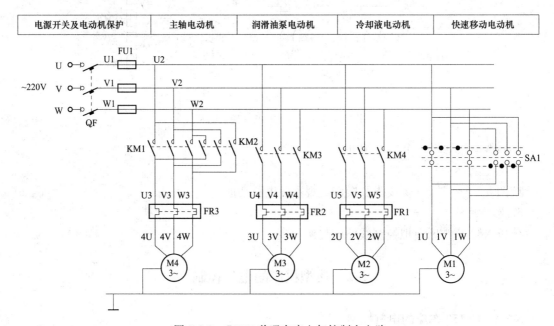

图 5-2-2　C6150 普通车床电气控制主电路

（2）控制电路。C6150 普通车床电气控制电路如图 5-2-3 所示。主电动机转向的变换由 SA2 主合开关来实现。主轴的转向与主电动机的转向无关，而是取决于走刀箱或溜板箱操作手柄的位置。手柄的动作使行程开关、继电器及电磁离合器产生相应的动作，使主轴得到正确的转向。

当 SA2 在主电动机正转（11—12）接通时，按下启动按钮 SB3，KM1 接触器线圈通电，KM1 主触头接通，M4 主电动机正转。同时 KM1 的辅助触点将 305 和 307 两点接通，而

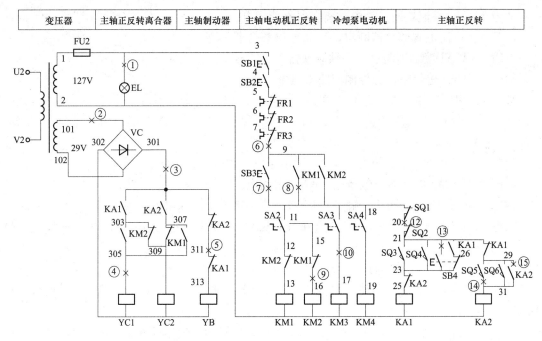

图 5-2-3　C6150 普通车床电气控制电路

KM2 的常闭触点将 303 和 309 两点接通。此时如把操作手柄拉向右面（或向上面），SQ3 或 SQ4 组合行程开关的触电接通，主轴正转继电器 KA1 线圈通电，KA1 动合触点闭合，YC2 电磁离合器通电，带动主轴正转。若把操作手柄拉向左面（或向下），SQ5 或 SQ6 组合行程开关的触点闭合，主轴反转继电器 KA2 线圈通电，KA2 动合触点闭合，YC1 电磁离合器通电，带动主轴反转。

　　当 SA2 在主电动机反转（11—15）接通时，按下 SB3 按钮，KM2 接触器线圈通电，KM2 主触头接通，M4 主电动机正转。同时 KM2 的辅助触点将 303 和 305 两点接通，而 KM1 的动断触点将 307 和 309 两点接通。此时如把操作手柄拉向右面（或向上面），SQ3 或 SQ4 组合行程开关的触电接通，KA1 继电器线圈通电，KA1 动合触点闭合，将使 YC1 电磁离合器通电，带动主轴正转。若把操作手柄拉向左面（或向下），SQ5 或 SQ6 组合行程开关的触点闭合，KA2 继电器线圈通电，KA2 动合触点闭合，YC2 电磁离合器通电，带动主轴反转。

　　操作者控制主轴的正反转是通过走刀箱操作手柄或溜板箱操作手柄来进行的。

　　操作手柄有两个空挡、正转、反转、停止等五挡位置。若需要正转，只要把手柄向右（或向上）一拉，手放松后，手柄自动回到右面（或上面）的空挡位置，因 KA1 继电器吸合后触点自锁，保持主轴正转。若需要反转，只要把手柄向左（或向下）一拉，手放松后，手柄自动回到左面（或下面）的空挡位置，因 KA2 继电器吸合后触点自锁，保持主轴反转。若需要主轴停止（制动），只要把手柄放在中间位置，SQ1 或 SQ2 组合行程开关常闭触电断开，切断 KA1 和 KA2 继电器电源，YC1 和 YC2 电磁离合器断电，主轴制动电磁离合器 YB 通电，使主轴制动。如果需要微量转动主轴，可以按 SB4 点动按钮。

　　3. 常见车床故障分析

　　发生如图 5-2-3 控制电路中所标示的 15 个断点故障时，情况如下：

　　故障 1：EL 指示灯断点，EL 指示灯不亮。

　　故障 2：T 变压器断点，控制回路失电。

故障 3：VC 整流块断点，电磁离合器不能通电。

故障 4：YC1 电磁离合器断点，YC1 电磁离合器不亮。

故障 5：KA1 接触器断点，主轴制动器 YB 灯不亮。

故障 6：FR2 熔丝断点，控制回路未通电。

故障 7：SB3 按钮开关动合触点开路，KM1 未通电，主轴电机不转。

故障 8：KM1 接触器断点，自锁回路断开，按钮放开，KM1 不通电，主轴电机 M4 不转。

故障 9：KM2 接触器线包断点，KM2 不通电，主轴电机不转。

故障 10：KM3 接触器线包断点，KM3 不通电，润滑电机 M2 不转。

故障 11：KM1 接触器动合触点断开，KM4 不通电，冷却泵电机 M3 不转。

故障 12：SQ2 行程开关动断触点断开，KA1 不通电，电磁离合器 YC1 不吸合，灯不亮。

故障 13：SB4 按钮动合触点开路，点动按钮 SB4 失效。

故障 14：SQ5 行程开关动合触点断开，KA2 不通电，电磁离合器 YC2 不吸合，灯不亮。

故障 15：KA2 接触器动合触点断开，现象同上。

5-2-2　Z3040 摇臂钻床的电气控制

钻床是一种孔加工机床，可用来钻孔、扩孔、铰孔、攻丝及修刮端面等各种形式的加工，如图 5-2-4 所示。

1. Z3040 摇臂钻床的主要结构及运行情况

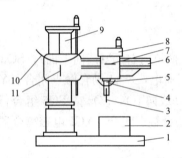

图 5-2-4　Z3040 摇臂钻床

1—底座；2—工作台；3—主轴纵向进给；
4—主轴旋转主运动；5—主轴；6—摇臂；
7—主轴箱沿摇臂径向运动；8—主轴箱；
9—内、外立柱；10—摇臂回转运动；
11—摇臂垂直运动

摇臂钻床主要由底座、内立柱、外立柱、摇臂、主轴箱及工作台等组成。内立柱固定在底座的一端，在它的外面套有外套筒，它套装在外立柱，外立柱可绕内立柱回转 360°。摇臂的一端为套筒，它套装在外立柱上，并借助丝杆的正反转，可沿着外立柱作上下移动。由于丝杆与外立柱连成一体，而升降螺母固定在摇臂上，所以摇臂不能绕外立柱转动，只能与外立柱一起绕内立柱回转。主轴箱是一个复合部件，它由主传电动机、主轴和主轴传动机构、进给和变速机构、机床的操作机构等部分组成。主轴箱安装在摇臂的水平导轨上，可以通过手轮操作，使其在水平导轨上沿摇臂移动。当进行加工时，由特殊的加紧装置将主轴箱紧固在摇臂导轨上，外立柱紧固在内立柱上，摇臂紧固在外立柱上，然后进行钻削加工。钻削加工时，钻头一面旋转进行切削，同时进行纵向进给。摇臂钻床的主运动为主轴的旋转运动；进给运动为主轴的纵向进给。辅助运动有摇臂沿外立柱垂直移动、主轴箱沿摇臂长度方向的移动以及摇臂与外立柱一起绕内立柱的回转运动。

该摇臂钻床具有两套液压系统，一个是操纵机构液压系统，一个是加紧机构液压系统。前者装在主轴箱内，用以实现主轴正反转、停车制动、空挡、预选及变速；后者安装在摇臂背后的电器盒下部，用以加紧松开主轴箱、摇臂及立柱。

（1）操纵机构液压系统。该系统压力油由主轴电动机拖动齿轮泵送出，由主轴变速、正反转及空挡操作手柄来改变两个操纵阀的相互位置，其中上为"空挡"，下为"变速"，里为"反转"，外为"正转"，中间位置为"停车"。主轴转速及主轴进给量各由一个旋钮预选，然后操作手柄。

启动主轴时，首先按下主轴电动机启动按钮，主轴电动机旋转，拖动齿轮泵，送出压力油，然后操纵手柄，扳至所需转向位置。于是两个操纵阀相互位置改变，使一般压力油将制动摩擦离合器松开，为主轴旋转创造条件；另一股压力油压紧正转（反转）摩擦离合器，接通主轴电动机到主轴的传动链，驱动主轴正转或反转。

在主轴正转或反转过程中，也可旋转变速按钮，改变主轴转速或主轴进给量。

主轴停车时，将操纵手柄扳回中间位置，这时主轴电动机仍拖动齿轮泵旋转，但此时整个液压系统为低压油，无法松开制动摩擦离合器，而在制动弹簧作用下将制动离合器压紧，使制动轴上的齿轮不能转动，主轴实现停车。所以，主轴停车时主轴电动机仍在旋转，只是不能将动力传到主轴。

主轴变速与进给变速：将操纵柄扳至"变速位置"，于是改变两个操纵阀的相互位置，使齿轮泵送出压力油进入主轴预选阀和主轴进给预选阀，然后进入各变速油缸。各变速油缸为差动油缸，具体哪个油缸上腔进压力油或回油，决定所选定的主轴转速和给进量大小，与此同时，另一条油路系统扒动拨叉缓慢移动，逐渐压紧主轴正转摩擦离合器，接通主轴电动机到主轴的传动链，使主轴缓慢转动，称为缓速，缓速的目的在于使滑移齿轮能比较顺利地进入啮合位置，避免出现齿顶齿的现象，当变速完成、松开操作手柄，此时将在弹簧作用下由"变速"位置自动复位到主轴"停车"位置，这时便可操纵轴正转或反转，主轴将在新的转速或进给量下工作。

主轴空挡：将操作手柄扳向"空挡"位置，这时由于两个操纵阀相互位置改变，压力油使主轴传动系统中滑移齿轮处于中间位置，这时可用手轻便地转动主轴。

（2）夹紧机构液压系统。主轴箱、立柱和摇臂的夹紧与松开，是由液压泵电动机拖动液压泵送出压力油，推动活塞棱形块来实现的，其中主轴箱和立柱的夹紧与放松由一个油路控制，摇臂的夹紧与松开，因与摇臂升降构成自动循环，所以由另一个油路单独控制，这两个油路均由电磁阀操纵。

欲夹紧或松开主轴箱及立柱时，首先启动液压电动机，拖动液压泵，送出压力油，在电磁阀操纵下，使压力油经二通阀流入夹紧或松开油腔，推动活塞和棱形块实现夹紧或松开。由于液压泵电动机是点动控制，所以主轴箱和立柱的夹紧与松开是点动的。

2．Z3040 摇臂钻床的电气控制系统

（1）主电路。Z3040 摇臂钻床电气控制主电路如图 5-2-5 所示。其中，M1 为主轴电动机，M2 为摇臂升降电动机，M3 为液压泵电动机，M4 为冷却泵电动机。

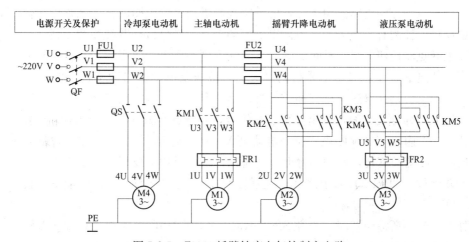

图 5-2-5　Z3040 摇臂钻床电气控制主电路

　　M1 为单方向旋转，由 KM1 控制，主轴的正反转则由机床液压系统操纵机构配合正反转摩擦离合器实现的，并由热继电器 FR1 作电动机长期过载保护。

　　M2 由接触器 KM2 和 KM3 控制实现正反转。控制电路保证在操纵摇臂升降时，首先使液压泵电动机启动旋转，供出压力油，经液压系统将摇臂松开，然后才使电动机 M2 启动，拖动摇臂上升或下降。当移动到位后，控制电路又保证 M2 先停下，再自动通过液压系统将摇臂夹紧，最后液压泵电动机才停下。M2 为短时工作，不用设长期过载保护。

　　M3 由 KM4、KM5 实现正反转控制，并由热继电器 FR2 作长期过载保护。

　　M4 电动机容量小，仅 0.125kW，由开关 QS 控制。

　　(2) 控制电路。Z3040 摇臂钻床电气控制电路如图 5-2-6 所示。由按钮 SB1、SB2 与 KM1 构成主轴电动机 M1 的单向启动与停止电路。M1 启动后，指示灯 HL3 点亮表示主轴电动机在旋转。

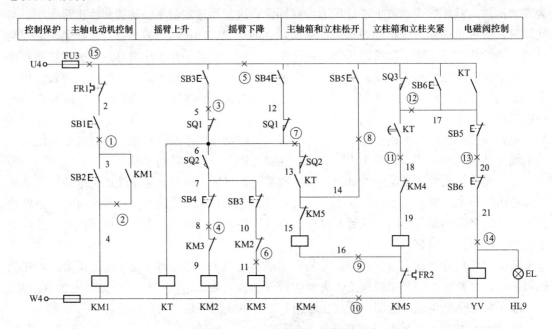

图 5-2-6　Z3040 摇臂钻床电气控制电路

　　由摇臂上升按钮 SB3、下降按钮 SB4 及正反转接触器 KM2、KM3 组成具有双重互锁的电动机正反转点动控制电路。由于摇臂的升降控制需与夹紧机构液压系统紧密配合，所以与液压泵电动机的控制有密切关系。下面以摇臂的上升为例分析摇臂升降的控制。

　　按下上升点动按钮 SB3，时间继电器 KT 线圈通电，触电 KT (1—17)、KT (13—14) 立即闭合，使电磁铁 YV、KM4 线圈同时通电，液压泵电动机启动旋转，拖动液压泵送出压力油，并经二位六通阀进入松开油腔，推动活塞和棱形块，将摇臂松开。同时，活塞杆通过弹簧片压上行程开关 SQ2，发出摇臂松开信号，即触点 SQ2 (6—7) 闭合，SQ2 (6—13) 断开，使 KM2 通电，KM4 断电。于是电动机 M3 停止旋转，油泵停止供油，摇臂维持松开状态，同时 M2 启动旋转，带动摇臂上升。所以，SQ2 是用来反映摇臂是否松开并发出松开信号的电器元件。如果 SQ2 没有动作，表示摇臂没有松开，KM2、KM3 就不能吸和，摇臂就不能升降。

　　当摇臂上升到所需位置时，松开 SB3，KM2 和 KT 断电，M2 电动机停止旋转，摇臂停止上升。但由于触点 KT (17—18) 经 1～3s 延时闭合，触点 KT (1—17) 经同样延时断开，所以 KT 线圈断电经 1～3s 延时后，KM5 通电，YV 断电。此时 M3 反向启动，拖动液压泵，送出压力杆通过弹簧片压下行程开关 SQ3，使触点 SQ3（1—17）断开，使 KM5 断电，油泵电动机 M3 停止转动，摇臂夹紧完成。所以，SQ3 为摇臂夹紧信号开关。

时间继电器 KT 是为保证夹紧动作在摇臂升降电动机停止运转后进行夹紧而设的。KT 延时长短根据摇臂升降电动机切断电源到停止的惯性大小来调整，应保证摇臂停止运动后才夹紧。

摇臂升降的极限由组合开关 SQ1 来实现。SQ1 有两对动断触点，当摇臂上升或下降到极限位置时相应触点动作，切断对应上升或下降接触器 KM2 与 KM3，使 M2 停止转动，摇臂停止移动，实现极限保护。SQ1 开关两对触点平时调整在同时接通位置，一旦动作时，应使一对触点断开，另一对触点仍保持闭合。

摇臂自动夹紧程度油行程开关 SQ3 控制。如果夹紧机构液压系统出现故障不能夹紧，那么触点 SQ3（1—17）断不开，或者 SQ3 开关安装调整不当，摇臂夹紧后仍不能压下 SQ3。这时都会使电动机 M3 处于长期过载状态，易将电动机烧坏，为此 M3 采用热继电器 FR2 作过载保护。

主轴箱和立柱松开与夹紧的控制：主轴箱和立柱的夹紧与松开是同时进行的。当按下松开按钮 SB5，KM4 通电，M3 电动机正转，拖动液压泵，送出压力油，这时 YV 处于断电状态，压力油经二位六通阀，进入主轴箱松开油腔与立柱松开油腔，推动活塞和棱形块，使主轴箱和立柱实现松开。在松开的同时，通过行程开关 SQ4 控制指示灯发出信号，当主轴箱与立柱松开，开关 SQ4 不受压，触点 SQ4（101—102）闭合，指示灯 HL1 亮，表示确已松开，可操作主轴箱与立柱移动。当夹紧时，将 SQ4 触点（101—103）闭合，指示灯 HL2 亮，可进行钻削加工。

3. 常见摇臂钻床故障分析

发生如图 5-2-6 控制电路中所标示的 15 个断点故障时，情况如下：

故障 1：SB1 按钮开关动合断点，按启动按钮 SB2 时，KM1 不通电，主轴电机 M1 不转。

故障 2：KM1 接触器断点，自锁回路断开，按钮放开，KM1 不通电，主轴电机 M1 不转。

故障 3：SB3 按钮开关动合断点，按 SB3 按钮，摇臂升降电动机 M2 不启动。

故障 4：KT 时间继电器线包断点，KT 时间继电器失效。

故障 5：电源线断开，液压泵电动机，电磁阀失效。

故障 6：KM2 接触器动合触点断开，KM3 不通电，液压泵电动机 M3 不转。

故障 7：SQ2 行车开关动合触点开路，KM4 未通电，液压泵电动机 M3 不转。

故障 8：SB5 按钮开关动合触点断点，KM4 未通电，液压泵电动机 M3 不转。

故障 9：KM4 接触器动合触点断点，KM2 不通电，M3 不转。

故障 10：电源线开路，KM5 未通电，M3 反转不能启动。

故障 11：KT 时间继电器动合触点开路，现象同上。

故障 12：SB6 动合触点断开，SB6 失效，KM5 失电，液压泵电动机不转。

故障 13：SB5 按钮动断触点开路，电磁阀失效。

故障 14：SB6 动断触点断开，现象同上。

故障 15：FU3 熔丝开路，EL 照明灯不亮。

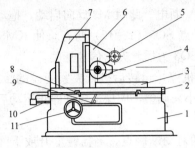

图 5-2-7　　M7130 卧轴矩台平面磨床
1—床身；2—工作台；3—电磁吸盘；
4—砂轮箱；5—砂轮箱横向移动手轮；
6—滑座；7—立柱；8—工作台换向撞快；
9—工作台往复运动换向手柄；
10—活塞杆；11—砂轮箱垂直进刀手轮

5-2-3　M7130 卧轴矩台平面磨床的电气控制

磨床是用砂轮的周边或端面来加工精密机床。砂轮的旋转是主运动，工件或砂轮的往复运动为进给运动，而砂轮架的快速移动及工作台的移动为辅助运动。M7130 卧轴矩台平面磨床的外形如图 5-2-7 所示。

1. M7130 卧轴矩台平面磨床的主要结构及运动情况

在箱形床身 1 中，装有液压传动装置，工作台 2 通过活塞杆 10 由油压推动作往复运动，床身导轨有自动润滑装置进行润滑。工作台表面有 T 形槽，用以固定电磁吸盘，再由电磁吸盘来吸持加工工件。工作台的行程长度可用过调节装在工作台正面槽中的工作台换向撞块 8 的位置来改变。工作台换向撞块 8 是通过碰撞工作台往复运动换向手柄 9 以改变油路来实现工作台的往复运动的。

在床身上固定有立柱 7，沿立柱 7 的导轨上装有滑座 6，砂轮箱 4 能沿其水平导轨移动。砂轮轴由装入式电动机直接拖动。在滑座 6 内部往往也装有液压传动机构。

滑块 6 可在立柱 7 导轨上作上下移动，并可由砂轮箱垂直进刀手轮 11 操作。砂轮箱 4 的水平轴向移动可由砂轮箱横向移动手轮 5 操作，也可由液压传动作连续或间接移动，前者用于调节运动或修整砂轮，后者用于进给。

M7130 卧轴矩台平面磨床砂轮的旋转运动式主运动。进给运动有垂直进给，即滑座在立柱上的上下运动；横向进给，即砂轮箱在滑座上的水平运动；纵向进给，即工作台沿床身的往复运动。工作台每完成一次往复运动时，砂轮箱作一次间断性的横向进给；当加工完整各平面后，砂轮箱作一次间断性的垂直进给。

2. M7130 卧轴矩台平面磨床的电气控制系统

M7130 卧轴矩台形平面磨床电气控制系统电路如图 5-2-8 所示。

(1) 主电路。主电路由砂轮电动机 M1、液压泵电动机 M3 与冷却泵电动机 M2 组成，其中 M1、M2 由接触器 KM1 控制，再经插销 X1 供电给 M2，电动机 M3 由接触器 KM2 控制。

三台电动机共用熔断器 FU1 作短路保护，M1、M2、M3 分别由 FR1、FR2 作长期过载保护。

(2) 控制电路。由控制按钮 SB1、SB2 与接触器 KM1 构成砂轮电动机 M1 单方向旋转启动或停止控制电路；由 SB3、SB4 与 KM2 构成液压泵电动机单方向启动或停止控制电路。但电动机的启动必须在电磁吸盘 YH 工作，且欠电流继电器 KA 通电吸合，触点 KA（3—4）闭合，或 YH 不工作，转换开关 SA1 置于"去磁"位置，触点 SA1（3—4）闭合后可进行。

(3) 电磁吸盘控制电路。它由整流装置、控制装置及保护装置等部分组成。

1) 整流装置。由整流变压器 T2 与桥式整流器 VD 组成，输出 32V 直流电压对电磁吸盘供电。

2) 控制装置。电磁吸盘集中由转换开关 SA1 控制，SA1 有充磁、断电与去磁三个位置。当开关位置于"充磁"位置时，触点（14—16）与触点（15—17）接通；当开关置于"去磁"位置时，触点（14—18）、（16—15）及（4—3）接通；开关置于"断电"位置时，

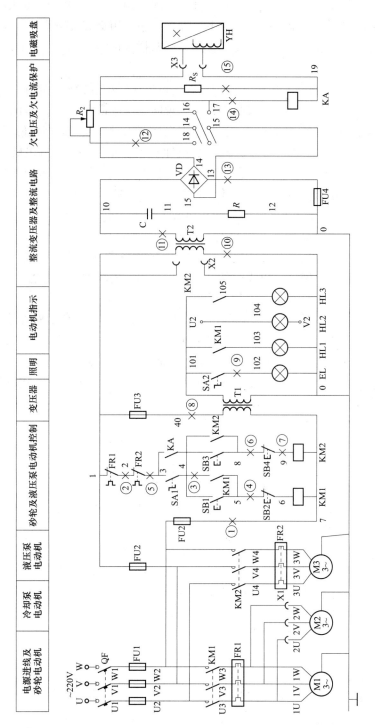

图5-2-8　M7130卧轴矩台平面磨床电气控制系统电路

SA1 所有触点都断开，对应开关 SA1 各位置，电路工作情况如下：当 SA1 扳至"退磁"位置时，电磁吸盘通入反方向电流，并在电路中串入可变电阻 R_2，用以限制并调节反向去磁电流的大小，达到既退磁又不致反向磁化的目的。退磁结束将 SA1 扳到"断电"位置，便可取下工件。若工件对去磁要求严格，在取下工件后，还要用交流去磁器进行处理。交流去磁器是平面磨床的一个附件，使用时将交流去磁器插头插在床身的插座 X2 上，再将工件放在去磁器上即可去磁。

3）保护环节。电磁吸盘具有欠电流保护装置、过电压保护装置及短路保护等。

欠电流保护：为防止平面磨床在磨削过程中出现断电事故或吸盘电流减小，致使电磁吸盘失去吸力或吸力减小，造成工件飞出，引起工件损坏或人身事故，故在电磁吸盘线圈电路中串入欠电流继电器 KA。只有当直流电压符合设计要求，并且吸盘具有足够吸力时，KA 才吸合，触点 KA（3—4）闭合，为启动 M1、M3 进行磨削加工作准备，否则就不能开动磨床进行加工；若已在磨削加工中，则 KA 因电流过小而释放，触点（3—4）断开，KM1、KM2 线圈断电，M1、M3 立即停车旋转，避免事故发生。

过电压保护：电磁吸盘匝数多，电感大，通电工作时储有大量磁场能量。当线圈断电时，在线圈两端将产生高电压，若无放电回路，将使线圈绝缘及其他电气设备损坏。为此，在吸盘线圈两端应设置放电装置，以吸收断开电源后放出的磁场能量。电磁吸盘两端并联了电阻 R_3，作为放电电阻。

短路保护：在整流变压器 T2 二次侧或整流装置输出端有熔断器作短路保护。

此时，在整流装置中还设有 R、C 串联支路并联在 T2 二次侧，用以吸收交流电路产生的过电压和直流侧电路通断时在 T2 二次侧产生的浪涌电压，实现整流装置的过电压保护。

（4）照明电路。由照明变压器 T1 将 380V 降为 36V，并由开关 SA2 控制照明灯 EL。在 T1 一次侧装有熔断器 FU3 作短路保护。

3. 磨床故障

发生如图 5-2-8 电路中所标示的 15 个断点故障时，情况如下：

故障 1：FU2 熔丝断开，电源线开路，电机停转。

故障 2：FR1 热继电器动断触点断点，砂轮电动机停转。

故障 3：KM1 接触器动合断点，放开 SB3 按钮，KM1 常开未自锁，KM1 不通电，摇臂升降电动机 M2 不启动。

故障 4：SB2 按钮开关动断触点断开，KM1 不通电，砂轮电动机 M1 停转。

故障 5：KA 接触器动合触点断开，KM2 不通电，液压泵电动机 M2 不转。

故障 6、7：SB4 按钮开关动合触点开路，现象同上。

故障 8：FU3 熔丝断开，控制回路开路。

故障 9：SA2 开关断开，EL 照明灯不亮。

故障 10：T 变压器开路，照明灯指示灯不亮。

故障 11：T 变压器开路，整流电路失电。

故障 12：SA1 开关断开，电磁吸盘失效。

故障 13：VD 整流块断开，电磁吸盘失效。

故障 14：KA 时间继电器断开，KM2 失电，液压泵电动机 M2 不转。

故障 15：连线断开，电磁吸盘失效。

5-2-4　T68 卧式镗床的电气控制

卧式镗床加工各种复杂和大型工件，还可以进行镗孔、钻、扩、铰孔、车削内外螺纹用丝锥攻丝，车外圆柱面和端面，用端铣刀与圆柱铣刀铣削平面等多种工作。

1. T68 卧式镗床的主要结构及运动情况

T68 卧式镗床结构如图 5-2-9 所示。床身由整体的铸件制成，在它的一端装着固定不动的前立柱，在前立柱的垂直导轨上装有镗头架，它可上下移动，在镗头架上集中了主轴部件、变速箱、进给箱与操纵机构等部件。切削刀具安装在镗轴前端的锥孔里，或装在平旋盘的刀具溜板上。在工作过程中，镗轴一面旋转，一面沿轴向作进给运动。平旋盘只能旋转，装在它上面的刀具溜板可以在垂直于主轴轴线方向的径向作进给运动，平旋盘主轴是空心轴，镗轴穿过其中空部分，通过各自的传动链传动，因此可独立转动，在大部分工作情况下使用镗轴加工，只有在用车刀切削端面时才使用平旋盘。

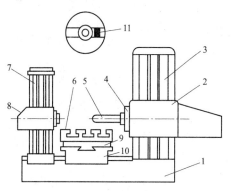

图 5-2-9　T68 卧式镗床结构

1—床身；2—镗头架；3—前立柱；4—平旋盘；
5—镗轴；6—工作台；7—后立柱；8—尾座；
9—上溜板；10—下溜板；11—刀具溜板

后立柱上的尾座用来夹持装载在镗轴上的镗杆的末端，它可以随镗头架同时升降，因而两者的轴心线始终在同一直线上，后立柱可沿床身导轨在镗轴轴线方向上调整位置。

安装工件的工作台安放在床身中部的导轨上，它有下溜板、上溜板与刀具溜板，工作台相对于上溜板可回转。这样，配合镗头架的垂直移动，工作台的横向、纵向移动和回转，就可加工工件上一系列与轴心线相互平行或垂直的孔。

2. T68 型卧式镗床的电气控制系统

图 5-2-10、图 5-2-11 所示分别为 T68 卧式镗床电气控制系统的主电路和控制电路。图中 M1 为主轴与进给电动机，M2 为快速移动电动机。其中 M1 为一台 4/2 极的双速电动机，绕组接法为△/丫丫。

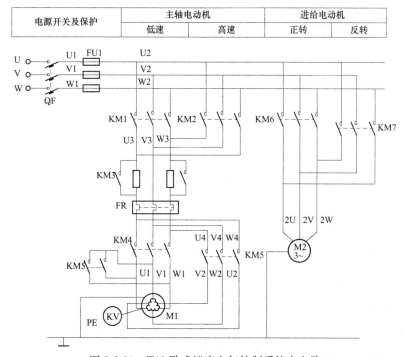

图 5-2-10　T68 卧式镗床电气控制系统主电路

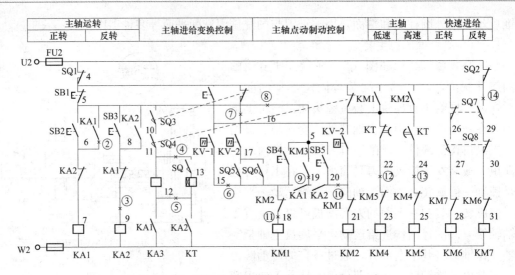

图 5-2-11　T68 卧式镗床电气控制系统控制电路

电动机 M1 由 5 只接触器控制，其中 KM1、KM2 为电动机正、反转接触器，KM3 为制动电阻短接接触器，KM4 为低速运转接触器，KM5 为高速运转接触器（KM5 为一只双线圈接触器或由两只接触器并联使用）。主轴电动机正反转停车时，均由速度继电器 KV 控制，实现反接制动，另外还设有短路保护和过载保护。

电动机 M2 由接触器 KM6、KM7 实现正反转控制，设有短路保护，因快速移动为点动控制，所以 M2 为短时运行，无须过载保护。

（1）主轴电动机的正、反向启动控制。合上电源开关 Q，信号灯 EL 亮，表示电源接通。调整好工作台和镗头架的位置后，便可开动主轴电动机 M1 拖动镗轴或平旋盘正反转启动运行。电路由正、反转启动按钮 SB2、SB3、正反转中间继电器 KA1、KA2 和正反转接触器 KM1、KM2 等构成主轴电动机启动控制环节。另设有高、低速选择手柄，选择高速或低速运行。当要求主轴低速运行时，将速度选择手柄置于低速挡，此时与速度选择手柄有联动关系的行程开关 SQ 不受压，触点 SQ（11—13）断开。要使电动机正转运行，可按下正转启动按钮 SB2，中间继电器 KA1 通电并自锁，触点 KA1（8—9）断开了 KA2 电路；触点 KA1（12—1）闭合，使 KM3 线圈通电（SQ3、SQ4 正常工作时处于受压状态，因此动合触点是闭合的），限流电阻 R 被短接；KA1（15—19）闭合，使 KM1、KM4 相继通电。电动机 M1 在△接法下启动并以低速运行。

若将速度选择手柄置于高速挡，经联动机构将行程开关 SQ 压下，触点 SQ（11—13）闭合。这样，在 KM3 通电的同时，时间继电器 KT 也通电。于是，电动机 M1 在低速△接法启动并经一定时限后，因 KT 通电延时断开的触点 KT（16—22）断开，使 KM4 断电；触点 KT（16—24）延时闭合，使 KM5 通电。从而使电动机 M1 由低速△接法自动换接成丫丫接法，构成了双速电动机高速运转时的加速控制环节，即电动机按低速挡启动再自动换接成高速挡运转的自动控制。

根据上述分析可知：

1）主轴电动机 M1 的正反转控制，是由按钮操作，通过正反转中间继电器使 KM3 通电，将限流电阻 R 短接，这就构成 M1 的全电压启动。

2）M1 高速启动，是由速度选择机构压合行程开关 SQ 来接通时间继电器 KT，从而实现由低速启动自动换接成高速运转的控制。

3）与 M1 联动的速度继电器 KV，在电动机正反转时，都有对应的触点 KV-1 或 KV-2 的动合触点闭合，为正反转停车时的反接制动作准备。

（2）主轴电动机的点动控制。主轴电动机由正反转点动按钮 SB4、SB5，接触器 KM1、KM2 和低速接触器 KM4 构成正反转低速点动控制环节，实现低速点动调整。点动控制时，由于 KM3 未通电，所以电动机串入电阻接成△接法低速启动，点动按钮送开后，电动机自然停车，若此时电动机转速较高，则可按下停车按钮 SB1，但要按到底，以实现反接制动，实现迅速停车。

（3）主轴电动机的停车与制动。主轴电动机 M1 在运行中可按下停止按钮 SB1，来实现主轴电动机的停车与反接制动（将 SB1 按到底）。由 SB1、KV、KM1、KM2 和 KM3 构成主轴电动机正反转反接制动控制环节。

以主轴电动机运行在低速正转状态为例，此时 KA1、KM1、KM3、KM4 均通电吸合，速度继电器 KV-2（16—20）闭合，为正转反接制动做准备。当停车时，按下 SB1，触点 SB1（4—5）断开，KA1、KM3 断电释放，使主轴电动机定子串入限流电阻，触点 KA1（15—19）、KM3（5—19）断开，使 KM1 断电，切断主轴电动机正向电源。而 KM1 触点（20—21）闭合，使 KM2 通电，其触点（4—16）不合，使 KM4 继续保持通电，于是主轴电动机进行反接制动。当电动机转速降低到 KV 释放值时，触点 KV（16—20）释放，使 KM2、KM4 相继断电，反接制动结束。

若主轴电动机已运行在高速正转状态，当按下 SB1 后，立即使 KA1、KM3、KT 断电，再使 KM1 断电，KM2 通电，同时 KM5 断电，KM4 通电。于是主轴电动机串入限流电阻，接成△接法，进行反接制动，直至 KV 释放，反接制动结束。

（4）主运动与进给运动变速控制。其通过变速操纵盘改变传动链的传动比来实现。电气上要求电动机先制动，然后在低速状态下实现机械换挡，接着再启动。图 5-2-11 中，行程开关 SQ3、SQ4 起到速度变换时使电动机制动、启动的作用，SQ5、SQ6 则起到冲动啮合齿轮的作用。下面以主轴变速为例，说明其变速控制。

1）变速操作过程。主轴变速时，首先将变速操纵盘上的操纵手柄拉出，然后转动变速盘，选好速度后，将变速操纵手柄推回，在拉出或推回变速操纵手柄的同时，与其联动的行程开关 SQ3（主轴变速时自动停车与启动开关）、SQ5（主轴变速齿轮啮合冲动开关）相应动作，在手柄拉出时开关 SQ3 不受压，SQ5 受压。推上手柄时压合情况正好相反。

2）主轴运行中的变速控制过程。主轴在运行中需要变速，可将主轴变速操纵手柄拉出，这时与变速操纵手柄有联动关系的行程开关 SQ3 不再受压，触点 SQ3（5—10）断开，KM3、KM1 断电，将限流电阻串入 M1 定子电路，另一触点 SQ3（4—16）闭合，且 KM1 已断电释放，于是 KM2 经 KV（16—20）触点而通电吸合，使电动机定子串入电阻 R 进行反接制动。若电动机原运行在低速挡，此时 KM4 仍保持通电，电动机接成△接法串入电阻进行反接制动，若电动机原运行在高速挡，则此时将 YY 接法换接成△接法，串入 R 进行反接制动。然后，转动变速操纵盘，转至所需转速位置，速度选好后，将变速操纵手柄推回原位。若此时因齿轮啮合不上而变速操纵手柄推不上时，行程开关 SQ5 受压，触点 SQ5（17—15）闭合，KM1 经触点 KV-2（16—17）、SQ（4—16）接通电源，同时 KM4 通电，使主轴电动机串入电阻 R、接成△接法低速启动。当转速升到速度继电器动作值时，KV-2 的动断触点断开，使 KM1 断电释放；动合触点闭合，使 KM2 通电吸合，对主轴电动机进行反接制动，使转速下降。当速度降至速度继电器释放值时，KV-2 复位，反接制动结束。

若此时变速操纵手柄仍推合不上时，则电路重复上述过程，从而使主轴电动机处于间歇启动合制动状态，获得变速时的低速冲动，便于齿轮啮合，直至变速操纵手柄推合为止。手柄推合后，压下 SQ3，而 SQ5 不再受压，上述变速冲动才结束，变速过程才完成。此时由触点 SQ5 切断上述瞬动控制电路，而触点 SQ3（5—10）闭合，使 KM3、KM1 相继通电吸合，主轴电动机自行启动，拖动主轴在新选定的转速下旋转。

至于在主轴电动机未启动前，主轴速度的操作方法及控制过程与上述完全相同。

进给变速控制与主轴变速控制相同。它是由进给操纵盘来改变进给传动链的传动比来实现的，其变速操作过程与主轴变速时相似。首先，将进给变速操纵手柄拉出，此时与其联动的行程开关 SQ4、SQ6 相应动作（当手柄拉出时 SQ4 不受压，SQ6 将受压；当变速手柄推回时，则情况相反）；然后转动进给变速操纵盘，选好进给速度；最后将变速操纵手柄推合。若手柄推合不上，则电动机进给间歇的低速起制动，获得低速变速冲动，有利于齿轮啮合，制止手柄推合上，变速控制结束。

（5）镗头架、工作台快速移动控制。为缩短辅助时间，提高生产率，由快速电动机 M2 经传动机构拖动镗头架和工作台做各种快速移动。运动部件及其运动方向的预选，由装设在工作台前方的操纵手柄进行，而控制则用镗头架上的快速操作手柄控制。当扳动快速操作手柄时，将相应压合行程开关 SQ7 或 SQ8，接触器 KM6 或 KM7 通电，实现 M2 的正反转，再通过相应的传动机构，使操纵手柄预选的运动部件按选定方向快速移动。当镗头架上的快速移动操作手柄复位时，行程开关 SQ8 或 SQ7 不再受压，KM6 或 KM7 断电释放，M2 停止旋转，快速移动结束。

（6）机床的联锁保护。如当工作台或镗头架自动进给时，不允许主轴或平旋盘刀架进行自动进给，否则将发生事故，为此设置了两个联锁保护行程开关 SQ1 和 SQ2。其中 SQ1 是工作台和镗头架自动进给手柄联动的行程开关，SQ2 是与主轴和平旋盘刀架自动进给手柄联动的行程开关。将 SQ1、SQ2 动断触点并联后串接在控制电路中，若扳动两个自动进给手柄，将使触点 SQ1（3—4）与 SQ2（3—4）断开，切断控制电路，使主轴电动机停止，快速移动电动机也不能启动，实现联锁保护。

3. 常见镗床故障分析

发生图 5-2-11 控制电路中所标示的 14 个断点故障时，情况如下：

故障 1：FU3 熔丝断开，HL 信号灯不亮。

故障 2：KA1 接触器动合触点断开，放开 SB2 按钮，KA1 动合触点未自锁，KA1、KM1 未通电，主轴电动机 M1 停转。

故障 3：KA1 接触器动断触点断开，KA2 未通电，主轴电动机 M1 停转。

故障 4：SQ 行车开关动合触点断开，KT 未通电，主轴低速，高速失效。

故障 5：KM3 和 KT 连接线断开，KM3 未通电，主轴低速，高速失效。

故障 6：KV-1 速度继电器动合触点开路，现象同上。

故障 7：SQ3 行程开关动断触点开路，KM1 不通电，主轴电动机 M1 不转。

故障 8：连接线断开，主轴点动控制失效。

故障 9：KM3 接触器动合触点断开，主轴点动控制失效。

故障 10：连接线断开。

故障 11：KM2 接触器动断触点断开，KM1 线包未通电，主轴电动机停转。

故障 12：KT 延时动断触点断开，KM4 未通电，主轴电动机停转。

故障 13：SQ7 行车开关动合触点断开，KM7 未通电，主轴进给电动机反转失效。

故障 14：SQ8 行车开关动合触点断开，KM6 未通电，主轴进给电动机正转失效。

5-2-5 X62W 卧式万能铣床的电气控制

1. X62W 卧式万能铣床的主要结构

X62W 卧式万能铣床具有主轴转速高、调速范围宽、操作方便和加工范围广等特点。这种机床主要由底座、床身、悬梁、刀杆支架、工作台和升降台等部分组成，如图 5-2-12 所示。

2. X62W 卧式万能铣床的电气控制系统

图 5-2-13、图 5-2-14 分别为 X62W 卧式万能铣床电气控制系统的主电路和控制电路。

（1）主电路。图 5-2-13 中，M1 为主电动机，其正反转由换向组合开关 SA4 实现，正常运行时由 KM1 控制。KM2 的主触点串联两相电阻与速度继电器配合，实现 M1 的停车反接制动，还可以进行变速冲动控制。M2 为工作台电动机，由正反转接触器 KM3、KM4 主触点控制，YA 为快速移动电磁铁，由 KM5 控制。M3 为冷却泵电动机，由 KM6 控制。

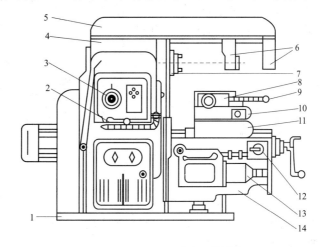

图 5-2-12 X62W 卧式万能铣床
1—底座；2—主轴变速手柄；3—主轴变速数字盘；4—床身；5—悬梁；6—刀杆支架；7—主轴；8—工作台；9—工作台纵向操作手柄；10—回转台；11—床鞍；12—工作台升降及横向操作手柄；13—进给变速手轮及数字盘；14—升降台

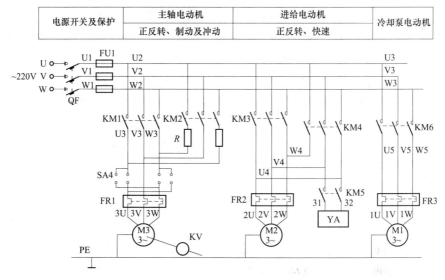

图 5-2-13 X62W 卧式万能铣床电气控制系统主电路

（2）控制电路。

1）主电动机的启停控制。在非变速状态，同主轴变速手柄关联的主轴变速冲动限位开关 SQ7 不受压。根据所用的铣刀，由 SA4 选择转向，合上 QS，按动 SB3 和 SB4 两地操作

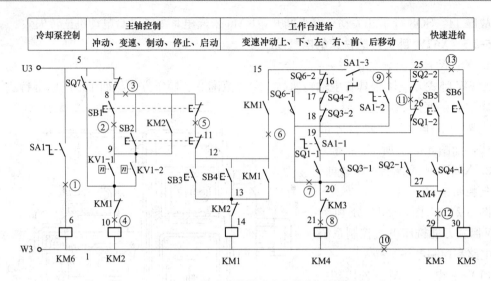

图 5-2-14　X62W 卧式万能铣床电气控制系统控制电路

就可使得 KM1 通电，进而主电动机 M1 启动运行。由于本机床较大，为方便操作和提高安全性，可在两处启停 M1。

需停车时，按动 SB1 或 SB2，显见 KM1 随即断电，但应注意到速度继电器的正向触点 KV-1 和反向触点 KV-2 总有一个闭合着，故 KM1 断电后，制动接触器 KM2 就立即通电，进行反接制动，直至电动机转速接近为 0 时，速度继电器触点全部断开，制动结束。

2）主轴变速冲动控制。主轴变速时，首先将主轴变速手柄微微压下，使它从第一道槽内拔出，然后拉向第二道槽。当落入第二道槽内后，再旋转主轴变速盘，选好速度，将手柄以较快速度推回原位。若推不上使，再一次拉回来、推过去，直至手柄推回原位，变速操作才完成。

在上述的变速操作中，就在将手柄拉到第二道槽或从第二道槽推回到原位的瞬间，通过变速手柄连接的凸轮，将压下弹簧杆一次，而弹簧杆将碰撞变速冲动开关 SQ7，使其动作一次并随即复位。这样，若原来主轴旋转着，当将变速手柄拉到第二道槽时，主电动机 M1 被反接制动速度迅速下降。当选好速度、将手柄推回原位时，冲动开关又动作一次，主电动机 M1 低速反转，有利于变速后的齿轮啮合。由此可见，可进行不停车直接变速。若原来处于停车状态，则不难想到，在主轴变速操作中，SQ7 第一次动作时 M1 反转一下，SQ7 第二次动作时 M1 又反转一下，故也可停车变速。当然，若要求主轴在新的速度下运行，则需要重新启动主电动机。

3）工作台移动控制。工作台移动控制电路电源的一端（回路标号 15），串入 KM1 的自锁触点，以保证只有主轴旋转后工作才能进给的联锁要求。进给电动机 M2 由 KM3、KM4 控制，实现正反转。工作台移动方向由各自的操作手柄来选择。有两个操作手柄，一个为左右（纵向）操作手柄，有右、中、左三个位置，当扳向右面时，通过其联动机构将纵向进给离合器挂上，同时将向右进给的按钮式限位开关 SQ1 压下，则 SQ1-1 闭合，而常闭触点 SQ1-2 断开；当扳向左时，SQ2 受压。另一个为前后（横向）和（升降）十字操作手柄，该手柄有五个位置，即上、下、前、后和中间零位。当扳动十字操纵手柄时，通过联动机构，将控制运动方向的机械离合器合上，同时压下相应的限位开关。若向下或向前扳动，则 SQ3 受压；若向上或向后扳动，则 SQ4 受压。

图 5-2-14 中的 SA1 为圆工作台转换开关，它是一种二位式选择开关。当使用圆工作台

时，SA1-2 接通，SA1-1 与 SA1-3 均断开；当不使用圆工作台而使用普通工作台时，SA1-1 和 SA1-3 均闭合，SA1-2 断开。图 5-2-14 中的 SQ6 为进给变速冲动开关。

4）工作台各运动方向的联锁。在同一时间内，工作台只允许向一个方向移动，各运动方向之间的联锁是利用机械和电气两种方法来实现的。

工作台的向左、向右控制，是同一手柄操作的，手柄本身起到左右移动的联锁作用。同理，工作台的前后和上下四个方向的联锁，是通过十字手柄本身来实现的。

工作台的左右移动同上下及前后移动之间的联锁是利用电气方法来实现的，电气联锁原理已在工作台移动控制原理分析中讲到了，此处不再赘述。

5）工作台进给变速冲动控制。与主轴变速类似，为了使变速时齿轮易于啮合，控制电路中也设置了瞬时冲动控制环节。变速应在工作台停止移动时进行，操作过程是：先启动主电动机 M1，拉出蘑菇形变速手轮，同时转动止所需要的进给速度，再把手轮用力往外一拉，并立即推回原位。

在手轮拉到极限位置时，其连杆机构推动冲动开关 SQ6，使得 SQ6-2 断开，SQ6-1 闭合，由于手轮被很快推回原位，故 SQ6 短时动作，KM4 短时通电，电动机 M2 短时冲动。KM4 通电的电流通路为：回路标号 15－25－26－18－17－16－20－21－1。

可见，若左右操作手柄和十字手柄中只要有一个不在中间停止位置，此电流通路便被切断，保证了变速冲动只能在工作台停止移动时进行。

6）圆工作台控制。在使用圆工作台时，要将圆工作体转换开关 SA1 置于远工作台"接通"位置，而且必须将左右操作手柄和十字手柄置于中间停车位置。接下去，按动主轴启动按钮 SB3 或 SB4，主电动机 M1 便启动，而进给电动机 M2 也因 KM4 的通电而旋转，由于圆工作台的机械传动已接上，故也跟着旋转。这时，KM4 的通电电流通路为：回路标号 15－16－17－18－26－25－20－21－1。

显见，通路中的 SQ1～SQ4 四个常闭触点为联锁触点，起着圆工作台转动与工作台三种移动的联锁保护作用，即只有在移动手柄处于"停止"位置时，工作台才能转动。圆工作台也可通过蘑菇形变速手轮变速。另外，当圆工作台转换开关 SA1 置于"断开"位置，而左右及十字操作手柄置于中间"零位"时，也可用手动机械方式使它旋转。

7）冷却泵电动机的控制。冷却崩电动机 M3 的启停由转换开关 SA3 直接控制，无失压保护功能，不影响安全操作。

（3）辅助电路及保护环节分析。机床的局部照明由变压器 T 供给 36V 安全电压，灯开关为 SA2。M1、M2 和 M3 为连续工作制，由 FR1、FR2 和 FR3 实现过载保护。由 FU1 实现主电路的短路保护，FU2 实现控制电路的短路保护，FU3 实现照明电路的短路保护。

3. 常见铣床故障分析

发生图 5-2-14 控制电路中所标示的 15 个断点故障时，情况如下：

故障 1：SA3 开关断开，KM6 未通电，冷却电动机 M3 停转。

故障 2：SB1 按钮开关动合触点断点，KM2 未通电，进给电动机 M2 停转。

故障 3、5：主轴控制回路断开，主轴电动机和进给电动机 M1、M2 停转。

故障 4：KM1 接触器动断触点断开，KM2 未通电，进给电动机 M2 停转。

故障 6：KM1 接触器动合触点断开，进给电动机 M2 停转。

故障 7：SQ6-1 行程开关动合触点断开，KM4 不通电，进给电动机 M2 不转。

故障 8：KM3 接触器动断触点开路，现象同上。

故障 9：SA1-2 主令开关动合触点开路，KM4 不通电，进给电动机 M2 不转。

故障 10：SQ3-1 行车开关断开，KM3 未通电，进给电动机停转。

故障 11：SQ2-2 行车开关断开，KM4 未通电，进给电动机 M2 不转。

故障 12：KM4 接触器动合触点断开，KM3 未通电，进给电动机 M2 不转。

故障 13：SB6 按钮动合触点断开，KM5 线包未通电，YA 电磁阀失效。

5-3　电工技能训练项目

5-3-1　机床电气控制原理图和电气接线图的绘制

1. 机床电气控制原理图的绘制方法

在实际工作中，常常会遇到这样的情况，由于电气设备使用日久，原有机床的电气控制线路图已丢失，这会给电气设备及电气控制线路的检修带来诸多不便。所以有必要根据实物测绘机床的电气设备的控制电路原理图，其方法是：

（1）了解机床的基本结构及运动形式，有哪些运动是电气控制的，有哪些运动是机械传动的，有哪些运动是液压传动的；液压传动时，电磁阀的动作情况如何；另外，电气控制中哪些需要联锁、限位，需要什么保护等。

（2）在熟悉机械动作情况的同时让机床的操作者开动机床，展示各运动部件的动作情况。了解哪些是正反转控制，哪些是顺序控制，哪台电机需制动控制等。

（3）根据各部件的动作情况，在电气控制箱（盘）中观察各电气元件的动作情况，根据动作情况绘制电气控制原理图。绘制的步骤如下：

1）先绘制主运动、辅助运动及进给运动的主电路的控制线路图。

2）绘制主运动、辅助运动及进给运动的控制线路图。

3）将绘制的原理图按实物编号。

4）将绘制好的电气控制原理图与实物进行对照，检查是否正确。

（4）将绘制好的控制电路图对照实物进行实际操作，检查绘制的电气控制原理图的操作控制与实际操作的电器动作情况是否相符，如果与实际操作情况相符，即完成了电气原理图的绘制。否则须进行修改，直到与实际动作相符为止。

2. 电气接线图的绘制

电气接线图根据生产机械运动形式对电气设备的要求绘制而成，是用来协助理解电气设备的各种功能，而不考虑其实际位置的一种简图。

电气接线图是根据电气设备和电气元件的实际位置和安装情况进行绘制的，以表示电气设备各个单元之间的接线关系，主要用于安装接线和线路检查维修。在实际应用中，电气接线图通常与原理图一起使用。绘制电气接线图时，应注意以下几点：

（1）电气接线图中各个电气元件的图形符号及文字符号必须与原理图完全一致，并应符合国家标准。每一个电气元件的所有部件应画在一起，并用虚线框起来。

（2）导线编号标示。首先应在电气原理图上编写线号，再编写电气接线图线号。电气接线图的线号和实际安装的线号应与电气原理图编写的线号一致。线号的编写方法如下：

1）主回路线号的编写。三相电源自上而下编号为 L1、L2 和 L3，经电源开关后出线上依次编号为 U11、V11 和 W11，每经过一个电气元件的接线桩编号要递增，如 U11、V11 和 W11 递增后为 U12、V12 和 W12⋯如果是多台电动机的编号，为了不引起混淆，可在字母的前面冠以数字来区分，如 1U、1V 和 1W；2U、2V 和 2W。

2）控制回路线号的编写。应从上至下，从左到右每经过一个电气元件的接线桩，编号要依次递增。编号的起始数字，除控制回路必须从阿拉伯数字 1 开始，1 依次递增为 2、3…照明电路编号从 101 开始；信号电路从 201 开始。

（3）各个电气元件上凡是需要接线的部件及接线桩都应绘出，且一定要标注端子线号。各端子编号必须与电气原理图上相应的编号一致。

（4）安装板内、外的电气元件之间的连线，都应通过接线端子板进行连接。

（5）接线图中的导线可用连续线和中断线来表示，也可用束线来表示。

5-3-2 机床电气设备安装配线

1. 控制箱（板）内部配线方法

控制箱（板）常用的配线方法有板前明线配线、板前线槽配线和板后配线三种。板前明线配线适用于电气元件数较少、较简单的电气系统；板后配线的方法较少采用；在较复杂的电气控制线路中，多采用控制板前线槽配线的方法。板前线槽配线的具体工艺要求是：

（1）所有导线的截面积在不小于 0.5mm² 时，必须采用软线；所有导线的最小截面积，考虑机械强度的原因，在控制箱外为 1mm²，在控制箱内为 0.75mm²，但对控制箱内很小电流的电路连线，如一些电子逻辑电路，可用 0.2mm² 截面积导线，而且可以采用硬线，但只能用于不移动又无振动的场合。

（2）布线时，严禁损伤线芯和导线绝缘。

（3）控制板上各电气元件接线端子引出导线的走向，以元件的水平中心线为界限，在水平中心线以上，接线端子引出的导线必须进入元件上面的走线槽；在水平中心线以下，接线端子引出的导线必须进入元件下面的走线槽。任何导线都不允许从水平方向进入走线槽内。

（4）各电气元件接线端子上引出或引入的导线，除间距很小和元件机械强度很差允许直接架空敷设外，其他导线必须经过走线槽进行连接。

（5）各电气元件与走线槽之间的外露导线，应走线合理，并尽可能做到横平竖直，变换走向要垂直。同时，同一个元件上位置一致的端子和同型号电气元件中位置一致的端子上引出或引入的导线，应敷设在同一平面上，并应做到高低一致或前后一致，不得交叉。

（6）进入走线槽内的导线要完全置于走线槽内，并应尽可能避免交叉，装线时不要超过走线槽容量的 70%，以便于能方便地盖上线槽盖，也便于以后的装配和维修。

（7）所有接线端子、导线线头上都应套有与原理图上相应接点一致线号的编码套管，并按线号进行连接，连接必须牢靠，不得松动。

（8）接线端子必须与导线截面积和材料性质相适应。当接线端子不适合连接软线或较小截面积的软线时，可以在导线端头穿上针形或叉形轧头并压紧。

（9）一般一个接线端子只能连接一根导线，如果采用专门设计的端子，可以连接两根或多根导线，但导线的连接方式必须是公认的、在工艺上成熟的各种方式，如夹紧、反接、焊接、绕接等，并应严格按照连接工艺工序要求进行。

2. 机床电气设备安装穿管配线

凡在机床本身而不在配电柜内的导线都应穿管。配电柜与外部电器连接的导线，在配电柜内的导线端应穿塑料管或用线绳、布带、塑料带绑扎，在配电柜外的导线一般应穿金属软管，对于承受压力的地方应穿铁管。

（1）铁管配线。

1）引向机床、电机组和配电柜的电线管应尽量取最短距离，管子的弯曲次数尽量减少（一般不多于三个弯）。

2）管子弯后不能有裂缝和凹陷现象，管口不能有毛刺，管内不能有杂物。管路引出地面时，距地面高度不得小于 200mm。铁管弯曲时，其弯曲半径不能小于管子外径的 4～6 倍。

3）预埋的管路，管口应有木塞，明设管路应横平竖直，铁管应可靠地保护接零或接地。

4）不同电压、不同回路、不同频率的导线不能穿在同一管内。

5）穿管导线不得有接头，铜线截面积不得小于 1.5mm²，铝线截面积不得小于 2.5mm²，所穿导线总截面积应比管内径截面积小 40%。管路穿线时，用钢丝作引线，一人送线另一人拉线。若线管较长、弯曲次数多、穿钢丝引线有困难时，可将两根钢丝引线的一端弯成小钩，同时从管子两端穿入，当两根引线在管中相遇时，同时转动两根引线使其挂在一起，然后拉出引线。穿管导线每 10 根应增加一根备用线。

（2）金属软管配线。

1）根据所穿导线选金属软管，金属软管内径截面积应大于所穿导线截面积。

2）金属软管的两头应有接头连接，中间部分应用卡子固定。金属软管不能有脱节、凹陷现象。移动的金属软管应有足够余量。

（3）配电盘的配线。

1）配线的种类。配电盘配线有明配线、暗配线和线槽配线三种，最需用的是明配线。①明配线：明配线又称板前配线，其特点是线路整齐美观，导线去向清楚，检查故障方便。②暗配线：暗配线又称板后配线，其特点是配线速度快，能长时间保持板面整齐，缺点是检查故障困难。③线槽配线：线槽配线适用于电气元件多、控制线路复杂的设备。它具有配线速度快，能长时间保持板面整齐，缺点是成本高，检查故障困难。

2）配线的要求。根据负荷选择导线截面；根据不同回路，选择不同颜色的导线；配电盘配线应整齐美观，横平竖直，转角处应成直角，成排的导线应用铜精扎或卡子固定；应尽最减少导线交叉和架空导线；导线敷设不能妨碍电气元件的拆卸；导线端头应套异形塑料管或白色塑料管，在套管上标上线号；单股单线的线头应弯成圆环，圆环的旋向应与螺钉的旋向一致；多股导线的线头应弯成圆环后搪焊锡。

（4）配线方法。

1）配线前应认真消化图纸。

2）根据图纸要求和电气元件的布局，仔细考虑导线的去向。

3）先配主电路，后配控制电路。

4）配完线后，应根据图纸仔细检查接线是否正确。确认无误时将所有螺钉紧固。

5-3-3　基本控制线路的安装步骤及要求

1. 基本控制线路的安装步骤

（1）在电气原理图上编写线号。

（2）按电气原理图及负载电动机功率的大小配齐电气元件，检查电气元件。检查电气元件时，应注意以下几点：

1）外观检查。外壳有无裂纹，各接线桩螺栓有无生锈，零部件是否齐全。

2）电气元件的电磁机构动作是否灵活，有无衔铁卡阻等不正常现象。用万用表检查电磁线圈的通断情况。

3）检查电气元件触头有无熔焊、变形、严重氧化锈蚀现象，触点开距、超程是否符合要求。核对各电气元件的电压等级、电流容量、触头数目及开闭状况等。

（3）确定电气元件安装位置，固定安装电气元件，绘制电气接线图。在确定电气元件安装位置时，应做到既方便安装时布线，又要便于检修。

（4）按图安装布线。

2．基本控制线路的安装要求

（1）电气元件固定应牢固、排列整齐，防止电气元件的外壳压裂损坏。

（2）按电气接线图确定的走线方向进行布线，可先布主回路线，也可先布控制回路线。对于明露敷设的导线，走线应合理，尽量避免交叉，做到横平竖直。敷设线路时不得损伤导线绝缘及线芯。所有从一个接线桩到另一个接线桩的导线必须是连续的，中间不能有接头。接线时，可根据接线桩的情况，将导线直接压接或将导线顺时针方向煨成稍大于螺栓直径的圆环，加上金属垫圈压接。

（3）主回路和控制回路的线号套管必须齐全，每一根导线的两端都必须套上编码套管。套管上的线号可用环乙酮与龙胆紫调合，不易褪色。在遇到6和9或16和91这类倒顺都读数的号码时，必须作记号加以区别，以免造成线号混淆。

5-3-4　机床电气设备的调整试车

1．试车前的准备工作

安装完毕的控制线路板，必须经过认真检查和明确试车目的后，才能通电试车，以防止错接、漏接造成不能实现控制功能或短路事故。检查内容有：

（1）准备好电工用工具、测量仪表和电气图纸资料。

（2）认真消化图纸，检查各部分接线是否正确和各电气元件是否在正常位置。

（3）紧固接线螺钉。

（4）按电气原理图或电气接线图从电源端开始，逐段核对接线及接线端子处线号。重点检查主回路有无漏接、错接及控制回路中容易接错之处。检查导线压接是否牢固，接触良好，以免带负载运转时产生打弧现象。

（5）用万用表检查线路的通断情况。可先断开控制回路，用 Ω 挡检查主回路有无短路现象。然后断开主回路再检查控制回路有无开路或短路现象，自锁、联锁装置的动作及可靠性。

（6）用 500V 兆欧表测量 380V 电动机和线路的对地绝缘电阻值与相间绝缘电阻值时，不应小于 1MΩ。

（7）对于不能逆转的机械应与电动机脱开。待电动机转向确定后，再与机械连接。对于有可能造成事故的机械部位，应与电动机脱开。待调整好后，再与电动机连接。

（8）所有控制电器的手柄应置于零位，调速装置的手柄应置于最低速位置。

（9）正确判断反馈系统中信号的极性。

2．通电试车

为保证人身安全，在通电试运转时，应认真执行安全操作规程的有关规定，一人监护，一人操作。试运转前应检查与通电试运转有关的电气设备是否有不安全的因素存在，查出后应立即整改，方能试运转。通电试运转的顺序如下：

（1）通电试车时，应由机修钳工和操作工人配合。清理配电柜内及周围环境的杂物。

（2）接通电源开关。

（3）按电气控制图逐级试车。启动按钮应采用点动，观察电动机的旋转方向是否正确，各部分电器在工作过程中是否处于正常状态。

（4）空载试运转。接通三相电源，合上电源开关，用试电笔检查熔断器出线端，氖管亮则电源接通。按动操作按钮，观察接触器动作情况是否正常，并符合线路功能要求；观察电气元件动作是否灵活，有无卡阻及噪声过大等现象，有无异味。检查负载接线端子三相电源是否正常。经反复几次操作，均正常后方可进行带负载试运转。

（5）带负载试运转。带负载试运转时，应先接上检查完好的电动机连线后，再接三相电源线，检查接线无误后，再合闸送电。按控制原理启动电动机。当电动机平稳运行时，用钳形电流表测量三相电流是否平衡。

（6）通电试运行完毕，停转、断开电源。先拆除三相电源线，再拆除电动机线，完成通电试运转。试完车后，即可进行最后的整理工作，如装好防护罩，用线绳或塑料带绑扎导线等。

5-3-5　机床电气设备故障的排除方法

现代化的生产设备，需要有一定理论知识和丰富实践经验的工人去安装、调试、维护与修理，以保证生产设备的正常工作，这是提高企业经济效益的重要环节。

电气设备在工作过程中，由于各种原因，会产生各种故障，有些故障又往往与机械交错在一起，难以分辨。作为维修电工，如何能熟练、准确、迅速、安全地找出原因并加以排除，这是十分关键的。只要我们善于学习，不断总结经验，找出规律，就能掌握正确的排除故障方法。下面介绍排除故障的一般步骤及方法。

1. 故障调查

电修人员来到故障现场首先应做以下几方面的调查研究，以便确定故障部位：

（1）问。向操作者了解故障现象，这对找出故障原因和排除故障是十分重要的。向机床操作者询问故障发生的部位、故障发生的前后情况、故障发生时有哪些异常现象，如冒烟、打火、有响声、有焦臭味等。询问操作时有无频繁启动或误操作。

（2）看。对电气设备的外观进行检查，因为有些故障是有明显征兆的，很容易发现。检查熔断器是否熔断，热继电器是否动作，电气元件有无烧毁、发热、断线的，接线头有无脱落，连接螺钉有无松动。

（3）听。通过声音异常发现和分析故障。接通电源，听听电动机、变压器等有关元件工作时，声音是否正常。闻闻有无焦臭味来判定电动机、变压器、电磁线圈电流是否过大及可能产生的原因。

（4）摸。电机的温升和振动，可通过用手去摸的感觉去分析判断故障。切断电源，用手触摸电动机、变压器、电磁线圈是否显著过热。

2. 逻辑法

逻辑法，即优选法。当设备发生故障时，不是对每根导线和电气元件全部检查，这样不但浪费时间，而且容易造成人为故障，而是根据电气控制图的控制程序和它们之间的联系，结合故障调查结果进行分析，缩小检查范围，找出可能引起故障的因素，通过仪表测量找出故障点。

检修人员应充分反复地阅读电气原理图，分析机床电气控制线路，明了其工作原理，掌握电气设备之间的联系、前后顺序、控制要求，逐一分析解决。对于机械、电气、液压共同控制的机床，线路复杂，除了明确电气控制的过程以外，还要明确与机械传动、液压传动之间的关系。因此，在检修电气故障的同时，应调整和排除机械、液压方面的故障，最好与机修人员配合进行。

3. 通电试验检查法

有些故障的现象不清或故障点难以判断，可通过试车进行观察、分析故障。

首先应检测机床电源电压和控制电路电压是否正常，然后对控制线路进行检测。在通电情况下可用试验灯法。按照原理图上各元件的位置顺序测量（试验灯一端接电源），另一端自前往后测试灯亮的为正常。若到哪个触点前边灯还亮，后边就不亮，说明故障就出在此处。这是维修电工常用的方法。在不通电的情况下，用万用表测量线路通断，配合以用手按动按钮、限位开关等检查其触点接触是否良好。

4. 检修故障时应注意的问题

（1）尽量切断电源。

（2）需要通电检查时，应和操作者配合，防止再出现新的故障，更不要随便触及带电部位。

（3）注意设备、人身安全。

以上所述是检修机床电气设备故障的一般步骤和方法，仅供参考，应灵活掌握。

5-3-6　电工技能训练任务

1. 训练目的

（1）掌握电气控制系统的设计原则、设计内容。

（2）掌握电气控制系统的设计方法，具备综合运用专业及基础知识的能力。

（3）熟悉常用控制电器的结构原理、用途、型号及选择。

（4）具备电气设备的安装、调试、运行及维护能力。

（5）查阅图书资料、产品手册、各种工具书的能力及工程绘图能力。

2. 电气控制设计的原则

（1）最大限度满足生产机械和生产工艺对电气控制的要求。

（2）在满足要求的前提下，使控制系统简单、经济、合理、便于操作、维修方便、安全可靠。

（3）电气元件选用合理、正确，使系统能正常工作。

（4）为适应工艺的改进，设备能力应留有裕量。

3. 电气控制设计的基本内容

电气控制设计的基本内容包括电气原理图设计和电气工艺设计两部分。

（1）电气原理图设计内容。

1）拟定电气设计任务书。

2）选择电力拖动方案和控制方式。

3）确定电动机的类型、型号、容量、转速。

4）设计电气控制原理图。

5）选择电气元件及清单。

6）编写设计计算说明书。

（2）电气工艺设计内容。

1）设计电气设备的总体配置，绘制总装配图和总接线图。

2）绘制各组件电气元件布置图与安装接线图，标明安装方式、接线方式。

3）编写使用维护说明书。

4. 训练任务及要求

（1）任务 1：M125 外圆磨床电气控制线路的设计与实践。

M125 外圆磨床是用砂轮进行加工的精密机床，该机床采用四台鼠笼型交流异步电动机进行分散拖动：砂轮电动机（17kW，2860r/min）；水泵电动机（0.12kW）；工件电动机（3kW，1410r/min）；油泵电动机（7.5kW，1410r/min）。要求如下：

1）工件电动机要求可逆运转，反转为点动控制。

2）砂轮、水泵、油泵电动机同时启停，且单方向运转。

3）有必要的电气保护和联锁。

4）应有照明及工作状况显示。

（2）任务 2：两处装卸货物小车控制线路的设计与实践。要求如下：

1）运货小车由三相笼型异步电动机拖动，电动机规格：380V，7.5kW，2940r/min。

2）电动机可在 A、B 间任何处启动，启动后正转，小车行进到 A 处，电动机自动停转，装货，停 5min 后电动机自动反转。

3）小车行进到 B 处，电动机自动停转，卸货，停 5min 后电动机自动正转，小车到 A 处装货。

4）有零压、过载和短路保护。

5）小车可停在 A、B 间任何位置。

6）应有照明及工作状况显示。

（3）任务 3：双向启动、反接制动控制线路的设计与实践。要求如下：

1）要求对一交流鼠笼型异步电动机（22kW，1410r/min）双向启动。

2）为了准确停车，要求采用反接制动控制。

3）有必要的电气保护和联锁。

4）应有照明及工作状况显示。

（4）任务 4：三相异步电动机顺序控制线路的设计与实践。要求如下：

1）两台三相异步电动机规格分别为：7.5kW，2900r/min；0.75kW，1390r/min。

2）第二台启动 10s 后，方允许第一台直接启动。

3）第一台停车后，方允许第二台停车。

4）有必要的保护措施。

5）有照明及工作状况指示。

（5）任务 5：某小车运行电气控制线路设计与实践。现有一台小车，拖动电机为 3kW、960r/min，其运行动作程序如下：

1）小车由原位开始前进，到终端后自动停止。

2）在终端停留 2min 后自动返回原位停止。

3）要求能在前进或后退途中任意位置都能停止或再次启动。

4）有必要的电气保护和联锁。

5）应有工作状况指示。

（6）任务 6：时间继电器丫-△启动控制线路设计与实践。要求如下：

1）电动机规格：30kW，960r/min，正常运行时为△形接法。

2）采用丫-△启动。

3）有必要的电气保护和联锁。

4）应有照明及工作状况显示。

（7）任务 7：钻床刀架运动控制线路设计与实践。钻削加工时，刀架的运动要求在一定距离内进给后再返回。要求如下：

1）刀架电动机 13kW、1440r/min，能可逆运转。

2）利用行程开关实现停止进给，并延时一定时间后返回起始位置。

3）有必要的限位及其他联锁保护措施。

4）有照明及工作状况显示。

（8）任务 8：CA6140 型普通车床电气控制系统设计与实践。CA6140 型普通车床由三台电动机拖动：主轴电机（22kW，1450r/min）；冷却泵电机（90W）；刀架快速移动电机（3kW，1360r/min）。要求如下：

1）主轴电机单向运行，直接启停。

2）主轴电机启动后，冷却泵电机才能启动。

3）刀架的快速移动采用点动控制。

4）有必要的电气保护和联锁。

5）应有照明及工作状况显示。

（9）任务 9：工作台自动往返循环控制线路设计与实践。有些生产机械要求工作台能在一定距离内自动往返，对工件连续加工。要求如下：

1）拖动电动机 13kW、1440r/min，能可逆运转。

2）利用行程开关实现自动往返。

3）有必要的限位及其他联锁保护措施。

4）有照明及工作状况显示。

5. 总结报告要求

（1）根据任务书设计与绘制电气控制原理图，选择电气元件，制定元件目录表。

（2）根据原理图进行组件划分，设计并绘制电器板元件和控制板元件的布置接线图。

（3）电器板安装、配线及调试。

（4）编制设计说明书、使用说明书及小结。

（5）列出设计参考资料目录。

第6章　电子技术实验

6-1　单管共射放大电路

1. 实验目的

(1) 掌握放大电路直流工作点的调整和测量方法。

(2) 了解直流工作点对放大电路动态性能的影响。

(3) 了解放大电路主要性能指标的测量方法。

(4) 进一步熟悉常用电子仪器及电子技术实验装置的使用方法。

2. 实验原理

(1) 实验电路。图 6-1-1 为典型静态工作点稳定的共射极放大电路。图中，可变电阻 RP 是为调节晶体管静态工作点而设置的；电流表采用模电实验台上的数字式电流表，作用是测量集电极电流 I_C。

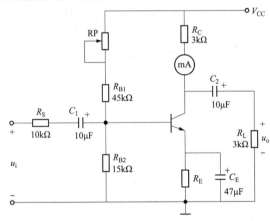

图 6-1-1　共射极放大电路

(2) 静态工作点的估算和调整。在图 6-1-1 电路中，参数选择要使流过偏置电阻 R_{B1} 的电流 I_1 远大于晶体管的基极电流 I_B，则它的静态工作点估算式为

$$U_B \approx \frac{R_{B2}}{R_{B1} + R_{B2}} V_{CC}$$

$$I_E = \frac{U_B - U_{BE}}{R_E} \approx I_C$$

$$U_{CE} = V_{CC} - I_C(R_C + R_E)$$

对阻容耦合放大电路来说，改变电路参数 V_{CC}、R_C、R_{B1}、R_{B2} 都会引起静态工作点的变化。在实际工作中，通常采用改变上偏置电阻 R_{B1}（即调节电位器 RP）来调节静态工作点，如减小 R_{B1}，静态工作点提高（I_C 增加）。

(3) 放大电路的电压放大倍数 A_u、输入电阻 R_i 和输出电阻 R_o 的估算。

电压放大倍数
$$A_u = -\beta \frac{R_C // R_L}{r_{be}}$$

输入电阻
$$R_i = R_{B1} // R_{B2} // r_{be}$$

输出电阻
$$R_o \approx R_C$$

(4) 放大电路电压放大倍数的频率特性。放大电路由于有耦合电容和结电容的影响，使其对不同频率的信号具有不同的放大能力，即电压增益是频率的函数，一般当信号频率等于下限频率 f_L 或上限频率 f_H 时，放大电路的增益下降 3dB。电压增益的大小与频率的函数关系即幅频特性（见图 6-1-5），通常用逐点法进行测量。测量时要保持输入信号的幅度不变，改变信号的频率，逐点测量不同频率点的电压增益，由各点数据描绘出特性曲线。由曲线确定出放大电路的上、下限截止频率 f_H、f_L 和频带宽度 $f_{BW} = f_H - f_L$。

3. 实验仪器

(1) 双踪示波器 COS5020（YX4320）。

(2) 信号发生器 SG1645（SG1646B）。

(3) 交流毫伏表 SX2171B（SX2172）。

(4) 万用表 MF-10 型（或数字万用表）。

(5) 模拟电子技术实验装置（含稳压电源）。

4. 实验内容

按图 6-1-1 连接实验电路。各电子仪器和实验电路可按图 6-1-2 所示方式连接，为防止干扰，各仪器的公共端必须连在一起。

(1) 放大器静态工作点的调整和测量。静态工作点是否合适，对放大器的性能和输出波形都有很大影响。如工作点偏高，放大器在加入交流信号以后易产生饱和失真，此时 u_o 的负半周将被削底，如图 6-1-3（a）所示；如工作点偏低则易产生截止失真，即 u_o 的正半周被缩顶

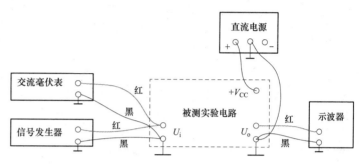

图 6-1-2 电子仪器与实验电路连接

（一般截止失真不如饱和失真明显），如图 6-1-3（b）所示；如工作点适中，输入信号过大，也会产生失真，如图 6-1-3（c）所示。所以在初步选定工作点以后还必须进行动态调试。

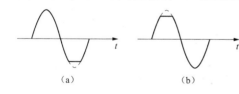

图 6-1-3 失真波形

（a）饱和失真；（b）截止失真；（c）信号过大产生的失真

1) 放大器静态工作点的调整。首先置 $R_C = 3k\Omega$、$R_L = \infty$，再将 RP 调到最大，接通 12V 直流电源。在放大器输入端加入频率为 1kHz 的正弦交流信号 u_i，用示波器观察放大器输出电压 u_o 的波形。当 u_i 由小（5mV）到大慢慢增加时，输出波形将会出现饱和（截止）失真，这说明静态工作点不在交流负载线的中点，调节 RP 消除失真。如此反复，直至输入信号略有增加，输出波形同时出现饱和与截止失真，如图 6-1-3（c）所示，再将 RP 回调，使失真消除，此时的静态工作点称为最佳静态工作点。

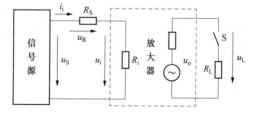

图 6-1-4 输入、输出电阻测量电路连接图

2) 静态工作点的测量。保持 RP 不变，断开输入信号后，选用量程合适的直流电压表，分别测量晶体管各极对地的电压 U_B、U_C 和 U_E，并从直流毫安表上读出 I_C，记入表 6-1-1。

表 6-1-1　　　　　静态工作点的测量

测量值				计算值		
U_B (V)	U_E (V)	U_C (V)	I_C (mA)	U_{BE} (V)	U_{CE} (V)	I_C (mA)

（2）测量电压放大倍数。保持放大器静态工作点不变，在放大器输入端引入频率为1kHz、幅值为5mV的正弦交流信号 u_i，用交流毫伏表测量下述三种情况下 u_o 的值；用示波器观察放大器输出电压 u_o 的波形，把结果记入表6-1-2中。

表 6-1-2　　　　电压放大倍数测量

R_C (kΩ)	R_L (kΩ)	U_o (V)	Au	观察记录一组 u_o 和 u_i 波形
1.5	∞			
3	∞			
3	3			

（3）观察静态工作点对输出波形的影响。置 $R_C = 3$kΩ，$R_L = ∞$，保持上一步 u_i 的值，调节 RP 分别使 I_C 达到最小值、最大值时，测出 I_C 和 U_{CE} 值，观察输出电压 u_o 的波形，把结果记入表6-1-3中。

*（4）测量放大电路输入电阻和输出电阻。在器静态工作点适中的条件下，按图6-1-4所示的电路连接，可以测量放大器输入、

表 6-1-3　　　　静态工作点对输出波形的影响

条件	u_o 波形	I_C	U_{CE} (V)	U_o (V)	A_u	管子工作状态
R_B 最大						
R_B 最小						

输出电阻。此电路在被测放大器的输入端与信号源之间串入一已知电阻 $R_S = 10$kΩ，在放大器输出端开路的情况下，用交流毫伏表测出 u_i、u_s、u_o 的值；接入负载电阻 $R_L = 3$kΩ，测量输出电压 u_L 的值，记入表6-1-4中，并根据输入、输出电阻的定义式，求输入、输出电阻值

表 6-1-4　　　　输入、输出电阻测量

U_S (mV)	U_i (mV)	R_i (kΩ) 测量值	R_i (kΩ) 计算值	U_o (V)	U_L (V)	R_o (kΩ) 测量值	R_o (kΩ) 计算值

（测量值）。在测试中应注意，必须保持 R_L 接入前后输入信号的大小不变。有

$$R_i = \frac{U_i}{I_i} = \frac{U_i}{U_R}R_S = \frac{U_i}{U_S - U_i}R_S$$

$$R_o = \left(\frac{U_o}{U_L} - 1\right)R_L$$

式中，U_S、U_i、U_o、U_L、I_i 均为交流电压、电流的有效值。

*（5）测量幅频特性曲线。在静态工作点适中的情况下，保持输入信号 u_i 的幅度不变，改变信号源频率 f，逐点测出相对应的输出电压 u_o，记入表6-1-5中。当输出电压下降

表 6-1-5　　　　幅频特性曲线测量

			f_L		f_o		f_H	
f (kHz)								
U_o (V)								
$A_u = U_o/U_i$								

到中频值的0.707倍，即为上限截止频率 f_H 或下限截止频率 f_L，计算 f_{BW}，幅频特性曲线如图6-1-5所示。

注意：在改变频率时，要保持输入信号的幅度不变；测量时应注意取点要恰当，在上限截止频率 f_H 或下限截止频率 f_L 附近应多测几点，在中频段可以少测几点。

5. 预习要求与思考题

（1）复习基本放大电路的工作原理。

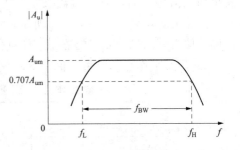

图 6-1-5　幅频特性曲线

（2）在图 6-1-1 所示电路中：$V_{CC}=12V$、$R_C=3k\Omega$、$R_{B2}=15k\Omega$、$R_{B1}=45k\Omega$、$C_E=47\mu F$、$C_1=C_2=10\mu F$，估算放大电路的性能指标（设 $\beta=50$）。

（3）测试中，如果将信号源、交流毫伏表、示波器中任意一台仪器的两个测试端子换位（即各仪器的接地端不连在一起），将会出现什么问题？

（4）本实验在测量放大电路输出电压时，使用晶体管电压表，而不用万用表，为什么？

（5）改变静态工作点对放大器的输入电阻 R_i 有影响吗？改变负载电阻 R_L 对输出电阻 R_o 有影响吗？

6. 实验报告

（1）整理实验数据，总结静态工作点调整的原理与方法。将测量获得的电压放大倍数与理论计算值相比较（取一组数据进行比较），分析产生误差的原因。

（2）分析静态工作点变化对放大电路输出波形的影响。

（3）总结放大电路主要性能指标的测试方法。

6-2　负反馈放大电路

1. 实验目的

（1）学习在放大电路中引入负反馈的方法。

（2）了解负反馈对放大器各项性能指标的影响。

（3）掌握两级放大器开环、闭环性能指标的测试方法。

2. 实验原理

（1）负反馈的类型。在放大电路中，为了改善放大电路各方面的性能，总会引入不同形式的负反馈。根据输出端取样方式和输入端比较方式不同，可以把负反馈放大电路分成电流串联负反馈、电压串联负反馈、电流并联负反馈和电压并联负反馈四种基本组态。在研究放大器的反馈时，主要抓住三个基本要素：第一是反馈信号的极性；第二是反馈信号与输出信号的关系；第三是反馈信号与输入信号的关系。

（2）负反馈对放大电路性能的影响。负反馈虽然使放大器的放大倍数降低，但能在多方面改善放大器的动态参数，如稳定放大倍数，改变输入、输出电阻，减小非线性失真和展宽通频带等。

1）负反馈使放大器的放大倍数下降，有　$A_f=\dfrac{A}{1+AF}$

式中，$1+AF$ 为反馈深度；A 为开环电压放大倍数；F 为负反馈系数。

2）负反馈提高放大电路的稳定性，有　$\dfrac{dA_f}{A_f}=\dfrac{1}{1+AF}\cdot\dfrac{dA}{A}$

式中，dA_f/A_f 为闭环电压放大倍数相对变化量；dA/A 为开环电压放大倍数相对变化量。

3）串联负反馈使输入电阻增加　$R_{if}=(1+AF)R_i$

并联负反馈使输入电阻下降　$R_{if}=\dfrac{R_i}{1+AF}$

电压负反馈使输出电阻下降　$R_{of}=\dfrac{R_o}{1+A_oF}$

电流负反馈使输出电阻增加　$R_{of}=(1+A_oF)R_o$

4）负反馈使上限截止频率增高　$f_{Hf}=(1+AF)f_H$

负反馈使下限截止频率下降　$f_{Lf}=f_L/(1+AF)$

从而展宽了放大器的通频带宽度。

5）负反馈可以改善放大器的非线性失真。

3．实验仪器及元件

（1）双踪示波器 COS5020（YX4320）。

（2）信号发生器 SG1645（SG1646B）。

（3）交流毫伏表 SX2171B（SX2172）。

（4）万用表 MF-10 型（或数字万用表）。

（5）模拟电子技术实验装置（含稳压电源）。

（6）负反馈实验电路板。

4．实验内容

可引入电压串联负反馈的两级阻容耦合放大电路如图 6-2-1 所示。

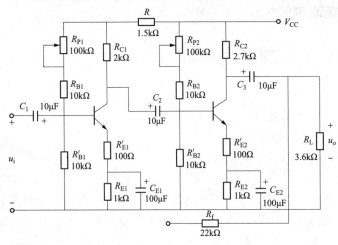

图 6-2-1　可引入电压串联负反馈的两级阻容耦合放大电路

（1）测量静态工作点。按图 6-2-1 连接实验电路，检查无误后接通电源。参照共射单管放大电路器静态工作点的调试方法，分别调整、测试第一级、第二级静态工作点，记入表 6-2-1 中。

（2）测试基本放大器的动态参数（开环）。

1）测量阻容耦合放大器开环电压放大倍数。在阻容耦合两级放大器的输入端引入 $f=1\text{kHz}$，$u_i=5\text{mV}$ 的正弦信号，用示波器观察输出电压波形，在波形不失真的情况下，用交流毫伏表测量空载时的 u_i、u_o 和接负载电阻 R_L 时的 u_L 值（保持 u_i 不变），分别计算电压放大倍数 A_u，记入表 6-2-2 中。

表 6-2-1　测量静态工作点

	U_B (V)	U_E (V)	U_C (V)	I_C (mA)
第一级				
第二级				

表 6-2-2　测量阻容耦合放大器电压放大倍数

	U_i (mV)	U_o (mV)	A_{uo}	U_L (mV)	A_u
基本放大器					
负反馈放大器					

2）测量阻容耦合放大器通频带。保持 u_i 不变，接入负载电阻 R_L，然后增加和减小输入信号的频率，找出上、下限频率 f_H 和 f_L，记入表 6-2-3 中。

3）测量阻容耦合放大器输入电阻、输出电阻，测量阻容耦合放大器的输入电阻 R_i 和输出电阻 R_o，记入表 6-2-3 中。

表 6-2-3　　测量阻容耦合放大器通频带及输入输出电阻

	U_S	U_i	R_i	U_o	U_L	R_o	f_L	f_h	通频带 f_{BW}
基本放大器									
负反馈放大器									

（3）测量负反馈放大器的各项性能指标（闭环）。接通反馈电阻 R_f，构成电压串联负反馈放大电路。重复上述实验的内容。

＊（4）稳定性的测试。改变放大器的直流电源电压±4V（即将直流电压调到 8V 和 16V），测量其对输出电压 u_o 的影响。将结果记入表 6-2-4 中。

（5）观察负反馈对非线性失真的改善。断开反馈电阻，在放大电路输入端加入 $f＝1kHz$ 的正弦信号，输出端接示波器，逐渐增大输入信号的幅度，使输出波形出现失真，记下此

表 6-2-4　　　　　　稳 定 性 的 测 试

	$V_{cc}＝8V$		$V_{cc}＝16V$		稳定度
	U_o	A_u	U_o	A_u	$\Delta A_u/A_u$
开环					
闭环					

时的波形和输出电压的幅度；再接通反馈电阻，观察输出波形的变化。

5. 预习要求与思考题

（1）复习有关负反馈放大器的内容。

（2）图 6-2-1 所示的实验电路中，上偏置电阻 R_{B1} 由可调电阻 RP1 和固定电阻 R 组成，试问固定电阻 R 的作用是什么？是否可以去掉？

（3）估算基本放大器的 A_u、R_i 和 R_o，估算负反馈放大器的 A_{uf}、R_{if} 和 R_{of}（取电流放大倍数 $\beta_1＝\beta_2＝50$）。

（4）如输入信号存在失真，能否用负反馈来消除？

6. 实验报告要求

（1）整理实验数据，用波形图说明负反馈对非线性失真的改善。

（2）将基本放大器和负反馈放大器动态参数的实测值进行比较。

（3）根据实验结果，总结电压串联负反馈对放大器性能的影响。

6-3　集成运算放大器的应用（基本运算电路）

1. 实验目的

（1）掌握用集成运算放大器设计比例、加法、减法、积分等模拟运算电路的方法。

（2）了解由集成运算放大器组成的电路中，负反馈电路的作用。

（3）掌握集成运算放大器电路的分析方法。

2. 实验原理

集成运算放大器是由多级直接耦合放大电路组成的高增益模拟集成电路。运算电路是以集成运算放大器作为基本元件，加入反馈网络，以输入电压作为自变量，以输出电压作为函数的电路。运算电路利用反馈网络，能够实现模拟信号之间的加、减、乘、除、积分、微分、对数等多种数学运算。

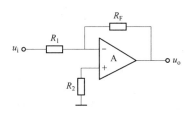

图 6-3-1　反相比例运算电路

（1）反相比例运算电路。反相比例运算电路如图 6-3-1 所示。将输入信号通过 R_1 加到运算放大器的反相输入端，R_f 引入电压并联负反馈，同向输入端经补偿电阻 R_2 接地，接入该电阻的目的是使运算放大器两输入端直流电阻平衡，以减少运算放大器偏置电流产生的不利影响，从而提高运算精度。根据理想运算放大器的条件，输出电压和输入电压之间的反相比例运算关系为

$$u_o = -\frac{R_F}{R_1} u_i$$

当 $R_1 = R_F$ 时，$u_o = -u_i$，称为反相器。

（2）同相比例运算电路。同相比例运算电路如图 6-3-2 所示。输入信号接到同相输入端，反相输入端通过 R_1 接地，R_F 引入了电压串联负反馈。由于理想运放的净输入电流为 0，不难推出输出电压与输入电压之间的关系为

$$u_o = \left(1 + \frac{R_F}{R_1}\right) u_i$$

当 $R_F = 0$ 时，$u_o = u_i$，称为跟随器。

（3）反相加法运算电路。反相加法运算电路如图 6-3-3 所示。输入信号 u_{i1} 和 u_{i2} 分别通过 R_1、R_2 加入反相输入端，其输出电压与输入电压之间的关系为

$$u_o = -\left(\frac{R_F}{R_1} u_{i1} + \frac{R_F}{R_2} u_{i2}\right)$$

（4）减法运算电路。减法运算电路如图 6-3-4 所示。该电路实现两个输入信号 u_{i1} 和 u_{i2} 相减的运算，从电路结构上来看，它是反相输入和同相输入相结合的放大电路，即为差分比例运算放大电路。用叠加原理求解输出电压 u_o 与输入电压 u_{i1}、u_{i2} 之间的运算关系为

$$u_o = \left(1 + \frac{R_F}{R_1}\right)\frac{R_3}{R_2 + R_3} u_{i2} - \frac{R_F}{R_1} u_{i1}$$

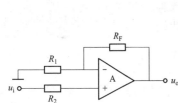

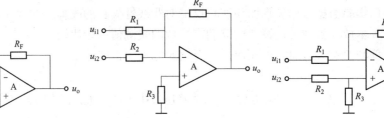

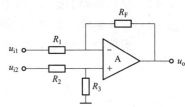

图 6-3-2 同相比例运算电路　　图 6-3-3 反相加法运算电路　　图 6-3-4 减法运算电路

当 $R_1 = R_2 = R_3 = R_F$ 时，$u_o = u_{i1} - u_{i2}$。

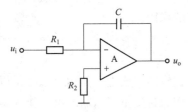

图 6-3-5 反相积分运算电路

（5）积分运算电路。反相积分运算电路如图 6-3-5 所示。在理想化条件下，输出电压为

$$u_o(t) = -\frac{1}{RC}\int_0^t u_i \mathrm{d}t + u_C(0)$$

式中，$u_C(0)$ 是 $t = 0$ 时刻，电容 C 两端的电压值，即初始值。如果 $u_i(t)$ 是幅值为 E 的阶跃电压，并设 $u_C(0) = 0$，则

$$u_o = -\frac{1}{RC}\int_0^t E \mathrm{d}t = -\frac{E}{RC}t$$

3. 实验设备与元器件

（1）双踪示波器 COS5020（YX4320）。

（2）信号发生器 SG1645（SG1646B）。

（3）交流毫伏表 SX2171B（SX2172）。

（4）万用表 MF-10 型（或数字万用表）。

（5）模拟电子技术实验装置（含稳压电源）。

（6）集成运算放大器 μA741、LM324，电位器、电阻电容等。

4. 实验内容

实验前要注意集成运算放大器各引脚的作用，切忌正、负电源极性接反和输出端短路，否则将会损坏集成块。图 6-3-6 给出了三种集成运算放大器的引脚排列图，供实验时选用。

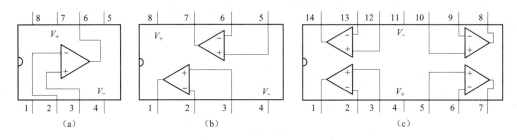

图 6-3-6　集成运算放大器引脚排列图

(a) μA741 引脚排列图；(b) LM358 引脚排列图；(c) LM324 引脚排列图

说明：(1) μA741 是八脚双列直插式集成电路，②脚和③脚为反相和同相输入端，⑥脚为输出端，⑦脚和④脚为正、负电源端，①脚和⑤脚为失调电压调整端，①、⑤脚之间可接入一只几十千欧的电位器并将滑动触头接到负电源端。⑧脚为空脚；(2) LM358、LM324 引脚"＋"为同相输入端、"－"为反相输入端、"V_+"为正电源端、"V_-"为负电源端（单电源时为 GND）；(3) μA741 的电源电压（±3～±18）V，LM358 的电源电压（±16、±32）V，LM324 的电源电压（±18、±32）V。

(1) 设计并组装反相比例运算电路，要求输入阻抗 $R_i = 20$kΩ，闭环放大倍数 $A_{uf} = -5$；可参考图 6-3-1 所示的电路，电源电压为 ±12V。输入信号采用直流电压信号，由简易直流信号源提供，简易直流信号源电路如图 6-3-7 所示；测试并记录实验数据。

(2) 设计并组装同相比例运算电路，要求闭环放大倍数 $A_{uf} = 6$；可参考图 6-3-2 所示的电路，电源电压为 ±12V。输入信号由简易直流信号源提供；测试并记录实验数据。

(3) 设计并组装反相比例加法运算电路、减法运算电路，参数自定；可参考图 6-3-3 和图 6-3-4，电源电压为 ±12V；输入信号由简易直流信号源提供；测试并记录实验数据，验证运算结果。

(4) 用 LM324 实现 $u_o = 3u_{i2} - 2u_{i1}$ 的运算。设计并组装此运算电路，通过测量，验证运算结果。

＊(5) 积分运算电路。图 6-3-5 中，电源电压为 ±12V。输入信号为 $f = 500$Hz，幅值为 1V 的方波，由信号发生器提供。用双踪示波器同时观察 u_i、u_o 的波形，记录在坐标纸上，标出幅值和周期。

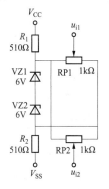

图 6-3-7　简易直流信号源电路

5. 预习要求及思考题

(1) 复习集成运算放大器的原理与应用的有关内容。

(2) 画出反相比例、同相比例、反相比例加法和减法的运算电路，确定实验电路参数，计算运算结果。

(3) 设计实现 $u_o = 3u_{i2} - 2u_{i1}$ 运算关系的电路（提示：多级运算电路），画出实验电路。

(4) 设计记录实验数据的表格。

6. 实验报告要求

(1) 画出自己设计的实验电路，整理实验数据，填好记录表格。

(2) 将理论计算结果和实测数据相比较，分析产生误差的原因。

＊（3）画出积分电路的输入、输出波形。

（4）写出实验心得体会。

6-4 低频功率放大电路

1. 实验目的

（1）了解互补对称功率放大电路的调试方法。

（2）学习测量互补对称功率放大电路的最大输出功率和效率的方法。

2. 实验原理

（1）OTL 电路工作原理。图 6-4-1 所示为 OTL 低频功率放大电路。其中 V2、V3 是一对参数对称的 NPN 和 PNP 型晶体三极管，它们组成互补推挽 OTL 功放电路。由于每一个

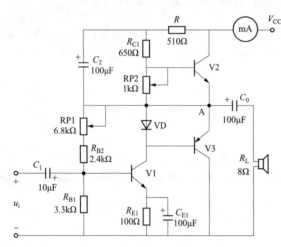

图 6-4-1 OTL 低频功率放大电路

管子都接成射极输出器形式，因此具有输出电阻低、负载能力强等优点，适合于作功率输出级。V1 工作于放大状态，它的集电极电流 I_{C1} 由电位器 RP1 进行调节。I_{C1} 的一部分流经电位器 RP2 及二极管 VD，给 V2、V3 提供偏压。调节 RP2，可以使 V2、V3 得到合适的静态电流而工作于甲、乙类状态，以克服交越失真。静态时要求输出端中点 A 的电位为

$$U_A = \frac{1}{2} V_{CC}$$

可以通过调节 RP1 来实现，由于 RP1 的一端接在 A 点，在电路中引入交、直流电压并联负反馈，一方面能够稳定放大器的静态工作点，另一方面也改善了非线性失真。

当输入正弦交流信号 u_i 时，经 V1 放大、倒相后同时作用于 V2、V3 的基极，u_i 的负半周使 V2 管导通、V3 管截止，有电流通过负载 R_L，同时向电容 C_o 充电，在 u_i 的正半周，V3 导通、V2 管截止，则已充好电的电容器 C_o 起着电源的作用，通过 V3 管和负载 R_L 构成放电回路，这样在 R_L 上就得到完整的正弦波。C_2 和 R 构成自举电路，用于提高输出电压正半周的幅度，以得到较大的动态范围。

（2）OTL 电路的主要性能指标。

1）最大不失真输出功率 P_{om}。功率放大电路在输入正弦波信号基本不失真的情况下，负载上能够获得的最大交流功率，称为最大不失真输出功率 P_{om}。理想情况下

$$P_{om} = \frac{1}{8} \cdot \frac{V_{CC}^2}{R_L}$$

在实验中可通过测量 R_L 两端的电压有效值 U_o 来求得实际功率

$$P_{om} = \frac{U_o^2}{R_L}$$

2）效率 η。效率反映了功率放大器的利用率，它是实际消耗功率即最大不失真输出功率 P_{om} 和电源所提供的平均功率之比，即

$$\eta = \frac{P_{om}}{P_E} \times 100\%$$

式中，$P_E = V_{CC} I_{av}$，I_{av} 是电源供给的平均电流 I_{av}。理想情况下 $\eta_{max} = 78.5\%$。

3）频率响应。交流放大器输出幅值随输入信号的频率变化，称为放大器的频率响应。

4）输入灵敏度。输入灵敏度是指输出最大不失真功率时，输入信号 u_i 之值。

3. 实验设备及器件

（1）双踪示波器 COS5020（YX4320）。

（2）信号发生器 SG1645（SG1646B）。

（3）交流毫伏表 SX2171B（SX2172）。

（4）万用表 MF-10 型（或数字万用表）。

（5）模拟电子技术实验装置（含稳压电源）。

（6）晶体三体管 3DG6×1（9011×1）、3CG12×1（9013×1）、3CD12×1（9012×1），晶体二极管 2CP×1、音乐芯片。

4. 实验内容

在整个测试过程中，电路不应有自激现象。

（1）静态工作点的测试。按图 6-4-1 连接电路，接通直流 5V 电源，调节 RP1 使 $U_A = V_{CC}/2 = 2.5V$，调节 RP2 使直流电源提供的电流 $I_C = 5mA$ 左右。从减小交越失真角度而言，应适当加大输出级静态电流，但是电流过大，会使效率降低，所以一般以 5～10mA 左右为宜。由于毫安表串在电源进线中，因此测得的是整个放大器的电流。但一般 V1 的集电极电流 I_{C1} 较小，从而可以把测得的总电流近似当做末级的静态电流，也可从总流中减去 I_{C1} 之值。输出级电流调好以后，测量各级静态工作点。注意：①在调整 RP2 时，一是要注意旋转方向，不要调得过大，更不能开路，以免损坏输出管；②输出管静态电流调好后，如无特殊情况，不得随意旋动 RP2 的位置。

（2）测量最大输出功率 P_{om}。输入端接 $f = 1kHz$ 的正弦信号 u_i，输出端用示波器观察输出电压 u_o 波形。逐渐增大 u_i，使输出电压达到最大不失真输出，用交流毫伏表测出负载 R_L 上的电压有效值 U_{om}，计算最大输出功率 P_{om}。

（3）测量效率 η。当输出电压为最大不失真输出时，读出数字直流毫安表中的电流值，此电流即为直流电源供给的平均电流 I_{av}（有一定误差），由此可近似求得 P_E，再根据上面测得的 P_{om}，则可求出效率 η。

（4）输入灵敏度测试。根据输入灵敏度的定义，只要测出输出功率 $P_o = P_{om}$ 时的输入电压有效值 U_i 即可。

（5）功率放大器频带宽度的测试。测试方法同实验 6-1。在测试时，为保证电路的安全，应在较低电压下进行，通常取输入信号为输入灵敏度的 50%。在整个测试过程中，应保持 u_i 为恒定值，且输出波形不得失真。

＊（6）噪声电压的测试。测量时将输入端短路（$u_i = 0$），用示波器观察输出噪声波形，并用交流毫伏表测量输出电压，即为噪声电压 U_N，本电路若 $U_N < 15mV$，即满足要求。

＊（7）试听。输入信号改为录音机输出（或音频交流信号），输出端接扬声器及示波器，开机试听，并观察输出信号的波形。

5. 预习要求与思考题

（1）为什么引入自举电路能够扩大输出电压的动态范围？

（2）交越失真产生的原因是什么？怎样克服交越失真？

（3）电路中电位器 RP2 如果开路或短路，对电路工作有何影响？

（4）自拟记录数据的表格。

6. 实验报告要求

（1）整理实验数据，计算静态工作点、最大不失真输出功率 P_{om}、效率 η 等，并与测量值进行比较。

（2）根据测试数据画出电路的频率响应曲线。

6-5　整流、滤波和稳压电路

1. 实验目的

（1）了解整流、滤波、稳压电路的功能，加深对直流电源的理解。

（2）掌握直流稳压电源主要技术指标的测试方法。

（3）了解集成稳压器的功能及典型应用。

2. 实验原理

电子设备一般都需要直流电源供电。直流电源除了少数直接利用干电池和直流发电机外，大多数是采用把交流电（市电）转变为直流电的直流稳压电源。直流稳压电源由电源变压器、整流、滤波和稳压电路四部分组成，其组成原理框图如图 6-5-1（a）所示。

电网供给的交流电压 u_1（220V，50Hz）经电源变压器降压后，得到符合电路需要的交流电压 u_2，然后由整流电路变换成方向不变、大小随时间变化的脉动电压 u_3，再用滤波器滤去其交流分量，就可得到比较平直的直流电压 u_o，但这样输出的直流电压，还会随交流电网电压的波动或负载的变化而变化，在对直流供电要求较高的场合，还需要使用稳压电路，以保证输出直流电压更加平滑稳定。

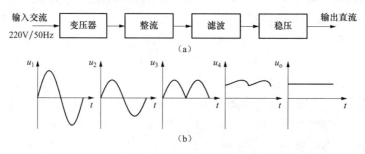

图 6-5-1　直流电源的组成及各部分波形

（a）组成原理框图；（b）各部分波形

图 6-5-2 所示为串联型稳压电源的实验电路图。其中，整流部分采用了由四个二极管组成的桥式整流电路（也可用整流桥）。滤波电容 C_1、C_2 一般选取几百至几千微法。稳压部

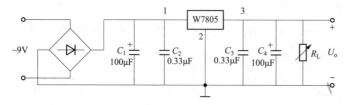

图 6-5-2　串联型稳压电源的实验电路

分采用了集成稳压器。当稳压器距离整流滤波电路比较远时，应考虑在稳压器输入端、输出端接入电容器 C_3、C_4（数值为 $0.33\mu F$、$0.1\mu F$），输入电容用以抵消线路的电感效应，防止产生自激振荡，输出端电容用以滤除输出端的高频信号，改善电路的暂态响应。

集成稳压器的内部电路实际上就是一个串联式稳压电源。由于集成稳压器具有体积小、外接线路简单、使用方便、工作可靠等优点，因此在各种电子设备中应用十分普遍。集成稳压器的种类很多，应根据设备对直流电源的要求来进行选择。对于大多数电子仪器、设备和电子电

路来说，通常是选用集成稳压器。而在这种类型的器件中，又以三端式稳压器应用最为广泛。

W78××、W79××系列三端集成稳压器的输出电压是固定的，是预先调好的。W78××三端稳压器输出正极性电压，一般有 5、6、9、12、15、18、24V 七个挡次，输出电流最大可达 1.5A（加散热片）。同类型 W78M 系列稳压器的输出电流为 0.5A，W78L 系列稳压器的输出电流为 0.1A。若要求输出负极性电压，则可选用 W79 系列稳压器。图 6-5-3 所示为塑封 W7805 的外形及引脚功能。它有三个引出端：1 端是输入端（不稳定电压输入端），2 端是公共端，3 端是输出端（稳定电压输出端）。它的主要参数有输出直流电压 +5V，输出电流 L 为 0.1A、M 为 0.5A，电压调整率：10mV/V，输出电阻 $r_o = 0.15\Omega$，输入电压 U_i 的范围为 12~16V。一般 U_i 要比 U_o 大 3~5V，才能保证集成稳压器工作在线性区。

图 6-5-4 所示为正负双电压输出电路，例如需要 $U_{o1} = +5V$，$U_{o2} = -5V$，则可选用 W7805 和 W7905 三端稳压器，这时的 U_i 应为单电压输出时的 2 倍。

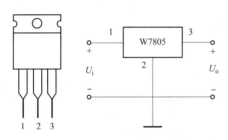

图 6-5-3 塑封 W7805 的外形及引脚功能

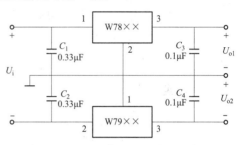

图 6-5-4 正负双电压输出电路

3. 实验设备与器件

（1）双踪示波器 COS5020（YX4320）。

（2）模拟电子技术实验装置（含稳压电源）。

（3）交流毫伏表 SX2171B（SX2172）。

（4）万用表 MF-10 型（或数字万用表）。

（5）整流二极管 2CZ54B×4（或整流桥）、三端稳压器 7805、滤波电容、负载电阻等。

4. 实验内容

（1）整流滤波电路测试。按图 6-5-5 所示电路连接实验电路。变压器二次侧电压 $U_2 = 9V$。

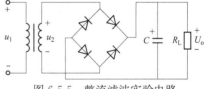

图 6-5-5 整流滤波实验电路

1）取 $R_L = 1k\Omega$，断开滤波电容，测量变压器二次侧交流电压有效值 U_2 及负载两端直流电压 U_L，并用示波器观察 u_2 和 U_L 波形，记入表 6-5-1 中。

表 6-5-1 整流滤波电路测试

电路形式	U_2（V）	U_o（V）	U_o 波形
$R_L = 1k\Omega$			
$R_L = 1k\Omega$ $C = 470\mu F$			
$R_L = 1k\Omega$ $C = 1000\mu F$			

2）取 $R_L = 1k\Omega$，$C = 470\mu F$，重复内容 1）的测量。

3）取 $R_L = 1k\Omega$，$C = 1000\mu F$，重复内容 1）的测量。

注意：每次改接电路时，必须切断电源；在观察输出电压 u_L 波形的过程中，"Y 轴灵敏度"旋钮位置调好以后，不要再变动，否则将无法比较各波形的变化情况。

（2）测量整流电源与稳压电源的外特性。

1）在桥式整流电容滤波时测试其外特性。按图 6-5-5 连接电路。先断开负载电阻 R_L，即 $I_o=0$ 时测量其输出电压 U_o；然后接入负载 R_L，并调节其大小使 I_o 为 10、20、40、60、80、90mA 时，分别测量对应于每一个输出电流时的输出电压，并记入表 6-5-2 中。

表 6-5-2　　　　　　　　　　　测量整流电源与稳压电源的外特性

条件	I_o (mA)	0	10	20	40	60	80	90
无稳压	U_o (V)							
有稳压	U_o (V)							

2）测试串联型稳压电源的外特性。按图 6-5-2 连接实验电路（不接 C_2、C_3），测试时先断开负载，使 $I_o=0$，$U_o=5V$，然后接入负载电阻 R_L，重复 1）的测试内容，并记入表 6-5-2 中。

5. 预习要求及思考题

（1）复习有关分立元件稳压电源部分的内容。

（2）在桥式整流电路中，如果某个二极管发生开路、短路或反接三种情况，将会出现什么问题？

（3）复习有关集成稳压器部分内容。

6. 实验报告要求

（1）对所测结果进行全面分析，总结桥式整流、电容滤波电路的特点。

（2）根据表 6-5-2 所测数据，比较整流滤波电路与稳压电路的特点。

（3）作出稳压电源的外特性曲线与整流电路的外特性曲线。

6-6　基本逻辑门电路的应用

1. 实验目的

（1）掌握基本门电路构成组合逻辑电路的设计方法，验证的逻辑功能。

（2）了解组合逻辑电路的测试方法。

2. 组合逻辑电路的设计

组合逻辑电路的特点是在任一时刻的输出信号仅取决于该时刻的输入信号组合，而与信号作用前电路的输出状态无关。对于每一个逻辑图，有一个逻辑表达式与其对应。一个特定的逻辑问题，其对应的真值表是唯一的，但实现它的逻辑电路是多种多样的。在实际设计工作中，由于某些原因无法获得某些门电路时，可以通过变换逻辑表达式改变逻辑电路，达到使用其他器件来代替该器件目的。本节研究用小规模数字集成器件（SSI）组成组合逻辑电路的方法。

（1）组合逻辑电路设计的一般步骤。分析设计要求确定输入、输出逻辑变量；根据设计要求列出真值表（设计的成败主要取决于真值表）；根据真值表写出逻辑表达式；用卡诺图或代数化简法，求出最简逻辑表达式（最简是指电路所用的元器件最少，而且器件之间的连线最少）；用标准器件构成逻辑电路；通过实验来验证设计的正确性。用 SSI 构成组合逻辑电路的一般步骤如图 6-6-1 所示。

图 6-6-1　用 SSI 构成组合逻辑电路的一般步骤

在较复杂的电路中，还要求逻辑清晰易懂，所以最简的设计不一定是最佳的。但一般来说，在保证速度、稳定可靠与逻辑清晰的条件下，尽量选择使用最少的器件。

（2）简单组合逻辑电路设计。设计一个三人表决电路，能完成多数通过的表决功能。即对某一事件进行表决，当有两个或两个以上人同意时，事件通过，否则不通过。要求用与非门实现其功能。

1）设计步骤。逻辑抽象：取三个人的态度（同意、不同意）为输入变量，分别用 A、B、C 表示，表决结果（通过、不通过）为输出变量，用 F 表示；设同意用"1"表示，不同意用"0"表示，通过用"1"表示，不通过用"0"表示。

2）真值表。根据题意可列出三人表决器的真值表，见表 6-6-1。

3）逻辑函数式。由真值表（表 6-6-1）求出逻辑函数式

$$F = \bar{A}BC + A\bar{B}C + AB\bar{C} + ABC$$

4）卡诺图。用卡诺图将上述函数式化简成最简与或表达式 $F = AB + BC + AC$，如图 6-6-2 所示。

5）逻辑图。题目要求用与非门实现其功能，所以要将化简后的与或逻辑表达式，再变换为与非逻辑表达式，即

$$F = \overline{\overline{AB} \cdot \overline{BC} \cdot \overline{AC}}$$

由此逻辑函数式可以画出由与非门组成的逻辑图，如图 6-6-3 所示。

6）逻辑功能功能测试。按图 6-6-3 在数字电路实验装置上插接电路，输入变量用实验装置上的逻辑开关模拟（上扳输出 1，下扳输出 0），逻辑电路输出端连到实验装置上的指示器（输出为 1，发光二极管亮；输出为 0，发光二极管灭），再按真值表依次改变输入变量，观察相应的输出结果，验证其逻辑功能。

表 6-6-1　三人表决器真值表

输入			输出
A	B	C	F
0	0	0	0
0	0	1	0
0	1	0	0
0	1	1	1
1	0	0	0
1	0	1	1
1	1	0	1
1	1	1	1

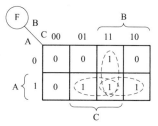

图 6-6-2　卡诺图化简

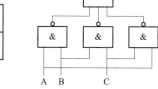

图 6-6-3　三人表决器逻辑图

3. 实验设备及器件

（1）数字电路实验装置。

（2）万用表。

（3）2 输入四与门 74LS08，2 输入四或门 74LS32，2 输入四异或门 74LS86，2 输入四与非门 74LS00，4 输入两与非门 74LS20 等元件。

4. 实验内容

（1）检验集成门电路逻辑功能。2 输入四与门 74LS08 的引脚排列如图 6-6-4 所示（74LS32、74LS86、74LS00 的引脚排列类似）。

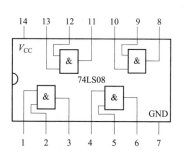

图 6-6-4　74LS08 的引脚排列图

(2) 组合逻辑电路的设计。

1) 设计一位全加器电路。其加数 A_i、被加数 B_i、低位端来的进位用 C_{i-1} 表示，本位和用 S_i 表示，进位用 C_i 表示，用异或门、与门、或门实现。要求写出设计的全过程，最后画出逻辑图，并通过实验，验证其逻辑功能，记录实验数据。参考电路如图 6-6-5 所示。

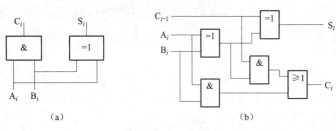

图 6-6-5　全加器的逻辑电路及半加器的连接示意图
（a）半加器；（b）全加器的逻辑电路

2) 设计一位数值比较器，要求列出真值表，写出路辑表达式，用与非门实现其逻辑功能。

3) 设计一个电子防盗锁电路。要求在锁上设置三个按键 A、B、C，当 A、C 两个键被同时按下锁被打开；若按错，接通电铃报警；用与非门实现其逻辑功能。

4) 用红、黄两个指示灯监视三台电动机的工作情况，当一台电动机出故障时黄灯亮，两台电动机出故障时红灯亮，当三台电动机出故障时，红、黄两灯都亮，设计一个满足此要求的控制电路。

5) 某同志参加一个进修班，有四门考试课程（A、B、C、D），规定课程 A 及格得 1 学分，课程 B 及格得 2 学分，课程 C 及格得 3 学分；课程 D 及格得 4 学分，若所得总学分大于 7 分（含 7 分）就可以结业。试用所学的基本门电路实现发结业证书的逻辑控制电路。

5. 预习要求及思考题

(1) 复习用 SSI 构成组合逻辑电路的方法。

(2) 设计满足实验要求的组合逻辑电路（2 个以上）。

(3) 设计记录测试数据用的表格。

(4) 与非门能否作为非门使用，其多余的输入端如何处理？

6. 实验报告要求

(1) 说明组合逻辑电路设计过程，按设计要求画出逻辑电路图。

(2) 按照逻辑电路图的要求选择相应器件，在实验装置上搭接实验电路，测试其逻辑功能。

(3) 记述在实验中遇到的问题及解决方法。

(4) 总结组合逻辑电路的设计体会。

6-7　中规模组合逻辑器件的应用

1. 实验目的

(1) 掌握中规模集成译码器、中规模集成数据选择器的逻辑功能及使用方法。

(2) 学习用中规模集成译码器、中规模集成集成数据选择器设计组合逻辑电路方法。

2. 实验原理

(1) 译码器。译码器是逻辑电路中的主要部件，其可分为两种类型：一种是将一系列代码转化成与之一一对应的有效信号，这种译码器可称为唯一地址译码器，它常用于计算机中对存储器芯片或接口芯片的译码，即将每一个地址代码转换成一个有效信号，从而选中对应芯片；另一种是将一种代码转换成另一种代码，所以也称为代码变换器。根据用途的不同，有不同的型号，如 4—10 线译码器、七段专用译码器、3—8 线译码器等。这里介绍一种常用的 3—8 线译码器 74LS138。

1）74LS138 的逻辑功能及其引脚。3—8 线译码器用于逻辑函数的产生和数据的分配，是一种多输入、多输出的组合逻辑电路。其逻辑功能如表 6-7-1 所示，其引脚排列如图 6-7-1 所示。

表 6-7-1   **3—8 线译码器 74LS138 的逻辑功能表**

输 入						输 出							
G_1	$\overline{G_{2A}}$	$\overline{G_{2B}}$	A_2	A_1	A_0	$\overline{Y_0}$	$\overline{Y_1}$	$\overline{Y_2}$	$\overline{Y_3}$	$\overline{Y_4}$	$\overline{Y_5}$	$\overline{Y_6}$	$\overline{Y_7}$
×	H	×	×	×	×	H	H	H	H	H	H	H	H
×	×	H	×	×	×	H	H	H	H	H	H	H	H
L	×	×	×	×	×	H	H	H	H	H	H	H	H
H	L	L	L	L	L	L	H	H	H	H	H	H	H
H	L	L	L	L	H	H	L	H	H	H	H	H	H
H	L	L	L	H	L	H	H	L	H	H	H	H	H
H	L	L	L	H	H	H	H	H	L	H	H	H	H
H	L	L	H	L	L	H	H	H	H	L	H	H	H
H	L	L	H	L	H	H	H	H	H	H	L	H	H
H	L	L	H	H	L	H	H	H	H	H	H	L	H
H	L	L	H	H	H	H	H	H	H	H	H	H	L

2）74LS138 的应用。例如用一片 74LS138 实现函数 $L=BC+AB$。

方法是首先将函数式变换为最小项之和的形式

$$L = \overline{A}BC + A\,\overline{BC} + AB\,\overline{C} + ABC$$

然后将输入变量 A、B、C 分别接入 74LS138 译码器的 A_2、A_1、A_0 端，并将使能端接有效电平；由于 74LS138 译码器的输出是低电平有效，所以要将最小项变换成为反函数的形式即

$$L = \overline{\overline{Y_0} \cdot \overline{Y_4} \cdot \overline{Y_6} \cdot \overline{Y_7}}$$

根据此逻辑函数只要在 74LS138 译码器的输出端加一个与非门，即可实现上述的组合逻辑函数，其逻辑电路如图 6-7-2 所示。

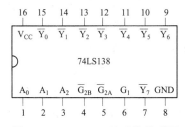

图 6-7-1   74LS138 的引脚排列图

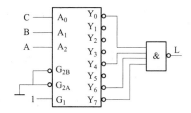

图 6-7-2   用 74LS138 构成的逻辑电路

（2）数据选择器。数据选择器也是常用的组合逻辑部件之一。它由组合逻辑电路对数字信号进行控制来完成较复杂的逻辑功能。它有若干个数据输入端 D_0、D_1、…，若干个控制输入端（地址端）A_0、A_1…和输出端 Y、$\overline{Y}$。在控制输入端加上适当的信号，即可从多个输入数据源中，将所需的数据信号选择出来，送到输出端。使用时也可以在控制输入端上加上一组二进制编码程序的信号，使电路按要求输出一串信号，所以它也是一种可编程的逻辑部件。

1）中规模集成芯片 74LS153 为双四选一数据选择器，其中 D_0、D_1、D_2、D_3 为四个数据输入端，Y 为输出端，A_1、A_0 作为地址端同时控制两个四选一数据选择器的工作，$\overline{G}$ 为使能端。74LS153 的逻辑功能如表 6-7-2 所示，当 $\overline{G}=1$ 时电路不工作，此

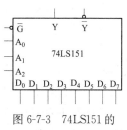

图 6-7-3   74LS151 的引脚排列图

时无论 A_1、A_0 处于什么状态，输出 Y 总为零，即禁止所有数据输出，当 $\bar{G}=0$ 时，电路正常工作，被选择的数据送到输出端，如 $A_1A_0=01$，则选中数据 D_1 输出。当 $\bar{G}=0$ 时，74LS153 的逻辑表达式为

$$Y = \bar{A}_1\bar{A}_0D_0 + \bar{A}_1A_0D_1 + A_1\bar{A}_0D_2 + A_1A_0D_3$$

2）中规模集成芯片 74LS151 为八选一数据选择器，引脚排列如图 6-7-3 所示。其中 $D_0 \sim D_7$ 为数据输入端，Y、$\bar{Y}$ 为输出端，A_2、A_1、A_0 为地址端，74LS151 的逻辑功能如表 6-7-3所示。逻辑表达式为

$$Y = \bar{A}_2\bar{A}_1\bar{A}_0D_0 + \bar{A}_2\bar{A}_1A_0D_1 + \bar{A}_2A_1\bar{A}_0D_2 + \bar{A}_2A_1A_0D_3 + A_2\bar{A}_1\bar{A}_0D_4 +$$

$$A_2\bar{A}_1A_0D_5 + A_2A_1\bar{A}_0D_6 + A_2A_1A_0D_7$$

表 6-7-2　74LS153 的逻辑功能

输　　　入			输出
$\bar{G}$	A_1	A_0	Y
1	×	×	0
0	0	0	D_0
0	0	1	D_1
0	1	0	D_2
0	1	1	D_3

表 6-7-3　　　　74LS151 的逻辑功能

输　　　入				输　　出	
$\bar{G}$	A_2	A_1	A_0	Y	$\bar{Y}$
1	×	×	×	0	1
0	0	0	0	D_0	$\bar{D}_0$
0	0	0	1	D_1	$\bar{D}_1$
0	0	1	0	D_2	$\bar{D}_2$
0	0	1	1	D_3	$\bar{D}_3$
0	1	0	0	D_4	$\bar{D}_4$
0	1	0	1	D_5	$\bar{D}_5$
0	1	1	0	D_6	$\bar{D}_6$
0	1	1	1	D_7	$\bar{D}_7$

数据选择器是一种通用性很强的中规模集成电路，除了能传递数据外，还可用它设计成数码比较器、变并行码为串行及组成函数发生器等。

3）数据选择器应用。用数据选择器可以产生任意组合的逻辑函数，而且线路简单。对于任何给定的两变量、三变量逻辑函数，可用四选一数据选择器来实现；对于三变量、四变量逻辑函数，可以用八选一数据选择器来实现。应当指出，数据选择器实现逻辑函数时，要求将逻辑函数式变换成最小项表达式，因此，对函数化简是没有意义的。

【例 6-7-1】　用八选一数据选择器实现逻辑函数 $F=AB+BC+CA$（三人表决器），写出 F 的最小项表达式 $F=AB+BC+CA=\bar{A}BC+A\bar{B}C+AB\bar{C}+ABC$。先将函数 F 的输入变量 A、B、C 加到八选一的地址端 A_2、A_1、A_0，再将上述最小项表达式与八选一逻辑表达式进行比较不难得出 $D_0=D_1=D_2=D_4=0$；$D_3=D_5=D_6=D_7=1$。其逻辑电路如图 6-7-4 所示。

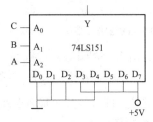

图 6-7-4　三人表决器的逻辑电路图

【例 6-7-2】　用双四选一数据选择器 74LS153 和基本门电路实现全加器逻辑功能，逻辑电路如图 6-7-5 所示。由于选择器只有两个地址端 A_1、A_0，而全加器有加数 A_i、被加数 B_i、低位端来的进位 C_{i-1} 三个输入变量，先把变量 A_i、B_i、C_{i-1} 分成两组，任选其中两个变量如 A_i、B_i 作为一组加到选择器的地址端 A_1、A_0，余下的一个变量 C_{i-1} 作为另一组加到选择器的数据输入端，将全加器的逻辑函数式与四选一数据选择器的逻辑函数式相比较，确定每个数据输入端 $1D0 \sim 1D4$、$2D0 \sim 2D4$ 的状态；本位和 S_i 从 Y_1 端输出；进位 C_i 从 Y_2 端输出。

当函数 F 的输入变量小于数据选择器的地址端时，应将不用的地址端及不用的数据输入端都做接地处理。

3. 实验设备与器件

(1) 数字电路实验装置。

(2) 万用表。

(3) 双四选一数据选择器 74LS153、八选一数据选择器 74LS151、3—8 线译码器 74LS138 等。

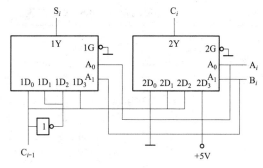

图 6-7-5 用 74LS153 实现全加器的逻辑电路图

4. 实验内容

(1) 分析图 6-7-5 所示逻辑电路的工作原理,写出对应于四选一数据选择器的逻辑函数式,从而确定每个数据输入端 $1D_0 \sim 1D_4$、$2D_0 \sim 2D_4$ 的状态。

(2) 用 3—8 线译码器 74LS138 和基本门电路,实现全加器逻辑功能。

(3) 用八选一数据选择器 74LS151 实现任意逻辑函数。

(4) 某机械装置有四个传感器 A、B、C、D,如果传感器 A 的输出为 1,且 B、C、D 三个中至少有两个的输出为 1,则整个装置处于正常工作状态,否则装置异常工作,报警设备应发声,即输出为 1。试设计推动报警电路的逻辑电路。要求写出设计的全过程,画出逻辑图,将实验结果填入自己设计的表格(用中规模集成器件实现)。

5. 预习要求

(1) 复习译码器和数据选择器的工作原理。

(2) 对实验内容中的题目进行预设计,画出所需要的实验线路图及记录表格。

6. 实验报告

(1) 写出用集成数据选择器和集成译码器设计题目的过程,画出逻辑电路图。

(2) 进行功能测试、记录实验数据。

(3) 总结用中规模集成组合逻辑器件设计组合逻辑电路的体会。

6-8 触 发 器

1. 实验目的

(1) 掌握基本 RS 触发器、JK 触发器、D 触发器的逻辑功能。

(2) 了解触发器的测试方法。

(3) 熟悉各类触发器之间逻辑功能相互转换的方法。

2. 实验原理

触发器是具有记忆功能的二进制信息存储器件,是时序逻辑电路的基本单元之一。触发器按逻辑功能可分为 RS、JK、D 触发器等;按电路触发方式可分为主从型触发器和边沿型触发器两大类。

(1) 基本 RS 触发器。图 6-8-1 所示电路是由两个"与非"门交叉耦合而成的基本 RS 触发器,其功能是完成置"0"和置"1"的任务,是组成各种功能触发器的最基本单元。

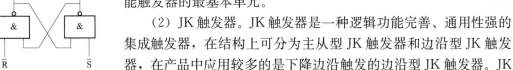

图 6-8-1 基本 RS 触发器

(2) JK 触发器。JK 触发器是一种逻辑功能完善、通用性强的集成触发器,在结构上可分为主从型 JK 触发器和边沿型 JK 触发器,在产品中应用较多的是下降边沿触发的边沿型 JK 触发器。JK 触发器的状态方程 $Q^{n+1} = \bar{J}Q^n + \bar{K}Q^n$。其功能表见表 6-8-1,表中

表 6-8-1　　　　　　　　　JK 触发器 74LS112 功能表

输 入					输 出	
$\overline{S}_D$	$\overline{R}_D$	CP	J	K	Q^{n+1}	$\overline{Q}^{n+1}$
0	1	×	×	×	1	0
1	0	×	×	×	0	1
0	0	×	×	×	φ	φ
1	1	↓	0	0	Q^n	$\overline{Q}^n$
1	1	↓	1	0	1	0
1	1	↓	0	1	0	1
1	1	↓	1	1	$\overline{Q}^n$	Q^n

（×：任意态；↓：高到低电平跳变；↑：低到高电平跳变；
Q^n（$\overline{Q}^n$）：现态；Q^{n+1}（$\overline{Q}^{n+1}$）：次态；φ：不定态）

"↓"表示时钟脉冲下降边沿触发，$\overline{R}_D$ 为复位端，S_D 为置数端。J＝K＝1 时，触发器翻转的次数可用来计算 CP 端时钟脉冲的个数（触发器的计数状态）。图 6-8-2 所示为双 JK 集成触发器 74LS112 引脚排列图。

（3）D 触发器。D 触发器是另一种使用广泛的触发器，它的基本结构多为维持阻塞型。D 触发器多是在时钟脉冲上升沿触发翻转，触发器的状态取决于 CP 脉冲到来之前 D 端的状态。D 触发器的状态方程为 $Q^{n+1}＝D$。其功能表见表 6-8-2，表中"↑"表示时钟脉冲上升沿触发，$\overline{R}_D$ 为复位端，$\overline{S}_D$ 为置数端。图 6-8-3 所示为双 D 集成触发器 74LS74 引脚排列图。

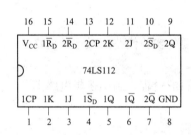

图 6-8-2　双 JK 集成触发器 74LS112 引脚排列

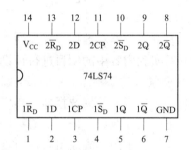

图 6-8-3　双 D 集成触发器 74LS74 引脚排列

（4）触发器之间的转换。在集成触发器的产品中，每一种触发器都有固定的逻辑功能，可以利用转换的方法得到其他功能的触发器。例如果把 JK 触发器的 J、K 端连在一起（称为 T 端），就构成 T 触发器，状态方程为 $\overline{Q}^{n+1}＝T\overline{Q}^n＋\overline{T}Q^n$，在 CP 脉冲作用下，当 T＝0 时，$Q^{n+1}＝Q^n$，T＝1 时，$Q^{n+1}＝\overline{Q}^n$。工作在 T＝1 时的 JK 触发器称为 T′触发器，即每来一个 CP 脉冲，触发器便翻转一次（触发器的计数状态）。同样，若把 D 触发器的 $\overline{Q}$ 端和 D 端相连，便转换成 T′触发器。T 和 T′触发器广泛应用于计数电路中。

表 6-8-2　　　　　D 集成触发器 74LS74 功能表

输 入				输 出	
$\overline{S}_D$	$\overline{R}_D$	CP	D	Q^{n+1}	$\overline{Q}^{n+1}$
0	1	×	×	1	0
1	0	×	×	0	1
0	0	×	×	φ	φ
1	1	↑	1	1	0
1	1	↑	0	0	1

［×：任意态；↓：高到低电平跳变；↑：低到高电平跳变；Q^n（$\overline{Q}^n$）：现态；Q^{n+1}（$\overline{Q}^{n+1}$）：次态；φ：不定态］

3. 实验仪器与器件

（1）数字电子技术实验装置。

（2）示波器。

（3）双 JK 触发器 74LS112×1，双 D 触发器 74LS74×1，2 输入四与非门 74LS00。

4. 实验内容

（1）测试的逻辑功能。按图 6-8-1 所示，用与非门 74LS00 构成基本 RS 触发器。输入端 $\bar{R}$、$\bar{S}$ 接逻辑开关，输出端 Q、$\bar{Q}$ 接电平指示器，按表 6-8-3 的要求测试逻辑功能。

（2）测试双 JK 触发器 74LS112 逻辑功能。

1）测试 $\bar{R}_D$、$\bar{S}_D$ 的复位、置位功能。将 JK 触发器的 $\bar{R}_D$、$\bar{S}_D$、J、K 端接逻辑开关，CP 端接单次脉冲源，Q、$\bar{Q}$ 端接电平指示器，按表 6-8-3 要求改变 $\bar{R}_D$、$\bar{S}_D$（J、K、CP 处于任意状态），并在 $\bar{R}_D=0$（$\bar{S}_D=1$）或 $\bar{S}_D=0$（$\bar{R}_D=1$）作用期间，任意改变 J、K 及 CP 的状态，观察 Q、$\bar{Q}$ 状态。

2）测试 JK 触发器的逻辑功能。按表 6-8-4 要求改变 J、K、CP 端状态，观察 Q、$\bar{Q}$ 状态变化，观察触发器状态更新是否发生在 CP 脉冲的下降沿（即 CP 由 1→0）。

3）测试 T 触发器的逻辑功能。将 JK 触发器的 J、K 端连在一起，构成 T 触发器。CP 端输入 1kHz 连续脉冲，用电平指示器观察 Q 端变化情况。CP 端输入 1kHz 连续脉冲，用双踪示波观察 CP、Q、$\bar{Q}$ 的波形。

4）测试双 D 触发器 74LS74 的逻辑功能。测试 $\bar{R}_D$、$\bar{S}_D$ 的复位、置位功能。测试 D 触发器的逻辑功能按表 6-8-5 的要求进行测试，并观察触发器状态更新，是否发生在 CP 脉冲的上升沿（即由 0→1）。

5）测试 T' 触发器的逻辑功能。将 D 触发器的 $\bar{Q}$ 端与 D 端相连接，构成 T' 触发器，测试逻辑功能。

表 6-8-3　RS 触发器的测试

$\bar{R}$	$\bar{S}$	Q	$\bar{Q}$
1	1→0		
1	0→1		
1→0	1		
0→1	1		
0	0		

表 6-8-4　JK 触发器的功能测试表

控制		时钟	Q^{n+1}	
J	K	CP	$Q^n=0$	$Q^n=1$
0	0	0→1		
0	0	1→0		
0	1	0→1		
0	1	1→0		
1	0	0→1		
1	0	1→0		
1	1	0→1		
1	1	1→0		

表 6-8-5　D 触发器的功能测试表

D	CP	Q^{n+1}	
		$Q^n=0$	$Q^n=1$
0	0→1		
0	1→0		
1	0→1		
0	1→0		

5. 预习要求及思考题

（1）复习有关触发器部分的内容。

（2）画出测试各触发器功能的图。

（3）JK 触发器和 D 触发器在实现正常逻辑功能时，$\bar{R}_D$、$\bar{S}_D$ 应处于什么状态？

6. 实验报告

（1）列表整理各类型触发器的逻辑功能。

（2）当 J＝K＝1 时，画出 JK 触发器的输出 Q、$\bar{Q}$ 端，及随 CP 变化的波形。

（3）总结 JK 触发器 74LS112 和 D 触发器 74LS74 的特点。

6-9　计　数　器

1. 实验目的

(1) 掌握用 D 触发器、JK 触发器构成计数器的方法。

(2) 熟悉中规模集成计数器的逻辑功能及测试方法。

(3) 学习用中规模集成计数器设计任意进制计数器的方法。

2. 实验原理

所谓计数，就是统计脉冲的个数。计数器是实现计数操作的时序逻辑电路，计数器的应用十分广泛，不仅用来计数，也可以实现分频、定时等功能。计数器按计数功能可分加法、减法和可逆计数器；根据计数体制可分为二进制和任意进制计数器；根据计数脉冲引入方式又可分为同步和异步计数器。

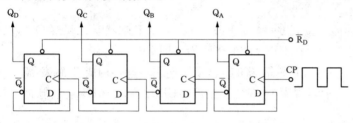

图 6-9-1　四位二进制异步加法计数器

(1) 用 D 触发器构成异步二进制加法计数器和减法计数器。图 6-9-1 所示为用四只 D 触发器构成的四位二进制异步加法计数器，它的连接特点是将每只 D 触发器接成 T′ 触发器形式，再由低位触发器的 Q 端和高一位的 CP 端相连接，即构成异步加法计数方式。若把图 6-9-1 稍加改动，即将低位触发器的 Q 端和高一位的 CP 端相连接，即构成了减法计数功能。

(2) 用 JK 触发器构成同步十进制加法计数器。所谓同步即每一个触发器的 CP 端用同一个时钟脉冲触发。各触发器在脉冲触发下是否翻转，取决于 J、K 端的控制信号。同步十进制加法计数器逻辑图如图 6-9-2 所示。

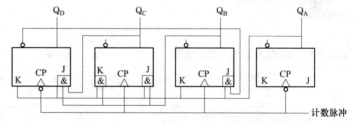

图 6-9-2　同步十进制加法计数器逻辑图

(3) 中规模集成计数器应用。中规模集成计数器品种多、功能完善，通常具有预置、保持、计数等多种功能。常用的有 4 位二进制同步计数器 74LS161、同步十进制可逆计数器 74LS192、和二—五—十进制计数器 74LS290 等。

1) 同步十进制可逆计数器 74LS192。表 6-9-1 为 74LS192 的功能表。74LS192 同步十进制可逆计数器，具有双时钟输入，可以执行十进制加法和十进制减法计数，并具有清除、置数等功能。

表 6-9-1　　　　　　　　74LS192 的功能表

输　入					输　出
清零	预置	时钟		预置数据输入	
CR	$\overline{\text{LD}}$	CP_U	CP_D	$D_D D_C D_B D_A$	$Q_D Q_C Q_B Q_A$
1	×	×	×	× × × ×	0 0 0 0
0	0	×	×	$D_3^* D_2^* D_1^* D_0^*$	$D_3^* D_2^* D_1^* D_0^*$
0	1	↑	1	× × × ×	加计数
0	1	1	↑	× × × ×	减计数

注　D_n^* 表示 CP 脉冲上升沿之前瞬间 D_n 的电平；$\overline{CO}$ 为进位端，当加计数计到 9 时，$\overline{CO}$ 端发出进位下跳变脉冲；$\overline{BO}$ 为借位端，当减计数计到 0 时，$\overline{BO}$ 端发出借位下跳变脉冲。

其引脚排列如图 6-9-3 所示。其中 $\overline{LD}$ 为置数端；CP_U 为加计数端；CP_D 为减计数端；$\overline{CO}$ 为非同步进位输出端；$\overline{BO}$ 为非同步借位输出端；Q_A、Q_B、Q_C、Q_D 为计数器输出端；D_A、D_B、D_C、D_D 为数据输入端；$\overline{CR}$ 为清零端。

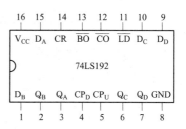

图 6-9-3　74LS192 引脚排列

2）4 位二进制同步计数器 74LS161。74LS161 是同步 16 进制加法计数器，其功能表如表 6-9-2 所示。从表中可以看出，该计数器具有上升沿触发的加法计数功能，还具有异步清零、同步置数、正常保持和不进位保持等功能。其引脚排列如图 6-9-4 所示。

表 6-9-2　　　　　　　　　　　　　　74LS161 的功能表

| 输入 | | | | | | 输出 |
| 清零 | 预置 | 使能 | | 时钟 | 预置数据输入 | |
$\overline{CR}$	$\overline{LD}$	EP	ET	CP	$D_3 D_2 D_1 D_0$	$Q_3 Q_2 Q_1 Q_0$
L	×	×	×	×	× × × ×	L L L L
H	L	×	×	↑	$D_3^* D_2^* D_1^* D_0^*$	$D_3^* D_2^* D_1^* D_0^*$
H	H	L	×	×	× × × ×	保持
H	H	×	L	×	× × × ×	保持
H	H	H	H	↑	× × × ×	计数

注　D_n^* 表示 CP 脉冲上升沿之前瞬间 D_n 的电平；进位端 $CO = ET \cdot Q_3 Q_2 Q_1 Q_0$。

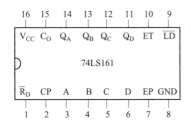

图 6-9-4　74LS161 引脚排列

3）用集成计数器构成任意进制计数器。尽管集成计数器的种类很多，但也不可能任一进制都有其对应的产品。在需要时，可以用成品计数器外加适当的门电路连接成任意进制计数器。

74LS161 在计数过程中有 16 种状态，它可以实现 16 进制以内的任意进制计数功能。图 6-9-5（a）、（b）所示为用反馈清零法构成的 9 进制计数器的逻辑图、状态转换图；图 6-9-6（a）、（b）所示为用反馈置数法构成的 9 进制计数器的逻辑图、状态转换图。

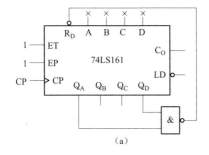

（a）

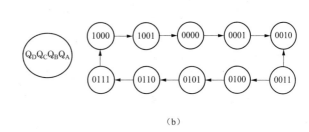

（b）

图 6-9-5　用反馈清零法构成的 9 进制计数器
(a) 逻辑图；(b) 状态转换图

4）计数器的级联使用。一只十进制计数器只能计 0～9 十个数，在实际应用中要计的数往往很大，一位数是不够的，解决这个问题的办法是把几个十进制计数器级联使用，以扩大计数范围。图 6-9-7 所示为用两片 74LS192 构成的 30 进制递减计数器逻辑图。

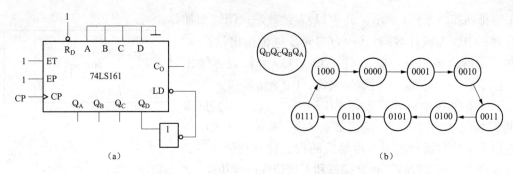

图 6-9-6　反馈置数法构成的 9 进制计数器

(a) 逻辑图；(b) 状态转换图

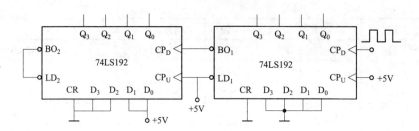

图 6-9-7　30 进制递减计数器逻辑图

（4）译码及显示。计数器输出端的状态反映了计数脉冲的多少，为了把计数器的输出显示为相应的十进制数，需要接上译码器和显示器。二—十进制译码器，是将二进制代码译成十进制数字，去驱动十进制的数字显示器件，显示 0～9 十个数字，由于各种数字显示器件的工作方式不同，因而对译码器的要求也不一样。中规模集成七段译码器 CD4511 用于共阴极显示器，可以与 LED 数码管 BS201 或 BS202 配套使用。CD4511 可以把 8421 编码的十进制数译成七段输出 a、b、c、d、e、f、g，用以驱动共阴极 LED。图 6-9-8 所示为计数、译码、显示的结构框图。

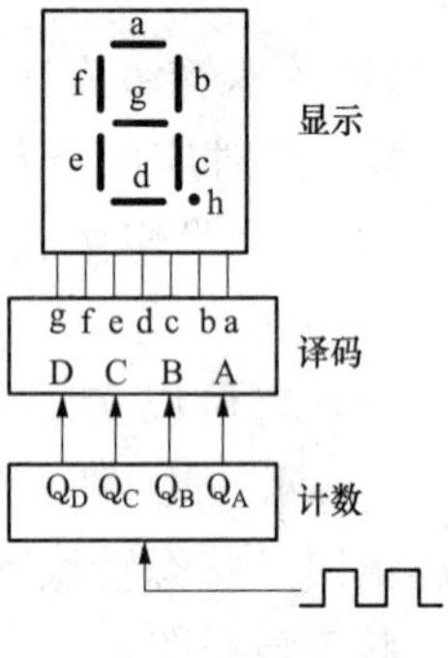

图 6-9-8　计数、译码、显示的结构框图

在实验装置上还配置了两只已完成了译码器和显示器之间连接的数码管，实验时只要将十进制计数器的输出端 Q_A、Q_B、Q_C、Q_D 直接连接到译码器的相应输入端 A、B、C、D，即可显示 0～9 十个数字，如图 6-9-9 所示。

3. 实验设备与器件

（1）数字电子技术实验装置。

（2）双 D 触发器 74LS74×2、双 JK 触发器 74LS112×2、同步十进制可逆计数器 74LS192×2、2 输入四与门 74LS00×1。

4. 实验内容

（1）D 触发器的应用。

1）测试 D 触发器 74LS74 芯片的逻辑功能。

2）用 74LS74 芯片构成四位二进制异步计数器。取两片

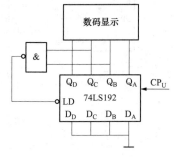

图 6-9-9　六进制加法计数器

74LS74，先把 D 触发器接成 T' 触发器，验证逻辑功能，待各触发器工作正常后，再把它们按图 6-9-1 所示的电路进行连接。R_D 端接低电平，最低位的 CP 端接单次脉冲源，输出端

$Q_0 \sim Q_7$ 接电平指示器。为防止干扰各触发器 S_D 端应接高电平。清零后，由最低位触发器的 CP 端逐个送入单次脉冲，用实验装置上的显示器（发光二极管）观察其计数结果，并列表记录 $Q_0 \sim Q_7$ 状态；将单次脉冲改为频率为 1kHz 的连续脉冲，用双踪示波器观察 CP、$Q_0 \sim Q_7$ 波形。

3）将图 6-9-1 所示电路中的低位触发器的 Q 端和高一位触发器的 CP 端相连接，构成减法计数器，重复上述内容。

＊（2）JK 触发器的应用。

1）测试 JK 触发器的逻辑功能。

2）用两片 74LS112 和一片 74LS00 连接成同步十进制加法计数器，其逻辑电路如图 6-9-2 所示。用 LED 七段显示器（数码管）观察计数结果。

（3）集成计数器 74LS161 的应用。

1）测试 74LS161 四位二进制进制加法计数器的逻辑功能，计数脉冲由单次脉冲源提供，清零端 $\overline{CR}$、置数端 $\overline{LD}$、数据输入端 D_A、D_B、D_C、D_D 分别接逻辑开关，输出端 Q_A、Q_B、Q_C、Q_D 分别接实验台上译码器的相应输入端 A、B、C、D，按表 6-9-2 逐项测试 74LS161 逻辑功能，判断此集成块功能是否正常。

2）参考图 6-9-5 和图 6-9-6，将 74LS161 连接成任意进制加法计数器，观察其计数状态。

（4）十进制可逆计数器 74LS192 的应用。

1）测试 74LS192 十进制可逆计数器的逻辑功能。计数脉冲由单次脉冲源提供，清零端 $\overline{CR}$、置数端 $\overline{LD}$、数据输入端 D_A、D_B、D_C、D_D 分别接逻辑开关，输出端 Q_A、Q_B、Q_C、Q_D 分别接实验台上译码器的相应输入端 A、B、C、D。按表 6-9-1 逐项测试 74LS192 逻辑功能，判断此集成块功能是否正常。

2）参考图 6-9-9 将 74LS192 连接成任意进制加法计数器。

＊3）用两片 74LS192 构成的 30 进制递减计数器，输出端接数码显示器。按图 6-9-7 插接电路，分别观测每一片的测试结果，分析其工作过程。

5．预习要求

（1）复习有关计数器部分的内容。

（2）拟出实验中所需测试表格。

（3）分析 30 进制递减计数器的工作原理；设计 30 进制递加计数的逻辑电路。

＊（4）设计一个用 74LS161 及 74LS00 构成的 24 进制加法计数器。

6．实验报告

（1）画出实验用逻辑电路。

（2）整理实验数据，并画出波形图。

（3）总结用中规模集成计数器设计任意进制计数器的方法。

6-10　移 位 寄 存 器 的 应 用

1．实验目的

（1）掌握中规模四位双向移位寄存器的逻辑功能及测试方法。

（2）了解用移位寄存器构成串行、并行及环形计数器的方法。

2．实验原理

在数字系统中能寄存二进制信息，并进行移位的逻辑部件称为移位寄存器。其根据移位存储信息的方式可分为串入串出、串入并出、并入串出和并入并出四种，按移位方向有左移、右移两种。

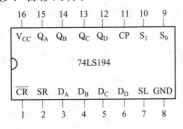

图 6-10-1　74LS194 引脚排列图

本实验采用四位双向通用移位寄存器，型号为 74LS194，引脚排列如图 6-10-1 所示。D_A、D_B、D_C、D_D 为并行输入端；Q_A、Q_B、Q_C、Q_D 为并行输出端；D_{SR} 为右移串行输入端，D_{SL} 为左移串行输入端；S_1、S_0 为操作模式控制端；$\overline{CR}$ 为直接无条件清零端；CP 为时钟输入端。74LS194 有四种不同的操作模式：$S_1 S_0 = 00$ 为保持；$S_1 S_0 = 01$ 为右移；$S_1 S_0 = 10$ 为左移；$S_1 S_0 = 11$ 为并行寄存。74LS194 的功能表如表 6-10-1 所示。

表 6-10-1　74LS194 的功能表

输入						输出
清零 $\overline{CR}$	控制 $S_1 S_0$	串行输入 左移 SL	右移 SR	时钟 脉冲 CP	并行输入 $D_A D_B D_C D_D$	$Q_A Q_B Q_C Q_D$
L	× ×	×	×	×	× × × ×	L L L L
H	× ×	×	×	H (L)	× × × ×	$Q_A^n Q_B^n Q_C^n Q_D^n$
H	H H	×	×	↑	$D_0^* D_1^* D_2^* D_3^*$	$D_0^* D_1^* D_2^* D_3^*$
H	L H	×	H	↑	× × × ×	$H Q_A^n Q_B^n Q_C^n$
H	L H	×	L	↑	× × × ×	$L Q_A^n Q_B^n Q_C^n$
H	H L	H	×	↑	× × × ×	$Q_B^n Q_C^n Q_D^n H$
H	H L	L	×	↑	× × × ×	$Q_B^n Q_C^n Q_D^n L$
H	L L	×	×	×	× × × ×	$Q_A^n Q_B^n Q_C^n Q_D^n$

移位寄存器应用很广，可构成移位寄存器型计数器；顺序脉冲发生器、串行累加器、可用作数据转换，即把串行数据转换为并行数据，或把并行数据转换为串行数据等。本实验研究移位寄存器用作环形计数器和串行累加器的情况。

把移位寄存器的输出反馈到它的串行输入端，就可以进行循环移位，如图 6-10-2（a）所示。图中把输出 Q_D 和右移串行输入端 SR 相连接，置初始状态 $Q_A Q_B Q_C Q_D = 1000$，则在时钟脉冲作用下 $Q_A Q_B Q_C Q_D$ 将依次变为 0100→0010→0001→1000→…，其波形如图 6-8-2（b）所示，可见它是一个具有四个有效状态的计数器。图 6-10-2（a）所示的电路，可以由寄存器的各个输出端输出在时间上有先后顺序的脉冲，因此也可作为顺序脉冲发生器。

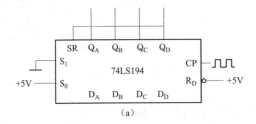
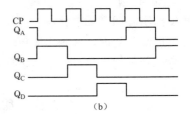

图 6-10-2　环形计数器

（a）逻辑电路；（b）输出波形

中规模集成移位寄存器，其位数往往以四位居多，当需要的位数多于四位时，可把几片移位寄存器用级联的方法来扩展位数。

3. 实验设备及器件

（1）数字电子技术实验装置。

（2）双踪示波器。

（3）万用表（指针式或数字式）。

（4）四位双向移位寄存器 74LS194、两输入四与非门 74LS00。

4．实验内容

（1）测试 74LS194 的逻辑功能。按图 6-10-3 接 线，$\overline{CR}$、S_1、S_0、D_{SL}、D_{SR}、D_A、D_B、D_C、D_D 分别接逻辑开关，Q_A、Q_B、Q_C、Q_D 接电平指示器，CP 接单次脉冲源，按表 6-10-2 所规定的输入状态，逐项进行测试。将结果记入表 6-10-2 中。

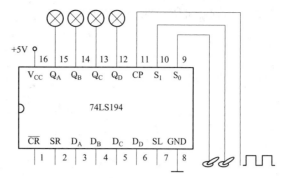

图 6-10-3   74LS194 的逻辑功能测试图

表 6-10-2   **74LS194 的逻辑功能测试**

清除	模式		时钟	串行		输入	输出	功能总结
$\overline{CR}$	S_1	S_0	CP	D_{SL}	D_{SR}	$D_A D_B D_C D_D$	$Q_A Q_B Q_C Q_D$	说明
0	×	×	×	×	×	××××		
1	1	1	↑	×	×	1010		
1	0	1	↑	×	0	××××		
1	0	1	↑	×	1	××××		
1	0	1	↑	×	0	××××		
1	0	1	↑	×	0	××××		
1	1	0	↑	1	×	××××		
1	1	0	↑	1	×	××××		
1	1	0	↑	1	×	××××		
1	1	0	↑	1	×	××××		
1	0	0	↑	×	×	××××		

注：CMOS CC4194 四位双向移位寄存器与 TTL 74LS194 功能相同。

1）清零：令 $\overline{CR}=0$，其他输入均为任意状态，这时寄存器输出 Q_A、Q_B、Q_C、Q_D 均为零。清零功能完成后，置 $\overline{CR}=1$。

2）置数：令 $\overline{CR}=S_1=S_0=1$，送入任意四位二进制数，如 $D_A D_B D_C D_D=1010$，加 CP 脉冲，观察 CP=0、CP 由 0→1、CP 由 1→0 三种情况下寄存器输出状态的变化，分析寄存器输出状态变化是否发生在 CP 脉冲上升沿。

3）右移：令 $\overline{CR}=1$、$S_1=0$、$S_0=1$，清零或用并行送数预置寄存器输出。由右移输入端 SR 送入二进制数码如"0101"，由 CP 端连续加四个脉冲，观察输出端情况。

4）左移：令 $\overline{CR}=1$、$S_1=1$、$S_0=0$，先清零或预置数，由左移输入端 SL 送入二进制数码如 0101，连续加四个 CP 脉冲，观察输出端情况。

5）保持：寄存器预置任意四位二进制数码"1101"，令 $\overline{CR}=1$、$S_1=S_0=0$，加 CP 脉冲，观察寄存器输出状态。

（2）循环形移位。将图 6-10-4 电路中的 Q_D 与 D_{SR} 直接连接，其他接线均不变动，用并行置数法，预置寄存器输出为某二进制数码（如"0001"），然后进行右移循环，观察寄存器输出端变化，记录其变化规律。

*（3）移位集成寄存器的级联。用两片 74LS194 寄存器，构成 8 位双向移位寄存器，电路如图 6-10-4 所示。

（4）序列脉冲产生器。用 74LS194 设计一个序列脉冲产生器，序列信号"11010"。

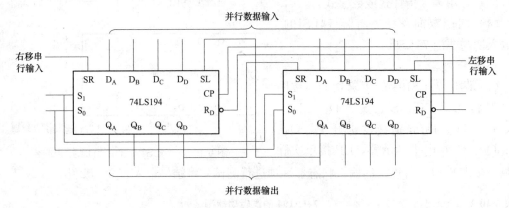

图 6-10-4　8 位双向移位寄存器

5. 预习要求

（1）熟悉 74LS194 引脚的逻辑功能。

（2）画出实验电路，列出测试用的表格。

（3）若进行循环左移，电路应如何连接？

6. 实验报告

（1）分析表 6-10-2 的实验结果，总结移位寄存器 74LS194 的逻辑功能。

（2）根据实验内容（2）的结果，画出四位环形计数器的状态转换图及波形图。

6-11　简 易 电 子 秒 表

1. 实验目的

（1）综合应用多谐振荡器、RS 触发器、计数、译码、显示等单元电路构组成电子秒表。

（2）掌握秒脉冲发生器的设计方法和计数器、译码器的工作原理。

（3）了解秒表的功能及组成原理。

（4）学习电子秒表的调试方法。

2. 实验原理

图 6-11-1 所示为电子秒表的原理图。其按功能分成四个单元进行分析。

（1）基本 RS 触发器。图 6-11-1 所示为用集成与非门构成的基本 RS 触发器，属低电平直接触发的触发器，有直接置位、复位的功能。它的一路输出作为组合电路的一个输入，是允许清零的控制端；另一路输出作为组合电路的另一个输入，是允许秒脉冲通过的控制信号。

（2）时钟脉冲发生器。图 6-11-1 中用 555 定时器构成的多谐振荡器和 74LS161 构成的分频器组成了秒脉冲发生器，作为计数器的时钟脉冲。

（3）计数及译码显示。图 6-11-1 中两片计数器 74LS192 构成 0～99 进制加法计数器，是电子秒表的计数单元。其输出端与实验台上译码显示单元的相应输入端连接，可显示 1～99s 的计时。

3. 实验设备及器件

（1）数字电子技术实验装置。

（2）万用表、数字频率计、示波器。

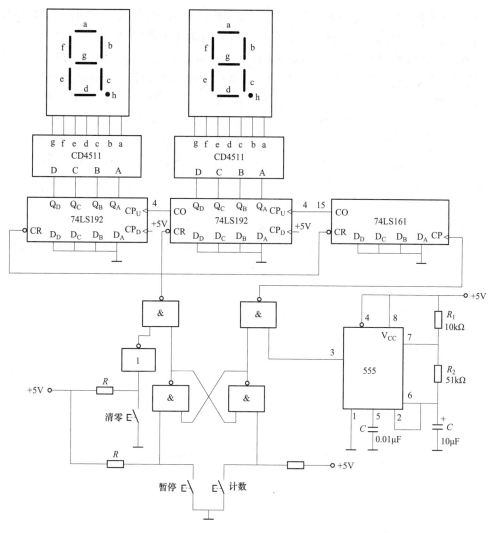

图 6-11-1　电子秒表原理图

（3）555 定时器，与非门 74LS00，加减计数器 74LS192，CD4511 译码器，数码显示器。

4. 实验内容

插接组装电路之前，需合理安排各器件在实验台上的位置，以便连线时电路逻辑清楚、接线较短。实验时将各单元电路逐个进行接线和调试，即分别测试基本 RS 触发器、时钟脉冲发生器及各计数器的逻辑功能，待各单元电路工作正常后，再将有关电路逐级连接起来进行测试，直到完成电子秒表整个电路功能的测试。这样的测试方法有利于检查和排除故障，保证实验顺利进行。

（1）基本 RS 触发器测试。置开关 K1 于暂停位置，则门 1 输出为 1；门 2 输出为 0，再置开关 K1 于启动位置，门 2 输出由 0 变为 1。

（2）辅助时序控制电路。当门输出为 1、门 2 输出为 0 时，按动按钮 KA，计数器清 0；当门输出为 0、门 2 输出为 1 时，计数器开始计数。

（3）时钟脉冲发生器的测试。时钟脉冲发生器由 555 构成的多谐振荡器和分频电路等组成，多谐振荡器的工作原理和测试方法见本章 6-12 节 555 定时器的应用。

（4）计数器的测试。引入单次脉冲，分别检查两片计数器的功能。

（5）电子秒表的整体测试。各单元电路测试正常后，按图 6-11-1 把几个单元电路连接起来，进行电子秒表的总体测试。按一下"暂停"按钮，则 RS 触发器中对应于"暂停"按钮的与非门输出为高电平，RS 触发器中另一个与非门输出为低电平，封锁计数脉冲；按动"清零"按钮，计数器清零；"清零"按钮复位后，计数器状态保持不变；再按一下"计数"按钮，则 RS 触发器中对应于"计数"按钮的与非门输出为高电平，计数脉冲加到 74161 的 CP 端，启动秒表计数功能；计数器计数并通过数码管显示时间，再按一下"暂停"按钮，则 RS 触发器中对应于"暂停"按钮的与非门输出为高电平，RS 触发器中另一个对应于"计数"按钮的与非门则输出为低电平，封锁计数脉冲，秒表停止计时并保持原状态，即保持所计的数字，等待读取数据，直至被清零。基本 RS 触发器在电子秒表中的职能是启动和暂停秒表的计数工作。

5. 预习要求

（1）复习数字电路中基本 RS 触发器、时钟发生器及计数器等部分内容。

（2）计算确定多谐振荡器的参数，以及 74LS161 的计数状态，完成秒脉冲发生器功能，画出电路图。

（3）列出电子秒表各单元电路的测试表格。

（4）列出调试电子秒表的步骤。

6. 实验报告

（1）说明电子秒表的逻辑结构，分析其工作原理。

（2）列出电子秒表的整个调试过程。

（3）分析调试中发现的问题及故障排除方法。

（4）总结实验体会。

6-12　集成定时器的应用

1. 实验目的

（1）了解集成定时器的电路结构和工作原理。

（2）熟悉集成定时器的典型应用。

2. 实验原理

集成定时器是一种模拟、数字混合型的中规模集成电路，只要外接适当的电阻、电容等元件，可方便地构成单稳态触发器、多谐振荡器、施密特触发器等脉冲产生或波形变换电路。经常使用的是单定时器和双定时器两种。单定时器是在一个芯片上集成一个定时电路，型号是 555；双定时器是在一个芯片上集成两个相同的定时电路，型号是 556。它们可以用双极型工艺制成，也可以采用 CMOS 工艺制成，结构和工作原理基本相似。采用 CMOS 工艺制成的器件型号是 7555、7556。通常双极型定时器具有较大的驱动能力，而 CMOS 定时器则具有功耗低、输入阻抗高等优点。555、556 的引脚排列如图 6-12-1（a）、（b）所示，555 定时器的功能

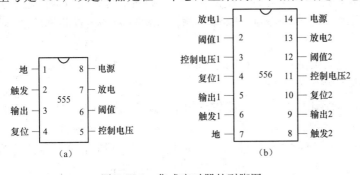

图 6-12-1　集成定时器的引脚图

(a) 555 定时器引脚图；(b) 556 定时器引脚图

表见表 6-12-1。

（1）单稳态触发器。单稳态触发器在外来脉冲作用下，能够输出一定幅度与宽度的脉冲，输出脉冲的宽度就是暂稳态的持续时间 t_w。图 6-12-2（a）

表 6-12-1   **555 定时器的功能表**

输 入			输 出	
阈值输入（u_{i1}）	触发输入（u_{i2}）	复位（$\bar{R}_D$）	输出（u_o）	放电管（V）
$\times$	$\times$	0	0	导通
$<\frac{2}{3}V_{CC}$	$<\frac{1}{3}V_{CC}$	1	1	截至
$>\frac{2}{3}V_{CC}$	$>\frac{1}{3}V_{CC}$	1	0	导通
$<\frac{2}{3}V_{CC}$	$>\frac{1}{3}V_{CC}$	1	不变	不变

所示电路是由 555 定时器和外接定时元件 R、C 构成的单稳态触发器。触发信号 u_i 加于触发输入端 2 脚，输出信号 u_o 由脚 3 引出。

在触发输入端未加触发信号时，电路处于初始稳态，单稳态触发器的输出 u_o 为低电平。在 $t=t_1$ 时，在 u_i 端加一个具有一定幅值的负脉冲，2 端电位小于 $\frac{1}{3}V_{CC}$，电路翻转，3 端 u_o 从低电平跳变为高电平（内部放电晶体管截止），电源电压 V_{CC} 经 R 给电容 C 充电，暂稳态开始。u_C 按指数规律增加，当 u_C 上升到 $\frac{2}{3}V_{CC}$ 时，输出 u_o 从高电平返回低电平，暂稳态终止。同时内部晶体管导通，电容 C 上的电压经其放电，u_C 迅速下降到零，电路回到初始稳态，为下一个触发脉冲的到来做好准备，其工作波形如图 6-12-2（b）所示。输出电压脉宽即暂稳态的持续时间 t_w 取决于外接元件 R、C 的大小，改变 R、C 可使 t_w 在几个微秒到几十分钟之间变化。如果忽略晶体管 V 的饱和压降，则 u_C 从零电平上升到 $2V_{CC}/3$ 的时间，即为输出电压 u_o 的脉宽 t_w，则

$$t_w = RC\ln 3 \approx 1.1RC$$

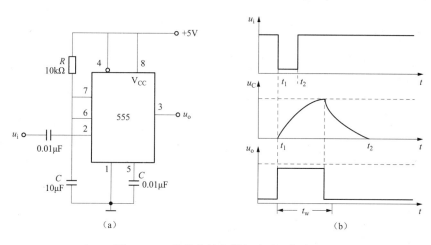

图 6-12-2 单稳态触发器电路及工作波形
(a) 单稳态触发器电路；(b) 工作波形

（2）多谐振荡器。多谐振荡器也称无稳态触发器，它没有稳定状态，只有两个暂稳态，而且不需要外接触发脉冲。图 6-12-3 所示的电路是由 555 定时器和外接元件 R_1、R_2、C 构成的多谐振荡器。接通电源后，电压 V_{CC} 经 R_1、R_2 给电容 C 充电，电压 u_C 按指数规律上升。当 u_C 上升到 $\frac{2}{3}V_{CC}$ 时，输出 u_o 变为低电平（内部晶体管 V 导通），电容 C 通过 R_2 和 V

放电。当 u_C 下降到 $\frac{1}{3}V_{CC}$ 时，输出 u_o 变为高电平（内部晶体管 V 截止），V_{CC} 又经 R_1、R_2 给电容 C 充电，自动重复上述过程。其工作波形如图 6-12-3（b）所示。改变 R_1、R_2 的值，可以改变输出波形的占空系数，改变 C 的值，可以改变周期，而不影响占空系数。

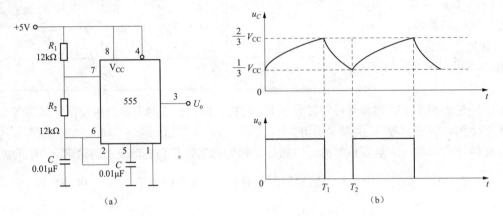

图 6-12-3　多谐振荡器电路原理及工作波形

（a）多谐振荡器电路原理；（b）多谐振荡器工作波形

$$T_1 = (R_1 + R_2)C\ln2 \approx 0.7(R_1 + R_2)C$$
$$T_2 = R_2C\ln2 \approx 0.7R_2C$$
$$f = \frac{1}{T_1 + T_2} = \frac{1.43}{(R_1 + 2R_2)C}$$

3. 实验设备与器件

（1）数字电子技术实验装置。

（2）双踪示波器。

（3）信号源及频率计。

（4）555 定时器两片，电阻、电容等。

4. 实验内容

（1）用 555 定时器组成单稳态触发器。按图 6-12-2 连接实验线路。V_{CC} 接 +5V 电源，输入信号 u_i 由单次脉冲源提供，用双踪示波器观察并记录 u_i、u_C、u_o 的输出幅度与暂稳时间。将 R 改为 $10k\Omega$、C 改为 $0.01\mu F$，输入端送 1kHz 连续脉冲，观察并记录 u_i、u_C、u_o 波形，标出幅度与暂稳时间。

（2）多谐振荡器。按图 6-12-3 连接实验线路。用示波器观察并记录 u_C、u_o 的波形，标出幅度和周期。

（3）双音频信号发生器。用两片 555 定时器构成一个双音频信号发生器，参考电路如图 6-12-4 所示。调节定时元件，振荡器 I 振荡频率较低，并将其输出 u_o1 接到振荡器 II 的电压控制端，当振荡器 I 输出高电平时，振荡器 II 的振荡频率较低，当振荡器 I 输出低电平时，振荡器 II 的振荡频率较高，从而使振荡器 II 输出两种频率有明显差别的信号。按图 6-12-4 接好实验线路，调换外接阻容元件，试听音响效果。

5. 预习要求与思考题

（1）设计实验数据记录用的表格。

（2）555 定时器构成的单稳态触发器输出脉宽和周期由什么决定？

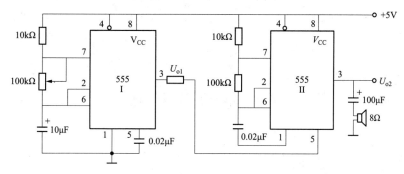

图 6-12-4 双音频信号发生器

（3）单稳电路的输出脉冲宽度 t_w 大于触发信号的周期将会出现什么现象？

（4）计算多谐振荡器的振荡周期。

6. 实验报告

（1）画出实验电路，整理实验数据并与理论值进行比较。

（2）绘出电路中各点的波形，分析实验结果。

附录A 电工技能测试题

A-1 单项选择题

A-1-1 职业规范

1. 职业道德是人的事业成功的（　　）。
   A、重要保证　　　　　B、最终结果　　　　C、决定条件　　　　D、显著条件
2. 在市场经济条件下，职业道德具有（　　）的社会功能。
   A、鼓励人们自由选择职业　　　　　　　　B、遏制牟利最大化
   C、促进人们的行为规范化　　　　　　　　D、最大限度地克服人们受利益驱动
3. 市场经济条件下，职业道德最终将对企业起到（　　）的作用。
   A、决策科学化　　　B、提高竞争力　　　C、决策经济效益　　　D、决策前途与命运
4. 职业道德通过（　　），起到增强企业凝聚力的作用。
   A、协调员工之间的关系　　　　　　　　　B、增强职工福利
   C、为员工创造发展空间　　　　　　　　　D、调节企业与社会的关系
5. 下列事项中属于办事公道的是（　　）。
   A、顾全大局，一切听从上级　　　　　　　B、大公无私，拒绝亲戚求助
   C、知人善任，努力培养知己　　　　　　　D、坚持原则，不计个人得失
6. 在企业的经营活动中，下列选项中的（　　）不是职业道德功能的表现。
   A、激励作用　　　　B、决策能力　　　　C、规范行为　　　　D、遵纪守法
7. 在商业活动中，不符合待人热情要求的是（　　）。
   A、严肃待客，表情冷漠　　　　　　　　　B、主动服务，细致周到
   C、微笑大方，不厌其烦　　　　　　　　　D、亲切友好，宾至如归
8. 市场经济条件下，不符合爱岗敬业要求的是（　　）观念。
   A、树立职业理想　　B、强化职业责任　　C、干一行爱一行　　D、多转移舵手锻炼
9. 下列关于勤劳节俭的论述中，正确的选项是（　　）。
   A、勤劳一定使人致富　　　　　　　　　　B、勤劳节俭有利于企业持续发展
   C、新时代需巧干，不需勤劳　　　　　　　D、新时代需要创造，不需要节俭
10. 要做到办事公道，在处理公私关系时要（　　）。
    A、公私不分　　　　B、假公济私　　　　C、公平公正　　　　D、先公后私
11. 企业员工在生产经营活动中，不符合平等尊重要求的是（　　）。
    A、真诚相待，一视同仁　　　　　　　　　B、互相借鉴，取长补短
    C、男女有序，尊卑有别　　　　　　　　　D、男女平等，友爱亲善
12. 企业创新要求员工努力做到（　　）。
    A、不能墨守成规，但也不能标新立异　　　B、大胆地破除现有的结论，自创理论体系
    C、大胆地试大胆地闯，敢于提出新问题　　D、激发人的灵感，遏制冲动和情感
13. 劳动者的基本义务包括（　　）等。
    A、遵守劳动纪律　　B、获得劳动报酬　　　C、休息　　　　　D、休假
14. 劳动者的基本权利包括（　　）等。

A、完成劳动任务　　　　　　　　　　B、提高职业技能

C、执行劳动安全卫生规程　　　　　　D、获得劳动报酬

15. 劳动者解除劳动合同，应当提前（　　）以书面形式通知用人单位。

A、5 日　　　　　　　B、10 日　　　　　　C、15 日　　　　　　D、30 日

16. 根据劳动法有关规定，（　　），劳动者可以随时通知用人单位解除劳动合同。

A、在试用期间被证明不符合录用条件的

B、严重违反劳动纪律或用人单位规章制度的

C、严重失职、营私舞弊、对用人单位利益造成重大损害的

D、用人单位以暴力、威胁或者非法限制人身自由的手段强迫劳动的

17. 劳动安全卫生管理制度对未成年人给予了特殊的劳动保护，规定严禁一切企业招收未满
（　　）的童工。

A、14 周岁　　　　　　B、15 周岁　　　　　　C、16 周岁　　　　　　D、18 周岁

18. 对于每个职工来说，质量管理的主要内容有岗位的（　　）、质量目标、质量保证措施
和质量责任等。

A、信息反馈　　　　　B、质量水平　　　　　C、质量记录　　　　　D、质量要求

19. 岗位的质量要求，通常包括操作程序、工作内容、工艺规程及（　　）等。

A、工作计划　　　　　B、工作目的　　　　　C、参数控制　　　　　D、工作重点

A-1-2　电工电子基础知识

1. 电工常用单位是（　　）。

A、J（焦）　　　　　　　　　　　　　B、VA（伏安）

C、kWh（千瓦时，俗称度）　　　　　D、W（瓦）

2. 支路电流法是以支路电流为变量列写节点电流方程及（　　）方程。

A、回路电压　　　　　B、电路功率　　　　　C、电路电流　　　　　D、回路电位

3. 电位是（　　），随参考点的改变而改变，而电压是绝对量，不随参考点的改变而改变。

A、衡量　　　　　　　B、变量　　　　　　　C、绝对量　　　　　　D、相对量

4. 电阻器反映导体对（　　）起阻碍作用的大小，简称电阻。

A、电压　　　　　　　B、电动势　　　　　　C、电流　　　　　　　D、电阻率

5. （　　）反映了在不含电源的一段电路中，电流与这段电路两端的电压及电阻的关系。

A、欧姆定律　　　　　　　　　　　　B、楞次定律

C、部分电路欧姆定律　　　　　　　　D、全欧姆定律

6. 部分电路欧姆定律反映了在（　　）的一段电路中，电流与这段电路两端的电压及电阻
的关系。

A、含电源　　　　　　B、不含电源　　　　　C、含电源和负载　　　D、不含电源和负载

7. 电容器并联时总电荷等于各电容器上的电荷量（　　）。

A、相等　　　　　　　B、倒数之和　　　　　C、成反比　　　　　　D、之和

8. 正弦交流电常用的表达方法有（　　）。

A、解析式表示法　　　B、波形图表示法　　　C、相量表示法　　　　D、以上都是

9. 铁磁材料在磁化过程中，当外加磁场 H 不断增加，而测得的磁场强度几乎不变的性质称
为（　　）。

A、磁滞性　　　　　　B、剩磁性　　　　　　C、高导磁性　　　　　D、磁饱和性

10. 用右手握住通电导体，让拇指指向电流方向，则弯曲四指的指向就是（　　）。

A、磁感应方向　　　　B、磁力线方向　　　　C、磁通方向　　　　D、磁场方向

11. 磁场强度的方向和所在点的（　　）的方向一致。

A、磁通或磁通量　　　B、磁导率　　　　　C、磁场强度　　　　D、磁感应强度

12. 通电直导体在磁场中所受力方向，可以通过（　　）来判断。

A、右手定则，左手定则　　　　　　　　　B、楞次定律

C、右手定则　　　　　　　　　　　　　　D、左手定则

13. 电工指示仪表按测量机构的结构和工作原理分，有（　　）等。

A、直流仪表和电压表　　　　　　　　　　B、电流表和交流仪表

C、磁电系仪表和电动系仪表　　　　　　　D、安装式仪表和可携带式仪表

14. 电工指示仪表中若按仪表的测量对象分，主要有（　　）等。

A、实验室用仪表和工程测量用仪表　　　　B、电能表和欧姆表

C、磁电系仪表和电磁系仪表　　　　　　　D、安装式仪表和可携带式仪表

15. 仪表根据测量对象的名称分为（　　）等。

A、电压表、电流表、功率表、电度表　　　B、电压表、欧姆表、示波器

C、电流表、电压表、信号发生器　　　　　D、功率表、电流表、示波器

16. 电工指示仪表的准确度等级通常分为七级，它们分别是1.0级、1.5级、2.5级、（　　）等。

A、3.0级　　　　　　B、3.5级　　　　　　C、4.0级　　　　　　D、5.0级

17. 为了提高被测值的精度，在选用仪表时，要尽可能使被测量值在仪表满度值的（　　）。

A、1/2　　　　　　　B、1/3　　　　　　　C、2/3　　　　　　　D、1/4

18. 电工指示仪表在使用时，通常根据仪表的准确度等级来决定用途，如（　　）级仪表常用于工程测量。

A、0.1级　　　　　　B、0.5级　　　　　　C、1.5级　　　　　　D、2.5级

19. 测量电流或电压时，（　　）级和2.5级的仪表允许使用1.0级的互感器。

A、0.1级　　　　　　B、0.5级　　　　　　C、1.0级　　　　　　D、1.5级

20. 直流系统仪表的准确度等级一般不低于1.5级，在缺少1.5级仪表时，可用2.5级仪表加以调整，使其在正常条件下，误差达到（　　）的标准。

A、0.1级　　　　　　B、0.5级　　　　　　C、1.5级　　　　　　D、2.5级

21. 与仪表连接的电压互感器的准确度等级不低于（　　）。

A、0.1级　　　　　　B、0.5级　　　　　　C、1.5级　　　　　　D、2.5级

22. 若被测电流超过测量机构的允许值，就需要在表头上（　　）一个称为分流器的低值电阻。

A、正接　　　　　　　B、反接　　　　　　　C、串接　　　　　　　D、并联

23. 直流双臂电桥适用于测量（　　）的电阻。

A、0.1Ω以下　　　　B、1Ω以下　　　　　C、10Ω以下　　　　D、100Ω以下

24. 用万用表测量控制极和阴极之间阻值时，一般反向电阻比正向电阻大，正向电阻（　　），反向电阻数百欧以上。

A、几十欧以下　　　　B、几百欧以下　　　　C、几千欧以下　　　　D、几十千欧

25. 交流电压的量程有10、100、500V三挡，用毕应将万用表的转换开关转到（　　），以免下次使用不慎而损坏电表。

A、低电阻挡　　　　　B、高电阻挡　　　　　C、低电压挡　　　　　D、高电压挡

26. 用电压测量法检查低压电气设备时，把万用表扳到交流电压（　　）挡位上。

A、0V　　　　　　　　B、50V　　　　　　　C、100V　　　　　　　D、500V

27. 当测量电阻值超过量程时，手持式数字万用表将显示（　　）。
　　A、1　　　　　　　B、∞　　　　　　　C、0　　　　　　　D、×
28. 使用 PF-32 数字式万用表测 50mA 直流电流时，按下（　　）键，选择 200mA 量程，接通万用表电源开关。
　　A、S1　　　　　　B、S2　　　　　　C、S3　　　　　　D、S4
29. 使用 PF-32 数字式万用表测 500V 直流电压时，按下（　　）键，此时万用表处于测量直流电压状态。
　　A、S1　　　　　　B、S2　　　　　　C、S3　　　　　　D、S4
30. 钳形电流表每次测量只能钳入一根导线，并将导线置于钳口（　　），以提高测量准确性。
　　A、上部　　　　　B、下部　　　　　C、中央　　　　　D、任意位置
31. 在测量额定电压 500V 以上的直流电动机的绝缘电阻时，应使用（　　）绝缘电阻表。
　　A、500V　　　　　B、1000V　　　　C、2500V　　　　D、3000V
32. 在测量额定电压为 500V 以上的线圈电阻时，应选用额定电压为（　　）的兆欧表。
　　A、500V　　　　　B、1000V　　　　C、2500V　　　　D、2500V 以上
33. 在测量额定电压为 500V 以上电气设备的绝缘电阻时，应选用额定电压为（　　）的兆欧表。
　　A、500V　　　　　B、1000V　　　　C、2500V　　　　D、2500V 以上
34. 对于有互供设备的变配电所，应装设符合互供条件要求的电测仪表。例如，当功率有送受关系时，就需要安装两组电能表和有双向标度尺的（　　）。
　　A、电流表　　　　B、功率表　　　　C、电压表　　　　D、功率因数表
35. 多量程的电压表是在表内备有可控选择的（　　）阻值倍压器的电压表。
　　A、一种　　　　　B、两种　　　　　C、三种　　　　　D、多种
36. 三相两元件功率表常用于高压线路功率的测量，采用电压互感器和（　　）以扩大量程。
　　A、电压互感器　　B、电流互感器　　C、并联分流电阻　D、串联附加电阻
37. 下列污染形式中不属于生态破坏的是（　　）。
　　A、森林破坏　　　B、水土流失　　　C、水源枯竭　　　D、地面沉降
38. 下列电磁污染形式不属于自然的电磁污染的是（　　）。
　　A、火山爆发　　　B、地震　　　　　C、雷电　　　　　D、射频电磁污染
39. 下列电磁污染形式不属于人为的电磁污染的是（　　）。
　　A、脉冲放电　　　B、电磁场　　　　C、射频电磁污染　D、火山爆发
40. 收音机发出的交流声属于（　　）。
　　A、机械噪声　　　B、气体动力噪声　C、电磁噪声　　　D、电力噪声
41. 下列控制声音传播的措施中（　　）不属于个人防护措施。
　　A、使用耳塞　　　B、使用耳罩　　　C、使用耳棉　　　D、使用隔声罩
42. 表示各种绝缘材料机械强度的指标是（　　）等。
　　A、抗张、抗压、抗弯　　　　　　　　B、抗剪、抗撕、抗冲击
　　C、抗张、抗压　　　　　　　　　　　D、含 A、B 两项
43. 用手电钻钻孔时，要带（　　），穿绝缘鞋。
　　A、口罩　　　　　B、帽子　　　　　C、绝缘手套　　　D、眼镜
44. 手持电动工具使用时的安全电压为（　　）。
　　A、9V　　　　　　B、12V　　　　　C、24V　　　　　D、36V

45. 光电开关按结构可分为（　　）、放大器内藏型和电源内藏型三类。

　　A、放大器组合型　　　B、放大器分离型　　　C、电源分离型　　　D、放大器集成型

46. （　　）场所，有可能造成光电开关的误动作，应尽量避开。

　　A、办公室　　　　　　B、高层建筑　　　　　C、气压低　　　　　D、灰尘较多

47. 当检测体为（　　）时，应选用电容型接近开关。

　　A、透明材料　　　　　B、不透明材料　　　　C、金属材料　　　　D、非金属材料

48. 晶体管接近开关用量最多的是（　　）。

　　A、电磁感应型　　　　B、电容型　　　　　　C、光电型　　　　　D、高频振荡型

49. 检测各种金属，应选用（　　）型的接近开关。

　　A、超声波　　　　　　　　　　　　　　　　B、永磁型及磁敏元件

　　C、高频振荡　　　　　　　　　　　　　　　D、光电

50. 磁性开关可以由（　　）构成。

　　A、接触器和按钮　　　　　　　　　　　　　B、二极管和电磁铁

　　C、三极管和永久磁铁　　　　　　　　　　　D、永久磁铁和干簧管

51. 磁性开关中干簧管的工作原理（　　）。

　　A、与霍尔元件一样　　　　　　　　　　　　B、是磁铁靠近接通，无磁断开

　　C、是通电接通，无电断开　　　　　　　　　D、与电磁铁一样

52. 磁性开关的图形符号中，其动合触点与（　　）的图形符号相同。

　　A、断路器　　　　　　B、一般开关　　　　　C、热继电器　　　　D、时间继电器

53. 增量式光电编码器主要由光源、（　　）、检测光栅、光电检测器件和转换电路组成。

　　A、光电三极管　　　　B、运算放大器　　　　C、码盘　　　　　　D、脉冲发生器

54. 可以根据增量式光电编码器单位时间内的脉冲数量测出（　　）。

　　A、相对位置　　　　　B、绝对位置　　　　　C、轴加速度　　　　D、旋转速度

55. 增量式光电编码器用于精度要求不高的测量时要选用旋转一周对应（　　）的器件。

　　A、电流较大　　　　　B、电压较高　　　　　C、脉冲数较少　　　D、脉冲数较多

56. 示波器中的（　　）经过偏转板时产生偏移。

　　A、电荷　　　　　　　B、高速电子束　　　　C、电压　　　　　　D、电流

57. （　　）适合现场工作且要用电池供电的示波器。

　　A、台式示波器　　　　B、手持示波器　　　　C、模拟示波器　　　D、数字示波器

58. 用示波器测量电压的误差比较大，一般为（　　）。

　　A、1%　　　　　　　　B、2%　　　　　　　　C、5%　　　　　　　D、7%

59. 用示波器测量脉冲信号的脉冲上升时间和下降时间时，根据定义应从脉冲幅度的10%和（　　）处作为起始和终止的基准点。

　　A、20%　　　　　　　B、30%　　　　　　　C、50%　　　　　　D、90%

60. 用示波器测量脉冲信号的脉冲上升时间和下降时间时，根据定义应从脉冲幅度的（　　）和90%处作为起始和终止的基准点。

　　A、2%　　　　　　　　B、3%　　　　　　　　C、5%　　　　　　　D、10%

61. 电子仪器按（　　）可分为模拟式电子仪器和数字式电子仪器等。

　　A、功能　　　　　　　B、工作频段　　　　　C、工作原理　　　　D、操作方式

62. 随着测量技术的迅速发展，电子测量的范围正向更宽频段及（　　）方向发展。

　　A、超低频段　　　　　B、低频段　　　　　　C、超高频段　　　　D、全频段

63. 电子测量的频率范围极宽，其频率低端已进入 $10^{-4}\sim10^{-5}$ Hz 量级，而高端已达到（　　）Hz。

　　A、4×10^2　　　　　　B、4×10^6　　　　　　C、4×10^8　　　　　　D、4×10^{10}

64. 电子测量的频率范围极宽，其频率低端已进入 $10^{-4}\sim10^{-5}$ Hz 量级，而高端已达到 4×10^{10} Hz，有的则已进入可见光的范围，约（　　）Hz。

　　A、0.08×10^{12}　　　B、0.8×10^{12}　　　C、8×10^{12}　　　D、88×10^{12}

65. 低频信号发生器的输出有（　　）。

　　A、电压、电流　　　B、电压、功率　　　C、电流、功率　　　D、电压、电阻

66. P 型半导体是在本征半导体中加入微量的（　　）元素构成的。

　　A、三价　　　　　　B、四价　　　　　　C、五价　　　　　　D、六价

67. 三极管是由三层半导体材料组成的，有三个区域，中间的一层为（　　）。

　　A、基区　　　　　　B、栅区　　　　　　C、集电区　　　　　　D、发射区

68. 稳压管虽然工作在反向击穿区，但只要（　　）不超过允许值，PN 结不会过热而损坏。

　　A、电压　　　　　　B、反向电压　　　　C、电流　　　　　　D、反向电流

69. 三极管饱和区放大条件为（　　）。

　　A、反射结正偏，集电结反偏　　　　　　B、发射结反偏或零偏，集电结反偏

　　C、发射结和集电结正偏　　　　　　　　D、发射结和集电结反偏

70. 晶体管两端（　　）的目的是防止电压尖峰。

　　A、串联小电容　　　B、并联小电容　　　C、并联小电感　　　D、串联小电感

71. 单结晶体管振荡电路是利用单结晶体管（　　）的工作特性设计的。

　　A、截止区　　　　　B、负阻区　　　　　C、饱和区　　　　　D、任意区域

72. （　　）触发电路输出尖脉冲。

　　A、交流变频　　　　B、脉冲变压器　　　C、集成　　　　　　D、单结晶体管

73. 晶闸管型号 KS20-8 中的 8 表示（　　）。

　　A、允许的最高电压是 800V　　　　　　B、允许的最高电压是 80V

　　C、允许的最高电压是 8V　　　　　　　D、允许的最高电压是 8kV

74. 型号 KP20-10 表示通态正向平均电流是（　　）的普通反向阻断型晶闸管。

　　A、20A　　　　　　B、2000A　　　　　　C、10A　　　　　　D、1000A

75. 型号 KP10-20 表示正反向重复峰值电压是（　　）的普通反向阻断型晶闸管。

　　A、10V　　　　　　B、1000V　　　　　　C、20V　　　　　　D、2000V

76. 晶闸管具有（　　）性。

　　A、单向导电性　　　B、可控单向导电性　　C、电流放大　　　D、负阻效应

77. 普通晶闸管中间 P 层的引出极是（　　）。

　　A、漏极　　　　　　B、阴极　　　　　　C、门极　　　　　　D、阳极

78. 晶闸管导通必须具备的条件是（　　）。

　　A、阳极与阴极间加正向电压　　　　　　B、门极与阴极间加正向电压

　　C、阳极与阴极加正压，门极加适当正压　　D、阳极与阴极加反压，门极加适当正压

79. 晶闸管硬开通是在（　　）情况下发生的。

　　A、阳极反向电压小于反向击穿电压　　　　B、阳极正向电压小于正向转折电压

　　C、阳极正向电压大于正向转折电压　　　　D、阴极加正压，门极加反压

80. 双向晶闸管具有（　　）层结构。

A、3   B、4   C、5   D、6

81. 由于双向晶闸管仅需要（   ）触发电路，因此使电路大为简化。

A、一个   B、两个   C、三个   D、四个

82. 双向晶闸管的额定电流是用（   ）来表示的。

A、有效值   B、最大值   C、平均值   D、最小值

83. 单相半波可控整流电路的电源电压为 220V，晶闸管的额定电压要留 2 倍裕量，则需选购（   ）的晶闸管。

A、250V   B、300V   C、500V   D、700V

84. 小容量晶闸管调速电路要求调速平滑，抗干扰能力强，（   ）。

A、可靠性高   B、稳定性好   C、设计合理   D、适用性好

85. 小容量晶闸管调速电路要求调速平滑，（   ），稳定性好。

A、可靠性高   B、抗干扰能力强   C、设计合理   D、适用性强

86. 小容量晶闸管调速器电路主回路采用单相桥式半控整流电路，直接由（   ）交流电源供电。

A、24V   B、36V   C、220V   D、380V

87. 单相桥式全控整流电路的优点是提高了变压器的利用率，不需要带中间抽头的变压器，且（   ）。

A、减少了晶闸管的数量   B、降低了成本
C、输出电压脉动小   D、不需要维护

88. 单相桥式全控整流电路的优点是提高了变压器的利用率，（   ），且输出电压脉动小。

A、减少了晶闸管的数   B、降低了成本
C、不需要带中间抽头的变压器   D、不需要维护

89. 在单相桥式全控整流电路中，当控制角 α 增大时，平均输出电压 U_{av}（   ）。

A、增大   B、下降   C、不变   D、无明显变化

90. 小容量晶体管调速器电路的主回路采用（   ），直接由 220V 交流电源供电。

A、单相半波可控整流电路   B、单相全波可控整流电路
C、单相桥式半控整流电路   D、三相半波可控整流电路

91. 小容量晶闸管调速器电路中的电压负反馈环节由 R_{16}、（   ）、RP6 组成。

A、R_3 B、R_9 C、R_{16} D、R_{20}

92. 小容量晶体管调速器的电路电流截止反馈环节中，信号从主电路电阻 R15 和并联的（   ）取出，经二极管 VD15 注入 V1 的基极，VD15 起着电流截止反馈的开关作用。

A、RP1   B、RP3   C、RP4   D、RP5

93. 晶闸管调速电路常见故障中，未加信号电压，电动机可旋转，可能是（   ）。

A、熔断器熔丝熔断   B、触发电路没有触发脉冲输出
C、电流截止负反馈过强   D、三极管 VT35 或 VT37 漏电流过大

94. 晶闸管调速电路常见故障中，工件电动机不转，可能是（   ）。

A、三极管 VT35 漏电流过大   B、三极管 VT37 漏电流过大
C、电流截止负反馈过强   D、三极管已击穿

95. 直流电动机结构复杂，价格贵，制造麻烦，维护困难，但是启动性能好，（   ）。

A、调速范围大   B、调速范围小   C、调速力矩大   D、调速力矩小

96. 直流电动机按照励磁方式可分为他励、（   ）、串励和复励四类。

A、电励　　　　　　B、并励　　　　　　C、激励　　　　　　D、自励

97. 直流电动机的转子由电枢铁芯、（　　）、换向器、转轴等组成。

A、接线盒　　　　　B、换向极　　　　　C、电枢绕组　　　　D、端盖

98. 直流电动机的直流启动电流可达到额定电流的（　　）倍。

A、10～20　　　　　B、20～40　　　　　C、5～10　　　　　　D、1～5

99. （　　），会导致直流电动机不能启动。

A、电源电压过高　　　　　　　　　　　B、电刷接触不良

C、电刷架位置不对　　　　　　　　　　D、励磁回路电阻过大

100. 直流电动机转速不正常的原因有（　　）等。

A、换向器表面有油污　　　　　　　　　B、接线错误

C、无励磁电流　　　　　　　　　　　　D、励磁绕组有短路

101. 直流电动机因电刷牌号不相符导致电刷火花过大时，应更换（　　）电刷。

A、高于原规格　　　B、低于原规格　　　C、原规格　　　　　D、任意

102. 电刷、电刷架检修时，应检查电刷表面有无异状。把电刷清刷干净，将电刷从刷握中取出，在亮处照看其接触面。当镜面面积少于（　　）时，就需要研磨电刷。

A、50%　　　　　　B、60%　　　　　　C、70%　　　　　　D、80%

103. 直流电动机温升过高时，发现通风不良，此时应检查（　　）。

A、启动，停止是否过于频繁　　　　　　B、风扇扇叶是否良好

C、绕组有无短路现象　　　　　　　　　D、换向器表面是否有油污

104. 直流电动机的各种制动方法中，最节能的方法是（　　）。

A、反接制动　　　　B、回馈制动　　　　C、能耗制动　　　　D、机械制动

105. 用试灯检查电枢绕组对地短路故障时，因试验所用为交流电源，从安全考虑应采用（　　）电压。

A、36V　　　　　　B、110V　　　　　　C、220V　　　　　　D、380V

106. 直流电动机的单波绕组中，要求两只相连接的元件边相距为（　　）极距。

A、一倍　　　　　　B、两倍　　　　　　C、三倍　　　　　　D、五倍

107. 检查波形绕组开路故障时，在六极电动机里，换向器上应有（　　）烧毁的黑点。

A、两个　　　　　　B、三个　　　　　　C、四个　　　　　　D、五个

108. 检查波形绕组短路故障时，在六极电动机的电枢中，线圈两端是分接在相距（　　）的两片换向器片上的。

A、1/2　　　　　　B、1/3　　　　　　C、1/4　　　　　　D、1/5

109. 检查波形绕组短路故障时，在四极绕组里，测量换向器相对的两换向片时，若电压（　　），则表示这一只线圈短路。

A、很小或者等于零　　　　　　　　　　B、正常的一半

C、正常的1/3　　　　　　　　　　　　D、很大

110. 确定电动机电刷中性线位置时，对于大中型电动机，试验电流从主磁极绕组通入，约为额定励磁电流的（　　）。

A、1%～3%　　　　B、3%～5%　　　　C、5%～20%　　　　D、20%～30%

111. 确定电动机电刷中性线位置时，对于大中型电动机，电压一般为（　　）。

A、几伏　　　　　　B、十几伏　　　　　C、几伏到十几伏　　D、几十伏

112. 直流电动机滚动轴承发热的主要原因有（　　）等。

　　A、轴承与轴承室配合过松　　　　　　　　　B、轴承变形

　　C、电动机受潮　　　　　　　　　　　　　　D、电刷架位置不对

113. 在无换向器电动机常见故障中，接触不良属于（　　　）。

　　A、误报警故障　　　　　　　　　　　　　　B、转子位置检测器故障

　　C、电磁制动故障　　　　　　　　　　　　　D、接线故障

114. 在无换向器电动机常见故障中，出现了电动机进给有振动现象，这种现象属于（　　　）。

　　A、误报警故障　　　　　　　　　　　　　　B、转子位置检测器故障

　　C、电磁制动故障　　　　　　　　　　　　　D、接线故障

115. 在无换向器电动机常见故障中，出现的电刷松不开，失电不制动现象，这种现象属于（　　　）。

　　A、误报警故障　　　　　　　　　　　　　　B、转子位置检测器故障

　　C、电磁制动故障　　　　　　　　　　　　　D、接线故障

116. 采用热装法安装滚动轴承时，首先将轴承放在油锅里煮，约煮（　　　）。

　　A、2min　　　　　　B、3～5min　　　　　　C、5～10min　　　　　D、15min

117. （　　　）是最普遍使用的电气设备之一，一般在70％～95％额定负载下运行时，效率最高，功率因数大。

　　A、生活照明线路　　B、变压器　　　　　　C、工厂照明线路　　D、电动机

118. 定子绕组串电阻的降压启动是指电动机启动时，把电阻串接在电动机定子绕组与电源之间，通过电阻的分压作用来（　　　）定子绕组上的启动电压。

　　A、提高　　　　　　B、减少　　　　　　　C、加强　　　　　　D、降低

119. 定子绕组串电阻的降压启动是指电动机启动时，把电阻串接在电动机（　　　），通过电阻的分压作用来降低定子绕组上的启动电压。

　　A、定子绕组上　　　　　　　　　　　　　　B、定子绕组与电源之间

　　C、电源上　　　　　　　　　　　　　　　　D、转子上

120. Ｙ—△降压启动是指电动机启动时，把定子绕组连接成Ｙ形，以（　　　）启动电压，限制启动电流。

　　A、提高　　　　　　B、减少　　　　　　　C、降低　　　　　　D、增加

121. 三相异步电动机能耗制动时，机械能转换为电能并消耗在（　　　）回路的电阻上。

　　A、励磁　　　　　　B、控制　　　　　　　C、定子　　　　　　D、转子

122. 三相异步电动机倒拉反接制动时需要（　　　）。

　　A、转子串入较大电阻　　　　　　　　　　　B、改变电源的相序

　　C、定子通入直流电　　　　　　　　　　　　D、改变转子的相序

123. 三相异步电动机再生制动时，定子绕组中流过（　　　）。

　　A、高压电　　　　　B、直流电　　　　　　C、三相交流电　　　D、单相交流电

124. 变频器是通过改变交流电动机定子电压、频率等参数来（　　　）的装置。

　　A、调节电动机转速　　　　　　　　　　　　B、调节电动机转矩

　　C、调节电动机功率　　　　　　　　　　　　D、调节电动机性能

125. 在通用变频器主电路中的电源整流器件较多采用（　　　）。

　　A、快恢复二极管　　B、普通整流二极管　　C、肖特基二极管　　D、普通晶闸管

126. （　　　）方式适用于变频器停机状态时电动机有正转或反转现象的小惯性负载，对于高速运转大惯性负载则不适合。

A、先制动再启动   B、从启动频率启动

C、转速跟踪再启动   D、先启动再制动

127. 变频调速时电压补偿过大会出现（   ）情况。

A、负载轻时，电流过大   B、负载轻时，电流过小

C、电动转矩过小，难以启动   D、负载重时，不能带动负载

128. 西门子公司的 MM440 型变频器可通过 USS 串行接口来控制其启动、停止（命令信号源）及（   ）。

A、频率输出大小   B、电机参数   C、直流制动电流   D、制动起始频率

129. 异步电动机的启动电流与启动电压成正比，启动转矩与启动（   ）。

A、电压的平方成正比   B、电压成反比

C、电压成正比   D、电压的平方成反比

130. 软启动器中晶闸管调压电路采用（   ）时，主电路中电流谐波最小。

A、三相全控丫连接   B、三相全控丫0连接

C、三相半控丫连接   D、星三角连接

131. 软启动器的功能调节参数有（   ）、启动参数、停车参数。

A、运行参数   B、电阻参数   C、电子参数   D、电源参数

132. 软启动器在（   ）下，一台软启动器才有可能启动多台电动机。

A、跨越运行模式   B、节能运行模式

C、接触器旁路运行模式   D、调压调速运行模式

133. 电磁调速电动机校验和试车时，拖动电动机一般可以全压启动，如果电源不足，可采用（   ）作减压启动。

A、串电阻   B、星—三角   C、自耦变压器   D、延边三角形

134. 转子电刷不短接，按转子（   ）选择截面。

A、额定电流   B、额定电压   C、功率   D、带负载情况

135. 对于振动负荷或起重用电动机，电刷压力要比一般电动机增加（   ）。

A、30%～40%   B、40%～50%   C、50%～70%   D、75%

136. 测速发电机可以作为（   ）。

A、电压元件   B、功率元件   C、解算元件   D、电流元件

137. 直流伺服电动机旋转时有大的冲击，其原因是测速发电机在（   ）时，输出电压的纹波峰值大于 2%。

A、550r/min   B、750r/min   C、1000r/min   D、1500r/min

138. 直流伺服电动机旋转时有大的冲击，其原因是测速发电机在 1000r/min 时，输出电压的纹波峰值大于（   ）。

A、1%   B、2%   C、5%   D、10%

139. 调节交磁电机扩大机补偿程度时，对于负载是励磁绕组欠补偿程度时，可以调得稍欠一点，一般其外特性为全补偿特性的（   ）。

A、75%～85%   B、85%～95%   C、95%～99%   D、100%

140. 造成交磁电机扩大机空载电压很低或没有输出的主要原因有（   ）。

A、控制绕组开路   B、换向绕组短路

C、补偿绕组过补偿   D、换向绕组接反

141. 交磁电机扩大机安装电刷时，电刷在刷握中不应卡住，但也不能过松，其间隙一般

为（　　　）。

　　A、0.1mm　　　　　　B、0.3mm　　　　　　C、0.5mm　　　　　　D、1mm

A-1-3　PLC 基础知识

1. 可编程序控制器采用大规模集成电路构成的（　　　）和存储器来组成逻辑部分。

　　A、运算器　　　　　　B、微处理器　　　　　　C、控制器　　　　　　D、累加器

2. FX2N 系列可编程序控制器输入隔离采用的形式是（　　　）。

　　A、变压器　　　　　　B、电容器　　　　　　C、光电耦合器　　　　D、发光二极管

3. 可编程序控制器（　　　）使用锂电池作为后备电池。

　　A、EEPROM　　　　　B、ROM　　　　　　　C、RAM　　　　　　　D、以上都是

4. 可编程器控制器在 RUN 模式下，执行顺序是（　　　）。

　　A、输入采样→执行用户程序→输出刷新　　　　B、执行用户程序→输入采样→输出刷新

　　C、输入采样→输出刷新→执行用户程序　　　　D、以上都不对

5.（　　　）是 PLC 主机的技术性能范围。

　　A、行程开关　　　　　B、光电传感器　　　　C、温度传感器　　　D、内部标志位

6. FX2N-40MR 可编程序控制器，表示 F 系列（　　　）。

　　A、基本单元　　　　　B、扩展单元　　　　　C、单元类型　　　　D、输出类型

7. 对于 PLC 晶体管输出，带感性负载时，需要采取（　　　）的抗干扰措施。

　　A、在负载两端并联续流二极管和稳压二极管串联电路　　　B、电源滤波

　　C、可靠接地　　　　　　　　　　　　　　　　　　　　D、光电耦合器

8. FX2N 系列可编程序控制器中回路并联连接用（　　　）指令。

　　A、AND　　　　　　　B、ANI　　　　　　　C、ANB　　　　　　　D、ORB

9. PLC 的辅助继电器，定时器，计数器，输入和输出继电器的触点可使用（　　　）次。

　　A、一　　　　　　　　B、二　　　　　　　　C、三　　　　　　　　D、无限

10.（　　　）是可编程序控制器使用较广的编程方式。

　　A、功能表图　　　　　B、梯形图　　　　　　C、位置图　　　　　D、逻辑图

11. 设计简单的 PLC 梯形图时，一般采用（　　　）。

　　A、子程序　　　　　　B、顺序控制设计法　　C、经验法　　　　　D、中断程序

12. 对于晶体管输出型 PLC，要注意负载电源为（　　　），并且不能超过额定值。

　　A、AC 380V　　　　　B、AC 220V　　　　　C、DC 220V　　　　　D、DC 24V

A-1-4　电气控制基础知识

1. 当流过人体的电流达到（　　　）时，就足以使人死亡。

　　A、0.1mA　　　　　　B、1mA　　　　　　　C、15mA　　　　　　D、100mA

2. 短时工作制的停歇时间不足以使导线、电缆冷却到环境温度时，导线、电缆的允许电流按（　　　）确定。

　　A、反复短时工作制　　B、短时工作制　　　　C、长期工作制　　　D、反复长期工作制

3. 反复短时工作制的周期时间 $T \leqslant 10\text{min}$，工作时间 $t_g \leqslant 4\text{min}$ 时，导线的允许电流由截面等于（　　　）的铜线确定，其允许电流按长期工作制计算。

　　A、1.5mm² 　　　　　B、2.5mm² 　　　　　C、4mm² 　　　　　D、6mm²

4. 短时工作制的工作时间 $t_g < 4\text{min}$，并且停歇时间内导线或电缆能冷却到周围环境温度时，导线或电缆的允许电流按（　　　）确定。

　　A、反复短时工作制　　B、短时工作制　　　　C、长期工作制　　　D、反复长期工作制

5. 短时工作制的工作时间超过（　　）时，导线、电缆的允许电流按长期工作制确定。

    A、1min　　　　　　　B、3min　　　　　　　C、4min　　　　　　　D、5min

6. 电气测绘时，一般先测绘（　　），后测绘各支路。

    A、输入端　　　　　　B、主干线　　　　　　C、某一回路　　　　　D、主线路

7. 电气测绘前，先要了解原线路的控制过程、控制顺序、控制方法和（　　）等。

    A、布线规律　　　　　B、工作原理　　　　　C、元件特点　　　　　D、工艺

8. 电气测绘时，应避免大拆大卸，对去掉的线头应（　　）。

    A、作记号　　　　　　B、恢复绝缘　　　　　C、不予考虑　　　　　D、重新连接

9. 快速熔断器的额定电流指的是电流（　　）。

    A、有效值　　　　　　B、最大值　　　　　　C、平均值　　　　　　D、瞬时值

10. 熔断器的额定分断能力必须大于电路中可能出现的最大（　　）。

    A、短路电流　　　　　B、工作电流　　　　　C、过载电流　　　　　D、启动电流

11. 控制和保护含半导体器件的直流电路时宜选用（　　）断路器。

    A、塑壳式　　　　　　B、限流型　　　　　　C、框架式　　　　　　D、直流快速

12. 对于工作环境恶劣，起动频繁的异步电动机，所用热继电器热元件的额定电流可选为电动机额定电流的（　　）倍。

    A、0.95～1.05　　　B、0.85～0.95　　　C、1.05～1.15　　　D、1.15～1.50

13. 维修电工以电气原理图、（　　）和平面布置图最为重要。

    A、配线方式图　　　　B、安装接线图　　　　C、接线方式图　　　　D、组件位置图

14. 读图的基本步骤是：看图样说明，（　　），看安装接线图。

    A、看主电路　　　　　B、看电路图　　　　　C、看辅助电路　　　　D、看交流电路

15. 读图的基本步骤是：（　　）、看电路图、看安装接线图。

    A、看图样说明　　　　B、看技术说明　　　　C、看图样说明　　　　D、看组件明细表

16. 较复杂电气原理图阅读分析时，应从（　　）部分入手。

    A、主线路　　　　　　B、控制线路　　　　　C、辅助线路　　　　　D、特殊控制环节

17. 在分析较复杂电气原理图的辅助电路时，要对照（　　）进行分析。

    A、主线路　　　　　　B、控制电路　　　　　C、辅助电路　　　　　D、联锁与保护环节

18. 绘制电气原理图时，通常把主线路和辅助线路分开，主线路用（　　）画在辅助线路的左侧或上部，辅助线路用细实线画在主线路的右侧或下部。

    A、粗实线　　　　　　B、细实线　　　　　　C、点画线　　　　　　D、虚线

19. 绘制电气原理图时，通常把主线路和辅助线路分开，主线路用粗实线画在辅助线路的左侧或上部，辅助线路用（　　）画在主线路的右侧或下部。

    A、粗实线　　　　　　B、细实线　　　　　　C、点画线　　　　　　D、虚线

20. 绘制电气原理图时，通常把主线路和辅助线路分开，主线路用粗实线画在辅助线路的左侧或（　　）。

    A、上部　　　　　　　B、下部　　　　　　　C、右侧　　　　　　　D、任意位置

21. 属于多台电动机顺序控制的线路是（　　）。

    A、丫—△启动控制线路

    B、一台电动机正转时不能立即反转的控制线路

    C、一台电动机启动后另一台电动机才能启动的控制线路

    D、两处都能控制电动机启动和停止的控制线路

22. 较复杂机械设备电气控制线路调试的原则是（　　）。
    A、先部件，后系统　　　　　　　　　　B、先闭环，后开环
    C、先外环，后内环　　　　　　　　　　D、先电机，后阻性负载

23. 机床的所有电气连接接线应（　　）。
    A、连接可靠，不得松动　　　　　　　　B、长度合适，不得松动
    C、整齐，松紧适度　　　　　　　　　　D、除锈，可以松动

24. 机床的所有电气连接接线应（　　），不得松动。
    A、连接可靠　　　　B、长度合适　　　　C、整齐　　　　D、除锈

25. 机床的电气连接时，元器件上的端子的接线用剥线钳切出适当长度，剥出接线头，除锈，然后（　　），套上号码套管，接到接线端子上用螺钉拧紧即可。
    A、镀锡　　　　　　B、测量长度　　　　C、整理线头　　　　D、清理线头

26. 较复杂机械设备电气控制线路调试前，应准备的设备主要是（　　）。
    A、交流调速装置　　　　　　　　　　　B、晶闸管开环系统
    C、晶闸管双闭环调速主流拖动装置　　　D、晶闸管单闭环调速直流拖动装置

27. 较复杂机械设备开环调试时，应用示波器检查整流变压器与同步变压器二次侧相对（　　），相位必须一致。
    A、相序　　　　　　B、次序　　　　　　C、顺序　　　　　　D、超前量

28. 较复杂机械设备反馈强度整定时，使电枢电流等于额定电流的 1.4 倍时，调节（　　）使电动机停下来。
    A、RP1　　　　　　B、RP2　　　　　　C、RP3　　　　　　D、RP4

29. 潮湿和有腐蚀气体的场所内明敷或埋地敷设电线时，一般采用管壁较厚的（　　）。
    A、硬塑料管　　　　B、电线管　　　　　C、软塑料管　　　　D、白铁管

30. 白铁管和电线管径可根据穿管导线的截面和根数选择，如果导线的截面积为 2.5mm²，穿导线的根数为三根，则线管规格为（　　）mm。
    A、13　　　　　　　B、6　　　　　　　C、19　　　　　　　D、25

31. 橡胶软电缆供、馈电线路采用拖缆安装方式，该结构两端的钢支架采用 50mm×50mm×5mm 角钢或槽钢焊制而成，并通过（　　）固定在桥架上。
    A、底脚　　　　　　B、钢管　　　　　　C、角钢　　　　　　D、扁铁

32. 橡胶软电缆供、馈电线路采用拖缆安装方式，该结构两端的钢支架采用 50mm×50mm×5mm 角钢或（　　）焊制而成，并通过底脚固定在桥架上。
    A、槽钢　　　　　　B、钢管　　　　　　C、角钢　　　　　　D、扁铁

33. 供、馈电线路采用拖缆安装方式安装时，钢缆从小车上支架孔内穿过，电缆通过吊环与承力尼龙绳一起吊装在钢缆上，一般尼龙绳的长度比电缆（　　）。
    A、稍长一些　　　　B、稍短一些　　　　C、长 300m　　　　　D、长 500m

34. 供、馈电线路采用拖缆安装方式安装时，将尼龙绳与电缆连接，再用吊环将电缆吊在钢缆上，每 2m 设一个吊装点，吊环与电缆、尼龙绳固定时，电缆上要设（　　）。
    A、防护层　　　　　B、绝缘层　　　　　C、间距标志　　　　D、标号

35. 同一照明方式的不同支线可共管敷设，但一根管内的导线数不宜超过（　　）。
    A、4 根　　　　　　B、6 根　　　　　　C、8 根　　　　　　D、10 根

36. 在干燥场所内明敷电线时，一般采用管壁较薄的（　　）。
    A、硬塑料管　　　　B、电线管　　　　　C、软塑料管　　　　D、水煤气管

37. 高压设备室外不得接近故障点（　　）以内。

A、5m　　　　　　　B、6m　　　　　　　C、7m　　　　　　　D、3m

A-1-5　车床

1. CA6140 型车床控制线路的电源是通过变压器 TC 引入到熔断器 FU2，经过串联在一起的热继电器 FR1 和（　　）的辅助触点接到端子板 6 号线。

A、FR1　　　　　　B、FR2　　　　　　C、FR3　　　　　　D、FR4

2. CA6140 型车床控制线路的电源是通过变压器 TC 引入到熔断器 FU2，经过串联在一起的热继电器 FR1 和 FR2 的辅助触点接到端子板（　　）。

A、1 号线　　　　　B、2 号线　　　　　C、4 号线　　　　　D、6 号线

3. CA6140 型车床是机械加工行业中最为常见的金属切削设备，其机床电源开关在机床（　　）。

A、右侧　　　　　　B、正前方　　　　　C、左前方　　　　　D、左侧

4. C6150 车床主轴电动机通过（　　）控制正反转。

A、手柄　　　　　　B、接触器　　　　　C、断路器　　　　　D、热继电器

5. C6150 车床主轴的转向与主轴电动机的转向（　　）。

A、必然相同　　　　B、相反　　　　　　C、无关　　　　　　D、一致

6. C6150 车床其他正常，而主轴无制动时，应重点检修（　　）。

A、电源进线开关　　　　　　　　　　　B、接线器 KM1 和 KM2 的常闭触点

C、控制变压器 TC　　　　　　　　　　D、中间断电器 KA1 和 KA2 的常闭触点

A-1-6　铣床

1. X6132 型万能铣床敷设控制板选用（　　）。

A、单芯硬铜线　　　B、多芯硬铜线　　　C、多芯软铜线　　　D、双绞线

2. X6132 型万能铣床线路采用沿板面敷设法敷线时，应采用（　　）。

A、塑料绝缘单芯硬铜线　　　　　　　　B、塑料绝缘软铜线

C、裸导线　　　　　　　　　　　　　　D、护套线

3. 制作 X6132 型万能铣床电气控制板前，应准备电工工具一套，钻孔工具一套包括手枪钻、（　　）及丝锥等。

A、螺丝刀　　　　　B、电工刀　　　　　C、台钻　　　　　　D、钻头

4. X6132 型万能铣床制作电气控制板时，划出安装标记后进行钻孔、攻螺纹、去毛刺、修磨，将板两面刷防锈漆，并在正面喷涂（　　）。

A、黑漆　　　　　　B、白漆　　　　　　C、蓝漆　　　　　　D、黄漆

5. X6132 型万能铣床电动机的安装，一般采用起吊装置，先将电动机（　　）吊起至中心高度并与安装孔对正，再将电动机与齿轮连接件啮合，对准电动机安装孔，旋紧螺栓，最后接通起吊装置。

A、垂直　　　　　　B、倾斜 30°　　　　C、倾斜 45°　　　　D、水平

6. 制作 X6132 型万能铣床线路左、右侧配电箱控制板时，要注意控制板的（　　），使之装上工件后能自由进出箱体。

A、尺寸　　　　　　B、颜色　　　　　　C、厚度　　　　　　D、重量

7. X6132 型万能铣床线路导线与端子连接时，导线接入接线端子，首先根据实际需要剥切出连接长度，（　　），然后，套上标号套管，再与接线端子可靠地连接。

A、除锈和清除杂物　　B、测量接线长度　　C、浸锡　　　　　　D、恢复绝缘

8. X6132 型万能铣床限位开关安装前，应检查限位开关支架和（　　）是否完好。

　A、撞块　　　　　　　B、动触头　　　　　　C、静触头　　　　　　D、弹簧

9. X6132 型万能铣床调试前检查电源时，首先接通试车电源，用（　　　）检查三相电压是否正常。

　A、电流表　　　　　　B、万用表　　　　　　C、兆欧表　　　　　　D、单臂电桥

10. X6132 型万能铣床控制电路中，机床照明由照明变压器供给，照明灯由（　　　）控制。

　A、主电路　　　　　　B、控制电路　　　　　　C、开关　　　　　　D、无专门

11. X6132 型万能铣床敷设连接线时，将连接导线从床身或穿线孔穿到相应的位置，在两端临时把套管固定，然后，用（　　　）校对连接线，套上号码管固定好。

　A、试电笔　　　　　　B、万用表　　　　　　C、兆欧表　　　　　　D、单臂电桥

12. X6132 型万能铣床机床床身立柱上电气部件与升降台电气部件之间的连接导线用金属软管保护，其两端按有关规定用（　　　）固定好。

　A、绝缘胶布　　　　　B、卡子　　　　　　C、导线　　　　　　D、塑料套管

13. 制作 X6132 型万能铣床电气控制板前，其绝缘电阻低于（　　　），则必须进行烘干处理。

　A、0.3MΩ　　　　　　B、0.5MΩ　　　　　　C、1.5MΩ　　　　　　D、4.5MΩ

14. X6132 型万能铣床主轴上刀完毕，将转换开关扳到（　　　）位置，主轴方可启动。

　A、接通　　　　　　　B、断开　　　　　　　C、中间　　　　　　D、极限

15. X6132 型万能铣床的全部电动机都不能启动，可能是由于（　　　）造成的。

　A、停止按钮动断触点短路　　　　　　　B、SQ7 动合触点接触不良
　C、控制变压器 TC 的输出电压不正常　　　D、电磁离合器 YC1 无直流电压

16. X6132 型万能铣床主轴电动机已启动，而进给电动机不能启动时，接触器 KM3 或 KM4 不能吸合，则应检查（　　　）。

　A、接触器 KM3、KM4 线圈是否断线
　B、电动机 M3 的进线端电压是否正常
　C、熔断器 FU2 是否熔断
　D、接触器 KM3、KM4 主触点是否接触不良

17. X6132 型万能铣床主轴电动机已启动，而进给电动机不能启动时，接触器 KM3 或 KM4 吸合，进给电动机还不转，则应检查（　　　）。

　A、转换开关 SA1 是否有接触不良现象　　B、接触器的联锁辅助触点是否正常
　C、限位开关的触电接触是否良好　　　　D、电动机 M3 的进线端电压是否正常

18. X6132 型万能铣床主轴启动时，如果主轴不转，检查电动机（　　　）晶闸管控制回路。

　A、M1　　　　　　　B、M2　　　　　　　C、M3　　　　　　　D、M4

19. X6132 型万能铣床主轴电动机已启动，而进给电动机不能启动时，首先检查接触器（　　　）或 KM4 是否吸合。

　A、KM1　　　　　　B、KM2　　　　　　C、KM3　　　　　　D、KM4

20. X6132 型万能铣床主轴启动后，若将快速按钮 SB5 或 SB6 按下，接通接触器（　　　）线圈电源，接通 YC3 快速离合器，并切断 YC2 进给离合器，工作台按原运动方向作快速移动。

　A、KM1　　　　　　B、KM2　　　　　　C、KM3　　　　　　D、KM4

21. X6132 型万能铣床圆工作台回转运动调试时，主轴电机启动后，进给操作手柄打到零位置，并将 SA1 打到接通位置，M1、M3 分别由（　　　）和 KM3 吸合而得电运转。

　A、KM1　　　　　　B、KM2　　　　　　C、KM3　　　　　　D、KM4

22. X6132型万能铣床主轴制动时，按下停止按钮后，（　　）首先断电，主轴刹车离合器 YC1 得电吸合，电动机转速很快降低并停下来。

    A、KM1　　　　　　　　B、KM2　　　　　　　　C、KM3　　　　　　　　D、KM4

23. X6132型万能铣床主轴停车时没有制动，若主轴电磁离合器 YC1 两端无直流电压，则检查接触器（　　）的常闭触点是否接触良好。

    A、KM1　　　　　　　　B、KM2　　　　　　　　C、KM3　　　　　　　　D、KM4

24. X6132型万能铣床工作台操作手柄在中间时，行程开关动作，（　　）电动机正转。

    A、M1　　　　　　　　B、M2　　　　　　　　C、M3　　　　　　　　D、M4

25. X6132型万能铣床工作台操作手柄在左边时，（　　）行程开关动作，M3 电动机反转。

    A、SQ1　　　　　　　　B、SQ2　　　　　　　　C、SQ3　　　　　　　　D、SQ4

26. X6132型万能铣床工作台进给变速冲动时，先将蘑菇形手柄向外拉并转动手柄，将转盘调到所需进给速度，然后将蘑菇形手柄拉到极限位置，这时连杆机构压合 SQ6，（　　）接通正转。

    A、M1　　　　　　　　B、M2　　　　　　　　C、M3　　　　　　　　D、M4

27. X6132型万能铣床工作台变换进给速度时，当蘑菇形手柄向前拉至（　　）位置且在反向推回之前，借孔盘推动行程开关 SQ6，瞬时接通接触器 KM3，则进给电动机作瞬时转动，使齿轮容易啮合。

    A、左边　　　　　　　　B、右边　　　　　　　　C、中间　　　　　　　　D、极端

28. X6132型万能铣床工作台变换进给速度时，当蘑菇形手柄向前拉至极端位置且在反向推回之前，借孔盘推动行程开关 SQ6，瞬时接通接触器（　　），则进给电动机作瞬时转动，使齿轮容易啮合。

    A、KM2　　　　　　　　B、KM3　　　　　　　　C、KM4　　　　　　　　D、KM5

29. X6132型万能铣床启动主轴时，先接通电源，再把换向开关 SA3 转到主轴所需的旋转方向，然后按启动按钮 SB3 或 SB4 接通接触器 KM1，即可启动主轴电动机（　　）。

    A、M1　　　　　　　　B、M2　　　　　　　　C、M3　　　　　　　　D、M4

30. X6132型万能铣床工作台不能快速地进给，应检查接触器 KM2 是否吸合，如果已吸合，则应检查（　　）。

    A、KM2 的线圈是否断线　　　　　　　　B、离合器摩擦片

    C、快速按钮 SB5 的触点是否接触不良　　D、快速按钮 SB6 的触点是否接触不良

31. X6132型万能铣床工作台向前、向下手柄压 SQ3 及工作台向右手柄压 SQ1，接通接触器（　　）线圈，即按选择方向做进给运动。

    A、KM1　　　　　　　　B、KM2　　　　　　　　C、KM3　　　　　　　　D、KM4

32. X6132型万能铣床工作台向后、（　　）压手柄 SQ4 及工作台向左手柄压 SQ2，接通接触器 KM4 线圈，即按选择方向进给运动。

    A、向上　　　　　　　　B、向下　　　　　　　　C、向后　　　　　　　　D、向前

33. X6132型万能铣床工作台的左右运动由操纵手柄来控制，其联动机构控制行程开关 SQ1 和 SQ2，他们分别控制工作台（　　）运动。

    A、向右及向上　　　B、向右及向下　　　C、向右及向后　　　D、向右及向左

34. X6132型万能铣床工作台进给变速冲动时，先将蘑菇形手柄向（　　）拉并转动手柄。

    A、里　　　　　　　　B、外　　　　　　　　C、上　　　　　　　　D、下

35. X6132型万能铣床给进运动时，升降台的上下运动和工作台的前后运动完全由操纵手柄

通过行程开关来控制，其中用于控制工作台向后和向上运动的行程开关是（　　）。

　　A、SQ1　　　　　　　B、SQ2　　　　　　　C、SQ3　　　　　　　D、SQ4

36. X6132 型万能铣床工作台向后移动时，将（　　）扳到"断开"位置，SA1-1 闭合，SA1-2 断开，SA1-3 闭合。

　　A、SA1　　　　　　　B、SA2　　　　　　　C、SA3　　　　　　　D、SA4

37. X6132 型万能铣床快速移动可提高工作效率，调试时，必须保证当按下（　　）时，YC3 动作的即时性和准确性。

　　A、SB2　　　　　　　B、SB3　　　　　　　C、SB4　　　　　　　D、SB5

38. X6132 型万能铣床主轴变速时主轴电动机的冲动控制中，元件动作顺序为：SQ7 动作→KM1 动合触点闭合接通→电动机 M1 转动→（　　）复位→KM1 失电→电动机 M1 停止，冲动结束。

　　A、SQ1　　　　　　　B、SQ2　　　　　　　C、SQ3　　　　　　　D、SQ7

39. X6132 型万能铣床主轴上刀制动时，把 SA2-1 断开（　　）控制电源，主轴刹车离合器 YC1 得电，主轴不能启动。

　　A、24V　　　　　　　B、36V　　　　　　　C、127V　　　　　　　D、220V

40. X6132 型万能铣床主轴停车时没有制动，首先检查主轴电磁离合器 YC1 两端是否有直流（　　）电压。

　　A、12V　　　　　　　B、24V　　　　　　　C、36V　　　　　　　D、72V

41. X6132 型万能铣床主轴停车时没有制动，若主轴电磁离合器 YC1 两端直流电压低，则可能因（　　）线圈内部有局部短路。

　　A、YC1　　　　　　　B、YC2　　　　　　　C、YC3　　　　　　　D、YC4

42. X6132 型万能铣床主轴制动时，元件动作顺序为：SB1（或 SB2）按钮动作→KM1，M1 失电→KM1 常闭触点闭合→（　　）得电。

　　A、YC1　　　　　　　B、YC2　　　　　　　C、YC3　　　　　　　D、YC4

43. X6132 型万能铣床主轴上刀制动时，把 SA2-2 打到接通位置，SA2-1 断开 127V 控制电源，主轴刹车离合器（　　）得电，主轴不能启动。

　　A、YC1　　　　　　　B、YC2　　　　　　　C、YC3　　　　　　　D、YC4

44. 工作台快速进给调试时，将操作手柄扳到相应的位置，按下按钮 SB5，KM2 得电，其辅助触点触电接通（　　），工作台就按选择方向快进。

　　A、YC1　　　　　　　B、YC2　　　　　　　C、YC3　　　　　　　D、YC4

45. X6132 型万能铣床主轴上刀制动时，把 SA2-2 打到接通位置：（　　）断开 127V 控制电源，主轴刹车离合器 YC1 得电，主轴不能启动。

　　A、SA1-1　　　　　　B、SA1-2　　　　　　C、SA2-1　　　　　　D、SA2-2

46. X6132 型万能铣床停止主轴时，按停止按钮 SB1-1 或（　　），切断接触器 KM1 线圈的供电电路，并接通 YC1 主轴制动电磁离合器，主轴即可停止转动。

　　A、SB2-1　　　　　　B、SB3-1　　　　　　C、SB4-1　　　　　　D、SB5-1

47. X6132 型万能铣床停止主轴时，按停止按钮 SB1-1 或 SB2-1，切断接触器 KM1 线圈的供电电路，并接通主轴制动电磁离合器（　　），主轴即可停止转动。

　　A、HL1　　　　　　　B、FR1　　　　　　　C、QS1　　　　　　　D、YC1

48. X6132 型万能铣床控制电路中，将转换开关 SA4 扳到（　　）位置，冷却泵电动机启动。

　　A、接通　　　　　　　B、断开　　　　　　　C、中间　　　　　　　D、极限

A-1-7　桥式起重机

1. 20/5t 桥式起重机连接线必须采用（　　　）。

　　A、铜芯多股软线　　　B、橡胶绝缘电线　　　C、护套线　　　　　D、塑料绝缘线

2. 20/5t 桥式起重机连接线必须采用铜芯多股软线，而导线一般选用（　　　）。

　　A、铜芯多股软线　　　B、橡胶绝缘电线　　　C、护套线　　　　　D、塑料绝缘电线

3. 20/5t 桥式起重机连接线必须采用铜芯多股软线，采用多股单芯线时，截面积不小于
（　　　）。

　　A、1mm²　　　　　　B、1.5mm²　　　　　C、2.5mm²　　　　D、6mm²

4. 桥式起重机操纵室、控制箱内的配线，控制回路导线可用（　　　）。

　　A、铜芯多股软线　　　B、橡胶绝缘电线　　　C、塑料绝缘导线　　D、护套线

5. 桥式起重机电线进入接线端子箱时，线束用（　　　）捆扎。

　　A、绝缘胶布　　　　　B、腊线　　　　　　　C、软导线　　　　　D、硬导线

6. 20/5t 桥式起重机电线管路安装时，根据导线直径和根数选择导线规格，用卡箍、螺钉紧
固或（　　　）固定。

　　A、焊接法　　　　　　B、铁丝　　　　　　　C、硬导线　　　　　D、软导线

7. 桥式起重机操纵室，控制箱内配线时，导线穿好后，应核对导线的数量、（　　　）。

　　A、质量　　　　　　　B、长度　　　　　　　C、规格　　　　　　D、走向

8. 20/5t 桥式起重机的电源线应接入安全供电滑触线导管的（　　　）上。

　　A、合金导体　　　　　B、银导体　　　　　　C、铜导体　　　　　D、钢导体

9. 桥式起重机电线管进、出口处，线束上应套以（　　　）保护。

　　A、铜管　　　　　　　B、塑料管　　　　　　C、铁管　　　　　　D、钢管

10. 20/5t 桥式起重机的电源线进线方式有（　　　）和端部进线两种。

　　A、上部进线　　　　　B、下部进线　　　　　C、中间进线　　　　D、后部进线

11. 起重机照明及信号电路所取得的 220V 及 36V 电源均不（　　　）。

　　A、重复接地　　　　　B、接零　　　　　　　C、接地　　　　　　D、工作接地

12. 起重机桥箱内电风扇和电热取暖设备的电源用（　　　）电源。

　　A、380V　　　　　　　B、220V　　　　　　　C、36V　　　　　　D、24V

13. 20/5t 桥式起重机安装前应准备好辅助材料，包括电器连接所需要的各种规格的导线，
压接导线用的线鼻子、绝缘胶布及（　　　）等。

　　A、剥线钳　　　　　　B、尖嘴钳　　　　　　C、电工刀　　　　　D、钢丝

14. 桥式起重机主要构成部件是导管和（　　　）。

　　A、受电器　　　　　　B、导轨　　　　　　　C、钢轨　　　　　　D、拨叉

15. 20/5t 桥式起重机安装前应检查各电器，包括电动机、电磁制动器、（　　　）及其他控制
部件是否良好。

　　A、凸轮控制器　　　　B、过电流继电器　　　C、中间继电器　　　D、时间继电器

16. 20/5t 桥式起重机安装前检查各电器，包括（　　　）、电磁制动器、凸轮控制器及其他控
制部件是否良好。

　　A、电动机　　　　　　B、过电流继电器　　　C、中间继电器　　　D、时间继电器

17. 20/5t 桥式起重机限位开关的安装要求是：依据设计位置安装固定限位开关，限位开关
的型号、规格要符合设计要求，以保证安全撞压，（　　　），安装可靠。

　　A、绝缘良好　　　　　B、动作灵敏　　　　　C、触头使用合理　　D、便于维护

18. 20/5t 桥式起重机通电调试前的绝缘检查，应用 500V 兆欧表测量设备的绝缘电阻，要求该阻值不低于 0.5MΩ，潮湿天气不低于（　　　）。

　　A、0.25MΩ　　　　　B、1MΩ　　　　　C、1.5MΩ　　　　　D、2MΩ

19. 20/5t 桥式起重机通电调试前的绝缘检查，应用（　　　）兆欧表测量设备的绝缘电阻。

　　A、250V　　　　　B、500V　　　　　C、1000V　　　　　D、2500V

20. 接地体制作完成后，应将接地体垂直打入土壤中，至少打入（　　　）接地体，接地体之间间距 5m。

　　A、2 根　　　　　B、3 根　　　　　C、4 根　　　　　D、5 根

21. 接地体制作完成后，应将接地体垂直打入土壤中，至少打入三根接地体，接地体之间间距为（　　　）。

　　A、5m　　　　　B、6m　　　　　C、8m　　　　　D、10m

22. 桥式起重机接地体制作所用扁钢、角钢均要求（　　　）。

　　A、表面镀锌　　　　　B、整齐　　　　　C、表面清洁　　　　　D、硬度

23. 桥式起重机接地体安装时，接地体埋设位置应距建筑物 3m 以上的地方，桥式起重机接地体的制作距进出口或人行道（　　　）以上，应选在土壤导电性较好的地方。

　　A、1m　　　　　B、2m　　　　　C、3m　　　　　D、5m

24. 桥式起重机支架悬吊间距约为（　　　）。

　　A、0.5m　　　　　B、1.5m　　　　　C、2.5m　　　　　D、5m

25. 以 20/5t 桥式起重机导轨为基础，供电导管调整时，调整其水平距离，直至误差（　　　）。

　　A、≤2mm　　　　　B、≤2.5m　　　　　C、≤4mm　　　　　D、≤6mm

26. 起重机轨道的连接包括同一根轨道上接头处的连接和两根轨道之间的连接。两根轨道之间的连接通常采用 30mm×30mm 扁钢或（　　　）以上的圆钢。

　　A、φ5mm　　　　　B、φ8mm　　　　　C、φ10mm　　　　　D、φ20mm

27. 制作桥式起重机接地体时，可选用专用接地体或用 50mm×50mm×5m 角钢，截取长度为（　　　），其一端加工成尖状。

　　A、0.5m　　　　　B、1m　　　　　C、1.5m　　　　　D、2.5m

28. 桥式起重机连接接地体的扁钢采用（　　　）而不能平放，所有扁钢要求平。

　　A、立行侧放　　　　　B、横放　　　　　C、倾斜放置　　　　　D、纵向放置

29. 20/5t 桥式起重机的移动小车上装有主副卷扬机、小车前后运动电动机及（　　　）等。

　　A、小车左右运动电动机　　　　　　　　B、下降限位开关

　　C、断路开关　　　　　　　　　　　　　D、上升限位开关

30. 20/5t 桥式起重机吊钩加载试车时，加载要（　　　）。

　　A、快速进行　　　　　B、先快后慢　　　　　C、逐步进行　　　　　D、先慢后快

31. 20/5t 桥式起重机吊钩加载试车时，加载过程中要注意是否有（　　　）、声音等不正常现象。

　　A、电流过大　　　　　B、电压过高　　　　　C、异味　　　　　D、空载损耗大

32. 20/5t 桥式起重机电动机转子回路测试时，在断电情况下扳动手柄，沿正方向旋转手柄变速，将 $R_1 \sim R_6$ 逐个短接，用万用表（　　　）测量。

　　A、$R \times 1$ 挡　　　　　B、$R \times 10$ 挡　　　　　C、$R \times 100$ 挡　　　　　D、$R \times 1k$ 挡

33. 20/5t 桥式起重机电动机定子回路调试时，在断电情况下顺时针方向扳动凸轮控制器操

作手柄，同时用万用表 $R\times1\Omega$ 挡测量 2L3—W 及（　　），在 5 挡速度内应始终保持导通。

A、2L1—U　　　　　B、2L2—W　　　　　C、2L2—U　　　　　D、2L3—W

34. 20/5t 桥式起重机零位校验时，把凸轮控制器置"零"位。短接 KM 线圈，用万用表测量（　　），当按下启动按钮 SB 时应为导通状态。

A、L1—L2　　　　　B、L1—L3　　　　　C、L2—L3　　　　　D、L3

35. 20/5t 桥式起重机的保护功能校验时，短接 KM 辅助触点和线圈接点，用万用表测量 L1～L3 应导通，这时手动断开 SA1、SQ1、（　　）、SQBW，L1～L3 应断开。

A、SQ_{FW}　　　　　B、SQ_{AW}　　　　　C、SQ_{HW}　　　　　D、SQ_{DW}

36. 20/5t 桥式起重机主钩上升控制时，将控制手柄置于上升（　　），确认 KM3 动作灵活；然后测试 R_{13}—R_{15} 间，应短接，由此确认 KM3 可靠吸合。

A、第 1 挡　　　　　B、第 2 挡　　　　　C、第 3 挡　　　　　D、第 4 挡

37. 20/5t 桥式起重机主钩下降控制过程中，空载慢速下降，可以利用制动"2"挡配合强力下降（　　）挡交替操纵实现控制。

A、"1"　　　　　B、"3"　　　　　C、"4"　　　　　D、"5"

38. 20/5t 桥式起重机主钩下降控制线路校验时，置下降第 4 挡位，观察 KM_D、KM_B、KM1、（　　）应可靠吸合，KM_D 接通主钩电动机下降。

A、KM2　　　　　B、KM3　　　　　C、KM4　　　　　D、KM5

A-1-8　磨床

1. 在 MGB1420 万能磨床中，对于单结晶体管来说，一般选用 n 在（　　）左右。

A、0.5～0.85　　　B、0.85～1　　　　C、1～2　　　　　D、3～5

2. 在 MGB1420 万能磨床中，一般触发大容量的晶闸管，C 应选得大一些，如晶闸管是 50A 的，C 应选（　　）。

A、$0.47\mu F$　　　　B、$0.2\mu F$　　　　C、$2\mu F$　　　　　D、$5\mu F$

3. 在 MGB1420 万能磨床的工件电动机控制回路中，M 的启动、点动及停止由主令开关（　　）控制中间继电器 KA1、KA2 来实现。

A、KA1、KA2　　　B、KA1、KA3　　　C、KA2、KA3　　　D、KA1、KA4

4. MGB1420 万能磨床电动机空载通电调试时，V19、R_{26} 组成电流正反馈环节，（　　）、R_{36}、R_{38} 组成电压负反馈电路。

A、R_{27}　　　　　B、R_{29}　　　　　C、R_{31}　　　　　D、R_{32}

5. MGB1420 万能磨床电动机空载通电调试时，将 SA1 开关转到"开"的位置，中间继电器 KA2 接通，并把调速电位器 RP1 接入电路，慢慢转动 RP1 旋钮，使给定电压信号（　　）。

A、逐渐上升　　　　B、逐渐下降　　　　C、先上升后下降　　D、先下降后上升

6. MGB1420 万能磨床试车调试时，将 SA1 开关转到"试"的位置，中间继电器（　　）接通电位器 RP6，调节电位器使转速达到 200～300r/min，将 RP6 封住。

A、KA1　　　　　　B、KA2　　　　　　C、KA3　　　　　　D、KA4

7. 在 MGB1420 万能磨床的砂轮电动机控制回路中，接通电源开关（　　）后，220V 交流控制电压通过开关 SA2 控制接触器 KM1，从而控制液压、冷却泵电动机。

A、QS1　　　　　　B、QS2　　　　　　C、QS3　　　　　　D、QS4

8. 在 MGB1420 万能磨床的内外磨砂轮电动机控制回路中，接通电源开关 QS1，220V 交流控制电压通过开关（　　）控制接触器 KM2 的通断，达到内外磨砂轮电动机的启动和停止。

A、SA1　　　　　　　B、SA2　　　　　　　C、SA3　　　　　　　D、SA4

9. 在 MGB1420 万能磨床的工件电动机控制回路中，主令开关 SA1 扳在开挡时，中间继电器 KA2 线圈吸合，从电位器（　　）引出给定信号电压，同时制动电路被切断。

A、RP1　　　　　　　B、RP2　　　　　　　C、RP3　　　　　　　D、RP4

10. MGB1420 型磨床电气故障检修时，如果液压泵，冷却泵都不转动，则应检查熔断器 FU1 是否熔断，再看接触器（　　）是否吸合。

A、KM1　　　　　　　B、KM2　　　　　　　C、KM3　　　　　　　D、KM4

11. MGB1420 型磨床控制回路电气故障检修时，中间继电器 KA2 不吸合，可能是压力继电器（　　）接触不良。

A、KP　　　　　　　B、KA　　　　　　　C、KT　　　　　　　D、TA

12. MGB1420 型万能磨床控制回路电气故障检修时，自动循环磨削加工时不能自动停机，可能是时间继电器（　　）已损坏，可进行修复或更换。

A、KA　　　　　　　B、KT　　　　　　　C、KM　　　　　　　D、SQ

13. 在 MGB1420 万能磨床晶闸管直流调速系统控制回路的基本环节中，（　　）为功率放大器。

A、V33　　　　　　　B、V34　　　　　　　C、V35　　　　　　　D、V37

14. 在 MGB1420 万能磨床晶闸管直流调速系统控制回路的辅助环节中，V19、（　　）组成电流正反馈环节。

A、R_{26}　　　　　　　B、R_{29}　　　　　　　C、R_{36}　　　　　　　D、R_{38}

15. 在 MGB1420 万能磨床的工件电动机控制回路中，由晶闸管直流装置 FD 提供电动机 M 所需要的直流电源，（　　）电源由 U7、N 两点引入。

A、24V　　　　　　　B、36V　　　　　　　C、110V　　　　　　　D、220V

16. 在 MGB1420 万能磨床晶闸管直流调速系统控制回路的辅助环节中，由 C_{15}、（　　）、R_{27}、RP5 等组成电压微分负反馈环节，以改善电动机运转时的动态特性。

A、R_{19}　　　　　　　B、R_{26}　　　　　　　C、RP2　　　　　　　D、R_{37}

17. 在 MGB1420 万能磨床晶闸管直流调速系统控制回路的辅助环节中，由 R_{29}、R_{36}、R_{38} 组成（　　）。

A、积分校正环节　　　　　　　　　　B、电压负反馈电路
C、电压微分负反馈环节　　　　　　　D、电流负反馈电路

18. 在 MGB1420 万能磨床晶闸管直流调速系统控制回路的辅助环节中，由 R_{29}、C、R_{38} 组成电压负反馈电路。

A、R_{27}　　　　　　　B、R_{26}　　　　　　　C、R_{36}　　　　　　　D、R_{37}

19. 在 MGB1420 万能磨床中，充电电阻 R 的大小是根据晶闸管移相范围的要求及（　　）来决定的。

A、充电电容器电容的大小　　　　　　B、晶闸管是否触发
C、晶闸管导通后是否关断　　　　　　D、晶闸管是否过热

20. 在 MGB1420 万能铣床晶闸管直流调速系统的主回路中，直流电动机 M 的励磁电压由 220V 交流电源经二极管整流取得（　　）左右的直流电压。

A、110V　　　　　　　B、190V　　　　　　　C、220V　　　　　　　D、380V

21. 在 MGB1420 万能铣床晶闸管直流调速系统控制回路中，由控制变压器 TC1 的二次绕组②经整流二极管（　　）、V12、三极管 V36 等组成同步信号输入环节。

A、V6　　　　　　　B、V21　　　　　　　C、V24　　　　　　　D、V29

22. 在 MGB1420 万能磨床晶闸管直流调速系统控制回路电源部分，经 V1～V4 整流后再经 V5 取得（　　）直流电压，供给单结晶体管触发电路使用。

　　A、7.5V　　　　　　　　B、10V　　　　　　　　C、−15V　　　　　　　　D、+20V

23. 在 MGB1420 万能磨床晶闸管直流调速系统控制回路电源部分，由 V9 经 R_{20}、V30 稳压后取得（　　）电压，以供给定信号电压和电流截止负反馈电路等使用。

　　A、7.5V　　　　　　　　B、10V　　　　　　　　C、−15V　　　　　　　　D、+15V

24. 在 MGB1420 万能磨床中，若放电电阻选的过大，则（　　）。

　　A、晶闸管不易导通　　　　　　　　　　　B、晶闸管误触发

　　C、晶闸管导通后不关断　　　　　　　　　D、晶闸管过热

25. MGB1420 型磨床工件无级变速直流拖动系统故障检修时，在观察稳压管的波形的同时，要注意测量稳压管的电流是否在规定的稳压电流范围内，如过大或过小应调整（　　）的阻值，使稳压管工作在稳压范围内。

　　A、R_1　　　　　　　　B、R_2　　　　　　　　C、R_3　　　　　　　　D、R_4

26. M7130 平面磨床中三台电动机都不能启动，转换开关 QS2 正常，熔断器和热继电器也正常，则需要检查修复（　　）。

　　A、欠电流继电器 KUC　　　　　　　　　　B、接插器 X1

　　C、接插器 X2　　　　　　　　　　　　　　D、照明变压器 T2

A-1-9　钻床

1. Z3040 摇臂钻床主电路中的四台电动机，有（　　）台电动机需要正反转控制。

　　A、2　　　　　　　　　B、3　　　　　　　　　C、4　　　　　　　　　D、1

2. Z3040 摇臂钻床中的液压泵电动机，（　　）。

　　A、由接触器 KM1 控制单向旋转

　　B、由接触器 KM2 和 KM3 控制点动正反转

　　C、由接触器 KM4 和 KM5 控制实行正反转

　　D、由接触器 KM1 和 KM2 控制自动往返工作

3. Z3040 摇臂钻床中摇臂不能夹紧的原因是（　　）。

　　A、行程开关 QS2 安装位置不当　　　　　B、时间继电器定时不合适

　　C、主轴电动机故障　　　　　　　　　　　D、液压系统故障

4. Z3040 摇臂钻床中摇臂不能升降的原因是摇臂松开后 KM2 回路不通时，应（　　）。

　　A、调整行程开关 QS2 位置　　　　　　　B、重接电源相序

　　C、更换液压泵　　　　　　　　　　　　　D、调整速度继电器位置

A-2　判　断　题

1.（　　）职业道德不倡导人们的牟利最大化观念。

2.（　　）职业纪律中包括群众纪律。

3.（　　）创新既不能墨守成规，也不能标新立异。

4.（　　）事业成功的人往往具有较高的职业道德。

5.（　　）服务也需要创新。

6.（　　）职业道德具有自愿性的特点。

7.（　　）企业文化的功能包括娱乐功能。

8.（　　）职业道德对企业起到增强竞争力的作用。

9.（　　）在职业活动中一贯地诚实守信会损害企业的利益。

10.（　　）要做到办事公道，在处理公私关系时，要公私不分。

11.（　　）勤劳节俭虽然有利于节省资源，但不能促进企业的发展。

12.（　　）向企业员工灌输的职业道德太多了，容易使员工产生谨小慎微的观念。

13.（　　）没有生命危险的职业活动中，不需要制定安全操作规程。

14.（　　）劳动者具有在劳动中获得劳动安全和劳动卫生保护的权利。

15.（　　）劳动者的基本义务中不应包括遵守职业道德。

16.（　　）劳动者患病或负伤，在规定的医疗期内的，用人单位可以解除劳动合同。

17.（　　）岗位的质量要求是每个领导干部都必须做到的最基本的岗位工作职责。

18.（　　）生产作业的控制不属于车间生产管理的基本内容。

19.（　　）触电的形式是多种多样的，但除了因电弧灼伤及熔融的金属飞溅灼伤外，可大致归纳为三种形式。

20.（　　）电伤伤害是造成触电死亡的主要原因，是最严重的触电事故。

21.（　　）在爆炸危险场所，如有良好的通风装置，能降低爆炸性混合物的浓度，场所危险等级可以降低。

22.（　　）单相三线（孔）插座的左端为 N 极，接零线；右端为 L 极，接相（火）线；上端有接地符号的一端应该接地线，不得互换。

23.（　　）生态破坏是指由于环境污染和破坏，对多数人健康、生命、财产造成的公共性危害。

24.（　　）在电源内部电动势由正极指向负极，即从低电位指向高电位。

25.（　　）电压的方向规定由低电位指向高电位。

26.（　　）电路的作用是实现能量的传输和转换，信号的传递和处理。

27.（　　）电流流过负载时，负载将电能转换成热能。电能转换成热能的过程，叫做电流做功，简称电功。

28.（　　）流过电阻的电流与电阻两端电压成正比，与电路的电阻成反比。

29.（　　）电阻器反映导体对电流起阻碍作用的大小，简称电阻。

30.（　　）感应电流产生的磁通不阻碍原磁通的变化。

31.（　　）磁场强度只决定于电流的大小和线圈的几何形状，与磁介质无关，而磁感应强度与磁导率有关。

32.（　　）通电直导体在磁场中所受力方向，可以通过右手定则来判断。

33.（　　）用左手握住通电导体，让拇指指向电流方向，则弯曲四指的指向就是磁场方向。

34.（　　）磁性材料主要分为铁磁材料和软磁材料两大类。

35.（　　）当二极管外加电压时，反向电流很小，且不随反向电压变化。

36.（　　）三极管放大区的放大条件为发射结反偏或零偏，集电结反偏。

37.（　　）CW7805 的 $U_0=5V$，它的最大输出电流为 1.5V。

38.（　　）三端集成端稳压电路有三个接线端，分别是输入端、接地端和输出端。

39.（　　）选用三端集成端稳压电路时既要考虑输出电压，又要考虑输出电流的最大值。

40.（　　）复合逻辑门电路由基本逻辑门电路组成，如与非门、或非门等。

41.（　　）单结晶体管有三个极，图形符号与三极管一样。

42.（　　）差分放大电路的单输出与双输出效果是一样的。

43. （　　）串联稳压电路输出电压可调，带负载能力强。

44. （　　）电子仪器按功能可分为超低频、音频、超音频、高频、超高频电子仪器。

45. （　　）电子测量的频率范围极宽，其频率低端已进入 $10^{-2} \sim 10^{-3}$ Hz 量级，而高端已达到 4×10^6 Hz。

46. （　　）双向晶闸管的额定电流是指正弦电流半波平均值。

47. （　　）单相半波可控整流电路中，控制角 α 越大，输出电压 U_d 越大。

48. （　　）晶闸管性能与温度有较大的关系，为得出正确结果，可将晶闸管放在恒温箱内加热到 60～80℃（不得超过 100℃）后，再测量阳极和阴极之间的正反向电阻。

49. （　　）小容量晶体管调速器电路由于采用了电流负反馈，有效地补偿了电枢压降。

50. （　　）小容量晶体管调速器由于主回路并接了平波电抗器，故电流输入波形得到改善。

51. （　　）当负载电流大于额定电流时，由于电流截止反馈环节的调节作用，晶闸管的导通角减小，输出的直流电压减小，电流也随之减小。

52. （　　）从仪表的测量对象上分，电压表可以分为直流电流表和交流电流表。

53. （　　）某一电工指示仪表属于整流系仪表，这是按仪表的测量对象进行划分的。

54. （　　）电气测量仪表的准确度等级一般不低于 1.5 级。

55. （　　）使用电工指示仪表时，准确度等级为 5.0 级的仪表可用于实验室。

56. （　　）仪表的准确度等级表示仪表在正常条件下最大相对误差的百分数。

57. （　　）从提高测量准确度的角度来看，测量时仪表的准确度等级越高越好，所以选择仪表时，可不必考虑经济性，尽量追求仪表的高准确度。

58. （　　）直流单臂电桥又称为惠斯登电桥，能准确测量大值电阻。

59. （　　）测量电压时，要根据电压的大小选择适当量程的电压表，不能使被测电压大于电压表的最大量程。

60. （　　）一般万用表可以测量直流电压、交流电压、直流电流、电阻、功率等物理量。

61. （　　）使用三只功率表测量，当出现表针反偏现象时，继续测量不会对测量结果产生影响。

62. （　　）使用三只功率表测量，当出现表针反偏现象时，只要将出现反偏的功率表电流线圈反接即可。

63. （　　）在 500V 及以下的直流电路中，不允许使用直接接入的电表。

64. （　　）变压器是一种将交流电转换成同频率的另一种直流电的静止设备。

65. （　　）直流电动机转速不正常的原因主要有励磁回路的电阻过大等。

66. （　　）直流电动机换向极的结构与主磁极相似。

67. （　　）直流电动机弱磁调速时，励磁电流越大，转速越高。

68. （　　）安装滚动轴承的方法一般有敲打法、钩抓法等。

69. （　　）若用测量换向片压降的方法来检查波形绕组开路故障时，当测量到开路的线圈时，毫伏表或是没有读数，或是指示数显著减小。

70. （　　）若因电动机过载导致直流电动机不能启动时，应将负载降到额定值。

71. （　　）用试灯检查电枢绕组对地短路故障时，因试验所用为直流电源，若必须采用高电压时，应采用隔离变压器，并且要特别注意安全。

72. （　　）换向极绕组短路会造成直流电动机转速不正常。

73. （　　）异步电动机的铁芯应该选用软磁材料。

74. （　　）电动机是使用最普遍的电气设备之一，一般在 70%～95% 额定负载下运行时，效率最低，功率因数大。

75. （　　）定子绕组串电阻的降压启动是指电动机启动时，把电阻串接在电动机定子绕组与电源之间，通过电阻的分压作用来提高定子绕组上的启动电压。

76. （　　）三相异步电动机的位置控制电路中是由位置开关控制启动的。

77. （　　）三相异步电动机能耗制动的过程可用热继电器来控制。

78. （　　）电动机受潮，绝缘电阻下降，可进行烘干处理。

79. （　　）复查及调整交磁电机扩大机的电刷中心线位置时，通常使用感应法进行校正。

80. （　　）如果负载加上时电压下降至空载电压的 50% 左右，且电机有吱吱声，换向器与电刷间火花较大，则可能是有部分电枢绕组短路。

81. （　　）整台电动机一次更换半数以上的电刷之后，最好先空载或轻载运行 6h，使电刷有较好的配合后再满载运行。

82. （　　）绕线式电动机转子的额定电流和导线的允许电流，均按电动机的工作制确定。

83. （　　）一台变频器拖动多台电动机时，变频器的容量应比多台电动机的容量之和大，且型号选择要选矢量控制方式的高性能变频器。

84. （　　）软启动的日常维护应由使用人员自行展开。

85. （　　）直流测速发电机，按励磁方式可分为永磁式和电磁式。

86. （　　）复查及调整交磁电机扩大机的电刷中心线位置时，通常使用交流法进行校正。

87. （　　）钻夹头用来装夹直径 12mm 以下的钻头。

88. （　　）游标卡尺测量前应清理干净，并将两量爪合并，检查游标卡尺的精度情况。

89. （　　）当锉刀拉回进，应稍微抬起，以免磨钝锉齿或划伤工件表面。

90. （　　）用手电钻钻孔时，要戴绝缘手套穿绝缘鞋。

91. （　　）使用螺丝刀要一边压紧，一边旋转。

92. （　　）扳手可以用来剪切细导线。

93. （　　）普通螺纹的牙形角是 55°，英制螺纹的牙形角是 60°。

94. （　　）电工在维修有故障的设备时，重要部件必须加倍爱护，而螺丝螺帽等通用部件可以随意摆放。

95. （　　）机械设备电气控制线路调试时，应先接入电机进行调试，然后再接入电阻性负载进行调试。

96. （　　）机械设备电气控制线路调试前，应将电子器件的插件全部拔出，检查设备的绝缘及接地是否良好。

97. （　　）技术人员工作时以电气原理图、安装接线图和平面布置图最为重要。

98. （　　）电气测绘一般要求严格按规定步骤进行。

99. （　　）电气测绘最后绘出的是线路控制原理图。

100. （　　）电气测绘时，一般先测绘输入端，最后测绘各回路。

101. （　　）由于测绘判断的需要，一定要由测绘人员亲自操作。

102. （　　）由于测绘判断的需要，一定要由熟练的操作工操作。

103. （　　）在电气设备上工作，应填用工作票或按命令执行，其方式有三种。

104. （　　）交流接触器和直流接触器的使用场合不同。

105. （　　）按钮和行程开关都是主令电器，因此两者可以互换。

106. （　　）电气控制线路中指示灯的颜色与对应功能的按钮颜色一般是相同的。

107. （　　）通电延时型与断电延时型继电器的基本功能一样，可以互换。

108.（　　）电磁感应式接近开关由感应头、振荡器、开关器、输出电路等组成。

109.（　　）增量式光电编码器可将转轴的电脉冲转换成相应的角位移，角速度等机械量输出。

110.（　　）可编程序控制器停止时，扫描工作即停止。

111.（　　）PLC 编程时，子程序至少要有一个。

112.（　　）当电源指示灯亮，而运行指示灯不亮（排除指示灯本身故障原因），说明系统已因某种原因而终止了正常的运行。

113.（　　）CA6140 型车床的刀架快速移动，必须使用电动机。

114.（　　）CA6140 型车床的主轴、冷却、刀架快速移动分别由两台电动机拖动。

115.（　　）CA6140 型车床的公共控制回路是 0 号线。

116.（　　）C6150 车床控制电路中有 4 个普通按钮。

117.（　　）X6132 型万能铣床所使用导线的绝缘耐压等级为 200V。

118.（　　）制作 X6132 型万能铣床电气控制板前，应检查开关元件的开关性能是否良好，外形可不检查。

119.（　　）X6132 型万能铣床线路左、右侧配电箱控制板的元件安装时，元件布置要美观、流畅、均匀，固定电气标牌。

120.（　　）X6132 型万能铣床调试前，用钳形电流表检查熔丝是否良好，检查其型号、规格是否正确。

121.（　　）X6132 型万能铣床的冷却泵和机床照明灯分别由专门的开关控制。

122.（　　）X6132 型万能铣床的 SB4 按钮在床身立柱侧的按钮板上。

123.（　　）X6132 型万能铣床的 SB1 按钮位于升降台上。

124.（　　）X6132 型万能铣床工作台纵向移动由横向操作手柄来控制。

125.（　　）X6132 型万能铣床工作台的快速移动是通过点动与连续控制实现的。

126.（　　）X6132 型万能铣床限位开关安装时，要将限位开关放置在撞块安全撞压区外，固定牢固。

127.（　　）X6132 型万能铣床主轴上刀完毕，即可直接启动主轴。

128.（　　）为了提高工作效率，X6132 型万能铣床主轴上刀时可以转动。

129.（　　）X6132 型万能铣床只有在主轴启动以后，进给运动才能动作，未起动主轴时，工作台所有运动均不能进行。

130.（　　）X6132 型万能铣床工作台左右运动时，手柄所指的方向与运动的方向无关。

131.（　　）X6132 型万能铣床工作台向后、向上压 SQ4 手柄时，工作台仍不能按选择方向作进给运动。

132.（　　）在 X6132 型万能铣床工作台进给变速冲动过程中，当手柄推回时，用万用表 $R\times10k$ 挡测量触点动作情况。

133.（　　）X6132 型万能铣床工作台快速进给调试时，工作台可以在横向作快速运动。

134.（　　）X6132 型万能铣床工作台变换进给速度时，进给电动机作瞬时转动，是为了使齿轮容易啮合。

135.（　　）X6132 型万能铣床工作台变换进给速度时，当蘑菇形手柄向前拉至极端位置且在反向退回之前，借孔盘推动行程开关 SQ6，瞬时接通接触器 KM3，则进给电动机作瞬时转动，使齿轮容易啮合。

136.（　　）当 X6132 型万能铣床工作台不能快速进给时，经检查 KM2 已吸合，则应检查

KM3 的主触点是否接触不良。

137.（　　　）X6132 型万能铣床圆工作台回转运动调试时，圆工作台可以双向旋转。

138.（　　　）20/5t 桥式起重机安装前，应检查并清点电气部件和材料是否齐全。

139.（　　　）20/5t 桥式起重机安装前检查各电器是否良好，如发现质量问题，应定时修理和更换。

140.（　　　）桥式起重机支架安装要求牢固、垂直、排列整齐。

141.（　　　）起重机照明电路中，36V 可作为警铃电源及安全行灯电源。

142.（　　　）起重机照明及信号电路所取的电源，严禁利用起重机壳体或轨道作为工作零线。

143.（　　　）20/5t 桥式起重机敷线进入接线端子箱时，线束用导线捆扎。

144.（　　　）桥式起重机操纵室、控制箱内配线时，对线前准备好号码标示管，在对号结束后应立即套好号码标示管并做线结，以防号码标示管脱落。

145.（　　　）桥式起重机电线管路固定后，要求不妨碍运动部件和操作人员活动。

146.（　　　）桥式起重机电源接线完毕，用万用表检测是否有短路现象，确认完好后，在导管两端分别套上封盖端帽。

147.（　　　）桥式起重机接线结束后，可立即投入使用。

148.（　　　）桥式起重机接地体的大部分扁钢要求平、直。

149.（　　　）桥式起重机根据小车在使用过程中不断运动的特点，通常有软线、硬线及软线硬线并用三种供、馈电线路。

150.（　　　）桥式起重机橡胶软电缆供、馈电线路采用托缆安装方式，电缆移动端与小车上支架固定连接以减少钢缆受力，钢缆上涂一层黏油用以润滑、除锈。

151.（　　　）桥式起重机供电导管调整完毕，严禁将受电器在导管中反复推行，重点检查接头处有无撞击阻碍现象，是否能运动自如。

152.（　　　）20/5t 桥式起重机限位开关包括小车前后极限限位开关，大车左右极限限位开关，但不包括主钩上升极限位开关。

153.（　　　）20/5t 桥式起重机电动机定子回路调试时，反向转动手柄与正向转动手柄，短接情况是完全不同的。

154.（　　　）20/5t 桥式起重机主钩下降控制线路校验时，首先断开电源，然后将电动机连接线封接并妥善处理，防止碰线或短路。

155.（　　　）为确保安全，20/5t 桥式起重机主钩上升控制调试时，可首先将主钩上升极限位置开关下调到某一位置，确认限位开关保护功能正常后，再恢复到正常位置。

156.（　　　）20/5t 桥式起重机加载试车调试时，将控制手柄上升第一挡，确认 SA-1、SA-4、SA-5、SA-7 闭合良好。

157.（　　　）20/5t 桥式起重机加载试车调试时，非调试人员应离开现场，进入安全区。

158.（　　　）20/5t 桥式起重机调整制动瓦与制动轮的间距时，要求在制动时，制动瓦紧贴在制动轮圆面上无间隙。

159.（　　　）在 MGB1420 万能磨床中，可用钳型电流表测量设备的绝缘电阻。

160.（　　　）MGB1420 电动机空载通电调试时，把电动机转速调到 $700\sim800$r/min 的范围内，加大电动机负载使电流值达到额定电流的 1.4 倍。

161.（　　　）MGB1420 电动机转数稳定调整时，调节 RP4 便可调节电流正反馈强度。

162.（　　　）MGB1420 万能磨床控制回路电气故障检修时，自动循环磨削加工不能自动停机，可能是电磁阀 YF 线圈烧坏，应更换线圈。

163. （   ）在 MGB1420 万能磨床的晶闸管直流调速系统中，工件电动机必须使用绕线式异步电动机。

164. （   ）在 MGB1420 万能磨床晶闸管直流调速系统控制回路的基本环节中，V34 为功率放大器。

165. （   ）MGB1420 万能磨床晶闸管直流调速系统中，由运算放大器 AJ、V38、V39 等组成电流截止负反馈环节。

166. （   ）MGB1420 万能磨床晶闸管直流调速系统控制回路的辅助环节的电压微分负反馈环节中，调节 RP5 阻值大小，可以调节反馈量的大小。

167. （   ）MGB1420 万能磨床晶闸管直流调速系统控制回路的辅助环节的电压微分负反馈环节中，调节 RP4 阻值大小，可以调节反馈量的大小。

168. （   ）MGB1420 万能磨床晶闸管直流调速系统控制回路的辅助环节中，由 C_2、C_5、C_{10} 等组成积分校正环节。

169. （   ）在 MGB1420 万能磨床晶闸管直流调速系统控制回路电源部分，由 V9 经 R_{20}、V30 稳压后取得 +15V 电压，供给定信号电压和电流截止负反馈等电路使用。

170. （   ）在 MGB1420 万能磨床的内外磨砂轮电动机控制回路中，FR1～FR3 三只热继电器均起过载保护作用。

171. （   ）MGB1420 万能磨床的工件电动机控制回路中，将 SA1 扳在试挡时，直流电动机 M 处于低速点动状态。

172. （   ）在 MGB1420 万能磨床的自动循环工作电路系统中，通过有关电气元件与油路、机械方面的配合实现磨削手动循环工作。

173. （   ）MGB1420 万能磨床工件无级变速直流拖动系统故障检修时，锯齿波随控制信号电压改变而均匀改变，其移相范围应在 150° 左右。

174. （   ）M7130 平面磨床中，液压泵电动机 M3 必须在砂轮电动机 M1 运行后才能启动。

175. （   ）Z3040 摇臂钻床主轴电动机的控制电路中利用接触器互锁。

参 考 答 案

A-1 单 项 选 择 题

A-1-1 职业规范

1. A　2. C　3. B　4. A　5. D　6. B　7. A　8. D　9. B　10. D　11. C　12. C　13. A　14. D
15. D　16. D　17. C　18. D　19. C

A-1-2 电工电子基础知识

1. C　2. A　3. D　4. C　5. C　6. B　7. D　8. D　9. D　10. D　11. C　12. D　13. C　14. B
15. A　16. D　17. C　18. D　19. D　20. C　21. C　22. D　23. B　24. A　25. D　26. D
27. A　28. D　29. C　30. C　31. B　32. B　33. C　34. B　35. D　36. B　37. D　38. D
39. D　40. C　41. D　42. D　43. C　44. D　45. B　46. D　47. D　48. D　49. C　50. D
51. B　52. B　53. C　54. D　55. C　56. B　57. B　58. C　59. D　60. D　61. C　62. D
63. D　64. D　65. B　66. A　67. A　68. D　69. C　70. B　71. B　72. D　73. A　74. A
75. D　76. B　77. C　78. C　79. C　80. C　81. A　82. A　83. D　84. B　85. B　86. C
87. C　88. C　89. B　90. C　91. A　92. D　93. D　94. C　95. A　96. B　97. A　98. A
99. B　100. D　101. C　102. C　103. B　104. B　105. A　106. B　107. B　108. B　109. A
110. C　111. C　112. A　113. D　114. B　115. C　116. C　117. D　118. D　119. B　120. C
121. D　122. A　123. C　124. A　125. B　126. A　127. A　128. A　129. A　130. A
131. A　132. C　133. C　134. A　135. C　136. C　137. C　138. B　139. C　140. A　141. A

A-1-3 PLC基础知识

1. B　2. C　3. C　4. A　5. D　6. A　7. A　8. D　9. D　10. B　11. C　12. D

A-1-4 电气控制基础知识

1. D　2. C　3. D　4. A　5. C　6. B　7. A　8. A　9. A　10. A　11. D　12. D　13. B　14. B
15. A　16. A　17. B　18. A　19. B　20. A　21. C　22. A　23. A　24. A　25. A　26. C
27. A　28. C　29. D　30. B　31. A　32. A　33. B　34. A　35. C　36. B　37. D

A-1-5 车床

1. B　2. D　3. C　4. B　5. C　6. D

A-1-6 铣床

1. A　2. A　3. D　4. B　5. D　6. A　7. A　8. A　9. B　10. C　11. B　12. B　13. B　14. B
15. C　16. A　17. D　18. A　19. C　20. B　21. A　22. A　23. A　24. C　25. B　26. C
27. D　28. B　29. A　30. B　31. C　32. A　33. D　34. A　35. D　36. A　37. D　38. D
39. C　40. B　41. A　42. A　43. A　44. C　45. C　46. A　47. D　48. A

A-1-7 桥式起重机

1. A　2. B　3. B　4. C　5. B　6. A　7. C　8. C　9. B　10. C　11. C　12. B　13. D　14. A
15. A　16. A　17. B　18. A　19. B　20. A　21. B　22. A　23. C　24. C　25. C　26. C
27. D　28. A　29. D　30. C　31. C　32. A　33. A　34. B　35. A　36. C　37. B　38. A

A-1-8 磨床

1. A　2. A　3. A　4. B　5. A　6. A　7. A　8. B　9. A　10. A　11. A　12. B　13. A　14. A

15. D   16. D   17. B   18. C   19. A   20. B   21. A   22. D   23. D   24. B   25. B   26. A

A-1-9 钻床

1. A   2. C   3. D   4. A

A-2 判 断 题

1. ×   2. √   3. ×   4. √   5. √   6. ×   7. ×   8. √   9. ×   10. ×   11. ×   12. ×   13. ×

14. √   15. ×   16. ×   17. ×   18. ×   19. √   20. ×   21. √   22. √   23. ×   24. ×

25. ×   26. √   27. ×   28. ×   29. √   30. ×   31. √   32. ×   33. ×   34. ×   35. √

36. ×   37. ×   38. √   39. √   40. √   41. ×   42. ×   43. √   44. ×   45. ×   46. ×

47. ×   48. √   49. ×   50. ×   51. √   52. ×   53. ×   54. ×   55. ×   56. ×   57. ×

58. ×   59. √   60. ×   61. ×   62. √   63. ×   64. ×   65. √   66. √   67. ×   68. ×

69. ×   70. √   71. ×   72. ×   73. √   74. ×   75. ×   76. ×   77. ×   78. √   79. √

80. √   81. ×   82. √   83. ×   84. ×   85. √   86. ×   87. ×   88. √   89. √   90. √

91. √   92. ×   93. ×   94. ×   95. ×   96. √   97. ×   98. √   99. ×   100. ×   101. ×

102. √   103. √   104. √   105. ×   106. √   107. ×   108. √   109. ×   110. ×   111. ×

112. √   113. √   114. ×   115. √   116. √   117. ×   118. ×   119. √   120. ×   121. √

122. ×   123. ×   124. ×   125. ×   126. ×   127. ×   128. ×   129. ×   130. ×   131. ×

132. ×   133. ×   134. √   135. √   136. ×   137. ×   138. ×   139. ×   140. ×   141. √

142. √   143. ×   144. √   145. √   146. √   147. ×   148. ×   149. ×   150. √   151. ×

152. ×   153. ×   154. ×   155. √   156. ×   157. √   158. √   159. ×   160. √   161. ×

162. ×   163. ×   164. ×   165. ×   166. √   167. ×   168. √   169. √   170. ×   171. √

172. ×   173. √   174. ×   175. ×